MATHEMATICS EDUCATION IN CHINA:
TRADITION AND REALITY

中国数学教育：
传统与现实

王建磐　主编

凤凰出版传媒集团
江苏教育出版社
JIANGSU EDUCATION PUBLISHING HOUSE

图书在版编目（CIP）数据

中国数学教育：传统与现实/王建磐主编. 一南京：江苏教育出版社，2009. 9

ISBN 978-7-5343-8982-5

Ⅰ. 中… Ⅱ. 王… Ⅲ. 数学教学一教学研究一中国

Ⅳ. 01-4

中国版本图书馆 CIP 数据核字(2009)第 168451 号

书　　名	**中国数学教育：传统与现实**
主　　编	王建磐
责任编辑	胡晋宾　蔡　立
责编信箱	anqingfox@126.com
出版发行	凤凰出版传媒集团
	江苏教育出版社（南京市湖南路 1 号 A 楼　邮编 210009）
网　　址	http://www.1088.com.cn
集团网址	凤凰出版传媒网 http://www.ppm.cn
经　　销	江苏省新华发行集团有限公司
照　　排	南京理工出版信息技术有限公司
印　　刷	南京通达彩印有限公司
厂　　址	南京市六合区冶山镇（邮编 211523）
电　　话	025-57572508
开　　本	787×1092 毫米　1/16
印　　张	18.25
插　　页	3
版　　次	2009 年 9 月第 1 版
	2009 年 9 月第 1 次印刷
书　　号	ISBN　978-7-5343-8982-5
定　　价	40.00 元
批发电话	025-83657708，83658558，83658511
邮购电话	025-85400774，8008289797
短信咨询	02585420909
E-mail	jsep@vip.163.com
盗版举报	025-83658551

前　言

本书是在2008年第11届国际数学教育大会（The 11th International Congress on Mathematical Education，简称ICME-11）上中国代表团所做的“国家展示（National Presentation）”的基础上写作而成的．全书是中国数学教育工作者精诚合作的结果．

一

伴随着30余年的改革开放，中国逐步走向世界，逐步被世界了解，中国的学生、学者也逐步走向世界，逐步被世界了解和接纳．一方面，中国学生、学者卓越的数学表现，包括中国留学生学者在学习和工作中显示出来的扎实的数学基础和高强的数学应用能力，以及中国中学生代表队在国际数学奥林匹克竞赛（IMO）等国际赛事中频频获得的佳绩，使得外部世界对中国的数学教育投以越来越多的关注．另一方面，如何探讨和总结承载了体现东方文化的中国数学教育的传统与现实，使之上升为理论，用以指导中国数学教育的改革与发展，并在国际的热切关注下逐渐走出国门，走向国际舞台，则是中国境内的数学教育工作者和在海外工作的华人数学教育工作者孜孜以求的目标．

在此背景下，中外双向互动于是就自然而然地产生了．中国早在1980年就派遣以丁石孙教授为领队的代表团参加了在美国加州伯克利举办的第4届国际数学教育大会（ICME-4），著名数学家华罗庚教授还应邀在会上做了报告；1987年，荷兰著名数学家和数学教育家弗赖登塔尔（H. Freudenthal，1905—1990）在其82岁高龄时访华，他在中国的演讲后来作为专著在西方出版（中译本《数学教育再探——在中国的讲学》由上海教育出版社1999年2月出版）；华东师范大学的张奠宙教授和王建磐教授、香港大学的梁贯成教授、北京师范大学的张英伯教授先后担任国际数学教育委员会（International Commission of Mathematical Instruction，简称 ICMI)执行委员会委员(Member of Executive Committee,简称 EC Member),搭建了中国数学教育直接与国际对话的平台;在 2000 年第 9 届国际数学教育大会(ICME-9)以及 2002 年第 2 届东亚国际数学教育大会(EARCOME-2)上分别举行了“中国数学教育论坛”,两次论坛的成果汇总出版了《华人如何学习数学》(中文版由江苏教育出版社 2005 年 7 月出版)一书:这些在国际数学教育界产生了很好的影响.

二

2005 年 10 月底至 11 月初,第 11 届国际数学教育大会(ICME-11)国际程序委员会(IPC)在墨西哥城举行第一次全体会议,会议提名中国、北非阿拉伯国家、伊朗、荷兰与拉丁美洲国家在 ICME-11 期间举办“国家展示”.“国家展示”是 ICME 大会期间的一项重要交流活动,目的是向国际数学教育界详细、全面地介绍被提名国家或地区的数学教育的传统、进展、成就、特点等.成为展示国家(地区)的基本因素是其数学教育的特点和影响受到国际社会的普遍关注.IPC 成员对中国举办“国家展示”表达了极大的兴趣和殷切的期待.

“国家展示”虽然是一项民间团体的学术活动,但其国际影响十分深远.为此,曾任国际数学教育委员会执行委员会委员的王建磐带领相关的数学教育研究团队马上行动起来,以热情的态度,认真、积极、慎重地接受了这项任务,并展开了筹备工作.一方面,向中国数学会汇报并申请举办“国家展示”筹备工作的授权;另一方面,起草倡议书,倡议全国各地数学教育工作者精诚合作,共同承担起“国家展示”的筹备和展示工作,向国际展示历史悠久、充满活力的中国数学教育,介绍它的传统、现实、困惑和期望.我们将“国家展示”的目的定位在两个方面:一方面,通过回顾和总结,向世界全面地报告我们的成绩和特色;另一方面,借助“国家展示”的机会,促进我们的反思和展望,以利将来的发展.

在责任和热情的感召下,部分数学教育界人士和热心数学教育的数学家于 2006 年中秋节在南京召开了第一次筹备工作会议.通过协商,并报中国数学会同意,成立了由文兰(北京大学,中国科学院院士,时任中国数学会理事长)、李大潜(复旦大学,中国科学院院士,时任 ICMI 中国代表)、王建磐(华东师范大学前校长,ICMI 前执行委员)、侯自新(南开大学前校长)、张英伯(北京师范大学)、宋乃庆(西南大学常务副校长)、史宁中

（东北师范大学校长）、宋永忠（南京师范大学校长）组成的项目领导小组，由张景中（广州大学，中国科学院院士）、张奠宙（华东师范大学，ICMI 前执行委员）、严士健（北京师范大学）和梁贯成（香港大学，时任 ICMI 执行委员）等组成的顾问组，确定王建磐担任项目执行主席，华东师范大学为项目主持单位，北京师范大学、南开大学、东北师范大学、华中师范大学、西南大学、陕西师范大学、南京师范大学和西北师范大学等为项目协办单位，确定了项目组主要成员①和主要分课题②，并确定华东师范大学为办公地点．这些架构的确立，为顺利开展筹备工作奠定了组织基础．

在筹备过程中，华东师范大学作为项目主持单位，先后于 2007 年 6 月、2008 年 1 月和 2008 年 4 月举办了 3 次重要的工作会议，研究和讨论"国家展示"的程序和主报告的内容，参与人员主要来自华东师范大学、北京师范大学、东北师范大学、西南大学、华中师范大学、南开大学、南京师范大学、苏州大学、中央民族大学、广州大学、上海市教育科学研究院和深圳市荔园小学等．与会代表还有部分大学从事相关专业的校长、副校长．大家以极其负责的态度，克服了学术要求高、日常工作负担重、完成任务时间紧、所需资料广泛、参与人员分散等困难，挤出时间投入工作．

2008 年 1 月举行研讨会时，恰逢我国南方遭受雪灾，与会者克服了难以想象的困难到达会议地点参加工作．有的与会者困在了雪中受阻的

① 项目组给中国数学会的立项报告中所列的项目组主要成员有顾泠沅（上海市教育科学研究院）、郑毓信（南京大学）、李士锜（华东师范大学）、徐斌艳（华东师范大学）、李俊（华东师范大学）、孔企平（华东师范大学）、吴颖康（华东师范大学）、鲍建生（时在苏州大学）、涂荣豹（南京师范大学）、喻平（南京师范大学）、周兴和（南京师范大学）、曹一鸣（北京师范大学）、保继光（北京师范大学）、马云鹏（东北师范大学）、高夯（东北师范大学）、孔凡哲（东北师范大学）、王尚志（首都师范大学）、王林全（华南师范大学）、罗增儒（陕西师范大学）、任子朝（国家考试中心）、孙晓天（中央民族大学）、李忠如（西南大学）、张广祥（西南大学）、周家足（西南大学）、吕世虎（西北师范大学）、孙名符（西北师范大学）、江春莲（华中师范大学）、夏小刚（贵州师范大学）、陆新生（上海师范大学）、唐盛昌（上海中学）、李善良（江苏省中小学教学研究室）、朱乐平（杭州上城教师进修学校）、魏彬（深圳市荔园小学）、章建跃（人民教育出版社）、倪明（华东师范大学出版社）、黄毅英（香港中文大学）、范良火（新加坡南洋理工大学）、黄荣金（澳门大学）、顾沛（南开大学）．在项目的开展过程中，参加相关活动的人员远不止这些．例如，北京师范大学、东北师范大学和西南大学各自召开了分课题的研讨会，参加者众；分课题报告的撰写也吸收了上述名单以外的许多人员参与．华东师范大学因工作需要，也邀请英语系的李宏鸿和影视工作室的刘疾风、赵青等加盟．

② 项目组给中国数学会的立项报告中所列的主要分课题有中国数学教育历史回顾与展望、中国传统文化对数学教育的影响、少数民族数学教育、基础教育数学课程改革、考试评价、课堂教学、大学数学教育、教师教育、信息技术与数学教育、影像资料．后"大学数学教育"分课题未列入最后版本的"国家展示"．

列车上，有的与会者数十小时辗转于路途中.当他们拖着疲惫的身体出现在上海会场时，在场的人无不动容.在2008年4月的研讨会上，我们进行了"实战演习"，会议代表纷纷对各专题组的汇报给予高度评价，同时提出中肯的意见和建议.这一"实战演习"为在ICME-11上的顺利展示建立了信心，打下了基础.

北京师范大学、东北师范大学和西南大学在筹备期间也都择时举办了相应的专题研讨会.

为配合"国家展示"，我们汇集展示文字材料印制成了名为"*Mathematics Education in China：Tradition and Reality*"的小册子.此外，华东师范大学数学教育研究团队和学校党委宣传部影视工作室密切合作，精心制作了25分钟的同名专题DVD光盘，以影像的形式向国际同行展示中国数学与数学教育的传统以及当前中国数学教育的经验与不足.小册子和光盘在会议期间作为礼品发放，光盘还在展示期间循环播放.东北师范大学编写印刷了有关数学课程改革的文字材料，南京师范大学和北京师范大学分别制作了介绍中国数学教育评价和信息技术的海报或专题视频等.

三

第11届国际数学教育大会(ICME-11)如期于2008年7月6日—13日在墨西哥的蒙特雷市(Monterrey，Mexico)举行，中国"国家展示"也如期于7月8日下午举行(据我们所知，大部分提名做"国家展示"的国家或地区并没有如期出现).

由于长达近2年的精心筹划和各院校的细致分工、紧密配合协作，这次中国数学教育"国家展示"准备充分，主题鲜明，内容全面，资料丰富，形式活泼，赢得了国际同行的称赞.

在"国家展示"举行当天的上午，中国代表团就在会场外布置了宣传用的展台，陈列上各类数学教育期刊和各民族中小学数学教材，现场播放专题视频，散发宣传小册子，以吸引观众和听众.

按我们的实施计划，实际展示报告分两个阶段进行.前1.5小时是大会形式的主报告，在王建磐教授的主持下，9位报告人分工协作，在总标题"中国数学教育：传统与现实(Mathematics Education in China：Tradition and Reality)"下，报告了1个引言和8个部分，具体内容如下：

● 引　　言　中国与中国的数学教育综观
● 第一部分　中国数学教育的文化传统
● 第二部分　中国现代数学教育的形成与发展
● 第三部分　中国数学课堂教学的基本特征
● 第四部分　中国的数学问题解决
● 第五部分　中国新一轮的数学课程改革
● 第六部分　中国的教师教育：职前与职后
● 第七部分　信息与通讯技术(ICT)在数学教育中的应用
● 第八部分　“应试教育”：负面影响与控制

接下来的第二个时间段，是2小时的详细专题报告，分为6个会场同时进行，其主题分别是：

● 中国的数学课堂教学
● 中国的基础教育数学课程改革
● 教师教育与教师专业发展
● 中国少数民族的数学教育
● 中国的数学教育评价
● 信息技术与数学教育

国际数学教育委员会的主席 Michèle Artigue 和秘书长 Bernard Hodgeson 到会聆听了展示报告．会后，许多老朋友留在现场与我们面对面直接交流，表达了对我们成功举行“国家展示”的祝贺；也有不少外国学者和教师表示了对中国数学教育的浓厚兴趣，要求索取更多的资料，并希望加强互访，合作交流，以期相互学习和促进．

四

展现在大家面前的这本书就是在中国“国家展示”文字材料的基础上，选择了9个专题，再组织课题组部分专家修改、增补甚至重写所形成的．我们的原则是：基于但不拘泥于“国家展示”．基于“国家展示”，首先是严格遵循“国家展示”的目的所定位的两个方面，即通过回顾和总结，向世界全面地报告我们的成绩和特色，并促进我们的反思和展望，以利将来的发展．基于“国家展示”，还体现在要尊重“国家展示”课题组长达近2年的工作成果(也由于这个原因，各章写作者凡个人署名的，都以执笔者名义署名，以强调个人后面有一个强大的凝聚全国力量的集体)．但在另一方面,“国家展示”虽然提示了很好的主题,却由于文字篇幅和展示时间的局限,难以淋漓尽致地把主题表达完整,也没有把近2年间课题组工作的许多精彩的观点和意见完全展示出来,因此,我们要求执笔者不拘泥于“国家展示”的具体内容,而是希望他们挖掘各主题的深刻内涵,特别要把课题组近2年间工作的精彩充分表达出来.我们努力这样做了,希望我们的努力得到国内外同行的认可.

和“国家展示”的目的一样,本书希望介绍的是中国数学教育的传统和现实.我们安排了2个专题(2章)从传统的角度对中国数学教育进行回顾.第1章“中国传统文化与数学教育”,重点介绍中国源远流长的传统文化以及古代的数学教育,特别强调从中国传统教育文化产生出来并影响至今的一些中国数学教育思想.第2章“国外数学教育的传入与影响”,介绍17世纪初(以徐光启和利玛窦合译《几何原本》前六卷为标志)以来西方数学传入中国并逐步与中国传统文化和数学教育融合的过程.正是这种传入和融合,实现了中国数学和数学教育的现代化,形成了既具有鲜明中国文化传统又有着可以与世界交流的学科内容和教育理念的中国数学教育体系.

在第3章至第8章中,我们选择了6个专题,介绍了具有中国特色的数学教育.这些专题包括:中国数学课堂教学,问题解决的中国特色,中国基础教育数学课程改革,中国教师教育与数学教师专业发展,中国信息技术与学校数学教育,中国少数民族数学教育发展.这些专题基本覆盖了数学教育的核心问题,是国内外数学教育工作者和广大教师所关注的,也是中国数学教育的特色所在.希望我们的介绍不仅可以给国外的学者以了解中国数学教育的一串钥匙,也可以让国内学者和教师理性和客观地认识自己,在未来的研究和教学过程中更加自觉地扬长避短,使中国数学教育能够更加健康地发展.

第9章谈“当代中国数学教育的走向”,总结了中国数学教育的若干基本特征,谈了“应试教育”的困扰和摆脱困扰的努力.最后,我们很原则地涉及了中国数学教育的努力方向,希望对大家有所启迪.

限于客观条件和我们的能力,关于1949年以后的中国数学教育,我们基本上只局限于中国大陆的情况,未涉及中国香港、中国澳门和中国台湾地区.

本书所附的光盘是“国家展示”时散发的DVD光盘,原汁原味地向国内读者做汇报.我们还将尽我们的最大努力,使本书的英文版早日面世.

五

我们要感谢中国数学会对该项目的支持和授权.感谢项目主持单位华东师范大学、各协作单位和项目组成员所在的单位,它们在人力、物力上的大力支持,使得这次全国性的大协作成为可能.参与项目的所有人员在没有任何报酬的前提下,在自己繁忙的科研与教学工作日程之中仍挤出时间,满腔热忱地参加这项工作,使我们非常感动,也要在这里表示深深的谢意!

江苏教育出版社在ICME-11"国家展示"项目启动之初就与我们开始联系,参与了我们的一些重要活动.ICME-11之后,江苏教育出版社希望我们能够将展示内容适当扩充,汇集成册,以中文版和英文版两种形式正式出版,在数学教育史上留下有深远意义的一笔.本书正是在江苏教育出版社的大力支持下诞生的,我们对他们的支持表示衷心的感谢.

另外,本书部分图片来自互联网,无法预先征得原作者的同意,在此致歉并致谢.

我们希望国内数学教育界同仁,总结经验,保持热情,做好后继工作,为我国的数学教育事业做出更大贡献.

王建磐

上海市数学会理事长

华东师范大学数学系教授、博士生导师

2009年7月30日

目录

第 2 章 国外数学教育的传入与影响

第 3 章 中国数学课堂教学

第6章 中国教师教育与数学教师专业发展

第 1 章

中国传统文化与数学教育

执笔： 李士锜[①] 代 钦[②]

摘 要 本章在简要介绍中国数学教育发展的基础上，着重论述了以下4点：第一，《九章算术》是中国数学文化的经典著作，它以实用为目的的实用性特征、以算法为中心的计算性特征影响了中国数学和数学教育的发展. 第二，基于中国传统教学和学习思想，以《周髀算经》和杨辉著作中的教学案例以及当前的数学教学实际为线索，阐明了中国数学教育中坚持教师在教学中的主导作用. 第三，从中国传统文化的根源上剖析了中国数学教育中鼓励学生勤勉地学习的思想. 第四，结合中国传统的数学教学和当前的数学教学实际，论述了中国数学“双基”教学的基本特征及其具体实施策略.

关键词 中国传统文化，中国数学文化，中国数学教育史，中国数学教育思想

1. 引言

中华民族有着悠久的历史，世界上没有哪个民族像中华民族这样拥有从未中断的文化传统. 她宛如浩瀚无垠的大海，蕴涵着民族的自强不息的精神和博大精深的智慧. 像每一个中国人的成长离不开传统文化那样，每一门学科都是在传统文化的肥沃土壤里形成和发展起来的. 中国传统

① 华东师范大学数学系，教授，博士生导师.
② 内蒙古师范大学科学技术史研究院，教授，博士生导师.

数学亦是如此,它从传统文化的母体中吮吸着营养,茁壮成长,开花结果,并反过来为传统文化的发展作出了自己的贡献.诚然,中国传统数学也存在不及西方数学的地方,与其说这是它的缺点,还不如说是它的特色.自西方数学传入的那天开始,中国传统数学受到冲击而显现出了窘态,但是经过西方数学和数学教育的一番洗礼之后,中国的数学和数学教育又以崭新的姿态出现在世人面前.

中国学生在1989年的《国际教育进展测试与评估》(IAEP, International Assessment of Educational Progress)[Lapointe, Mead & Askew, 1992]中获得的评价,以及在从1989年开始的历届国际数学奥林匹克竞赛等各种国际性数学测验与竞赛中的优异表现,中国数学教育规模及其整体水平的显著提高和中国学者在国际数学教育舞台上的新角色等,都充分说明了中国数学教育的发展水平.在数学教育成绩斐然的今天,有必要审视以下问题:中国传统数学文化有什么特征?在当今数学教育中有哪些可以借鉴的积极因素?中国数学教育取得优异成绩的文化、思想根源在哪里?

2. 灿烂的中国古代数学文化和教育文化

中国是一个文明古国,也是一个古代数学大国,中国古代数学取得了举世瞩目的成就,并在历史的发展过程中形成了以算法为中心,以实用为目的,以归纳为主要方法,以问题集为主要模式,以数形结合、出入相补、有限与无限相统一为辩证思想的独特风格和体系.没有历史的观念,也就没有发展的眼光.中国数学教育经历了几千年的历史,积累了丰富的经验,在各个时代都形成了不同程度的数学教育思想.这些经验和思想是数学教育的宝贵财富,对今天的数学教育具有重要的启迪作用.

2.1 中国古代数学教育的开端

中国的数学教育源远流长,可以追溯到商朝(前1600—前1046),至今已经有3 000多年的历史.在这漫长的历史进程中,中国古代数学教育不仅培养出一大批杰出的数学家,满足了国民生产实践的需要,而且也对世界数学教育的发展作出了自己的贡献,如中国传统数学成为日本和算的源流,《算经十书》成为日本、朝鲜等国家的教科书,等等.中国古代数学教育也创造了一些世界纪录,例如,唐朝的数学专科学校是世界上第一所数学高等学校；又如，南宋末期数学家和数学教育家杨辉的《乘除通变本末》(1274 年)中的“习算纲目”，是中国第一个数学“教学计划”，也是世界上至今已被发现的最早的“教学计划”.

中国在夏商时期就有了数学教育. 许慎《说文解字》(121 年)中有“数，记也”，这表明了计算之意. 在西周(前 1046—前 771)国学内容“六艺”中，开始把数学教育作为其中之一.“六艺”即礼、乐、射、御、书、数 6 种科目的合称. 其中，“礼”是政治理论课，包括奴隶制社会的宗法制度、道德规范和仪节；“乐”为艺术课，音乐、诗歌、舞蹈结合为一；“射”与“御”为军事训练课；“书”与“数”为基础文化课.“六艺”以“礼”为中心，文武兼备，代表我国奴隶社会全盛时期的教育水平. 书、数为小艺，主要在小学阶段学习；礼、乐、射、御为大艺，主要在大学阶段学习. 艺者，技艺，把数学作为一种技艺来传授是中国古代非常独特的数学教育观念.“六艺”教育为我们明确指出了中国古代就已经把数学教育作为培养官吏的必要内容之一.“六艺”教育使西周的数学教育逐渐形成，并为后世数学教育的发展确定了方向. 并且，大约在秦朝(前 221—前 206)时期我国就有了数学教育制度.

隋唐之前，数学教育制度[李俨，1937, p. 253]如下. 这些教育制度的记载虽然言简意赅，但它为后世数学教育奠立了基础.

(1) 六年教之数与方名……十年出就外傅，居宿于外，学书计.(《礼记・内则》)

(2) 八岁毁齿，始有识知，入学学书计.(《白虎通・辟雍》)

(3) 六曰九数.(《周礼・保氏》)

(4) 八岁入小学，学六甲、五方、书计之事.(《汉书・食货志》)

(5) 古者八岁入小学，学六甲、五方、书计之事.(魏王粲，《儒吏论》)

2.2 世界上第一所数学专科学校——明算科及其影响

以《九章算术》为中心的私下传授的数学教育持续了 500 多年，在此期间中国没有从国家层面上兴办数学教育. 虽然隋朝(581—618)在历史上仅存在了 37 年，但是它对我国的数学教育产生了深远影响. 隋朝于公元 589 年统一全国后制定了各种制度，除了依照前朝设立国子学以恢复国家教育外，首次增设了算学，制定了算学教育制度，聘请数学教师，招收学生,规模为:"算学博士二人,算助教二人,学生八十人,并隶于国子寺."[李迪,1997, p. 305]这标志着我国古代的国家数学教育初步形成.

唐朝建立后经过几十年的整顿,于公元656年在国子学中设明算科,规定了课程、考试方法和教科书.明算科学生人数一般在30人左右,最少时10余人.算学生来自八品以下官吏的子弟和庶人子弟.算学博士为九品下,是官阶的最末一级[李迪,1997, p. 305].其间多次停办,到10世纪的五代时尚有余波.明算科也是世界上第一所数学专科学校,学校使用由唐高宗皇帝钦定的数学教科书——《算经十书》③.唐朝通过考试录用算学人才,充当官吏.

隋唐数学教育对日本和朝鲜产生了极大影响.隋唐时期发达的文化强烈地吸引了日本和朝鲜.特别是日本,中国文化对日本的统治者来说具有无限的魅力,使得他们从政治制度到文学、艺术、建筑、服饰、饮食和文字等各方面都尽可能地模仿中国.当时的日本数学教育制度,几乎完全模仿了唐朝的数学教育制度.

日本在《养老令》中确立了《大学寮》的教育制度,设立了明经④、音、书和算4科.算就是数学科.《大学寮》制定了相应的数学教育制度:

> (1) 算博士二人(掌教算术),算生卅人(掌习算术).[律令研究会,1989, p. 153]
>
> (2) 凡算经,《孙子》、《五曹》、《九章》、《海岛》、《六章》、《缀术》、《三开》、《重差》、《周髀》、《九司》,各为一经,学生分经为业(习学).[律令研究会,1989, p. 160]

在这9种教科书中,《孙子算经》、《五曹算经》、《九章算术》、《海岛算经》、《周髀算经》、《缀术》在唐朝的《算经十书》中有,《六章》、《三开》、《重差》、《九司》不在《算经十书》中.

---

③ 汉至唐千余年广泛流传的10部数学名著的合称,即《周髀算经》、《九章算术》、《海岛算经》、《五曹算经》、《孙子算经》、《夏侯阳算经》、《张丘建算经》、《五经算术》、《缉古算经》、《缀术》,是唐朝科举明算科必读书.唐高宗御定为国子监算学馆教科书.李淳风等述详加校注.历代数学家给予注释的颇多,亦有增补删改的.现今流传的为北宋元丰七年(1084年)秘书省刻本的各种传刻本.

④ 通儒教的经典,《论语》、《孝经》为必修,《周易》、《尚书》、《周礼》、《礼记》、《仪礼》、《诗经》、《左传》中任选1种学习.

2.3　中国古代数学文化发展的巅峰

在宋元时期,中国数学的发展达到高峰,创造出了不少具有世界意义的成就,并出现了贾宪、秦九韶、李冶、杨辉、朱世杰等著名数学家.这与当时的数学教育发展水平息息相关.

南北两宋300多年,有国家数学教育,但存在时间很短,不过大有可讲的内容.

北宋到后期才开始筹备数学教育,从元丰六年(1083年)起到宣和二年(1120年)止断断续续地办过数学教育,成绩不大,但有2件事值得提出.其一是元丰七年(1084年)首次雕版印刷了唐朝流传下来的数学教科书,据研究可考的有《周髀算经》、《九章算术》、《孙子算经》、《五曹算经》、《张丘建算经》、《夏侯阳算经》、《海岛算经》、《缉古算经》,至于《五经算术》和《数术记遗》是否刊印,尚待考证[李俨,1955, p. 276].《缀术》肯定是未刊,证明当时已经失传[李迪,1958, pp. 33—34].其二是元丰时曾制定算学条例,大观元年(1107年)"重加删润,修成敕令",流传至今.算学条例包括3个部分,即"崇宁国子监算学令"、"崇宁国子监算学格"和"崇宁国子监算学对修中书省格"⑤.

南宋从1127年起到1279年灭亡,存在了152年,从未有恢复数学教育之举,但也有2件事应当介绍.其一是,鲍澣之下了很大工夫搜集北宋元丰时所刊之算经,并在杭州的七宝山三茅宁寿观抄得《数术记遗》.他到福建长汀做地方官时把这些书从杭州带到长汀,于嘉定五至六年(1212—1213)完全仿照元丰七年刊本予以重刊.流传至今的有5部半,它们是《周髀算经》、《九章算术》(前五卷)、《孙子算经》、《张丘建算经》、《五曹算经》和《数术记遗》.它们已由文物出版社以总名《宋刻算经六种》于1981年影印出版,使今人能通过这些书间接地窥见元丰出版算经的情况.其二是,南宋时期,杨辉于1274年在其著作中提出"习算纲目"一项,相当于现代的教学计划,相当珍贵,是中国数学教育史上的重要文献.

金朝是由女真人建立的政权,1127年起与南宋对峙,1234年被蒙古所灭.金朝没有建立国家数学教育,但是民间数学传授很盛,直至蒙古和元朝不衰.

12—13世纪,在我国北方的山西、河北,甚至山东,民间数学研究和

⑤ 载于南宋刊本《数术记遗》之末.

传习相当普遍. 他们的一些研究促使了天元术的诞生，而天元术是一项重大成果. 值得注意的是在河北武安有一个以刘秉忠为首的知识分子集团，有张文谦、郭守敬、王恂等，他们学习的内容以自然科学为主，其中包括数学. 数学家李冶在河北元氏县建封龙书院，收徒授课，传播数学知识，教学内容当然还有其他文史类的知识.

朱世杰是13—14世纪的数学家和数学教育家，他以讲授数学为业，周游湖海几十年，踵门而学者云集. 因为教学需要，于1299年由赵元镇出资为他出版了著作《算学启蒙》. 这是一部由浅入深的数学教科书. 1303年，又出版了专著《四元玉鉴》一书.

蒙古和元朝的大汗蒙哥、忽必烈等都比较重视数学，蒙哥学习过欧几里得(Euclid，前330—前275)的《几何原本》，而忽必烈则请数学家王恂给太子讲课. 忽必烈在位期间，一再要求官员子弟也要像普通汉人的子弟那样学习数学. 元朝还明确规定下级官吏必须掌握算术，目的是为满足工作需要.

2.4 从传统数学教育转向西方数学教育

明朝建立于1368年，明太祖年号洪武. 第二年，明朝廷就把数学列为教育的内容. 洪武二十五年(1392年)二月，明朝廷再次申明数学教学与考试内容："数习九章之法，务在精通，俟其科贡，兼考之."[李迪，代钦，2000]

从明末到清末的300年左右时间，由于西方数学的传入，国家数学教育制度即产生向现代西方数学教育制度过渡的趋势，到清末大体完成过渡. 西方与初等数学有关的知识、工具不断传入中国，其中主要有《几何原本》前六卷、笔算、二次曲线、三角和一些数学工具，如纳皮尔(J. Napier，1550—1617)筹算、比例规、直尺、圆规等. 这些在中国产生了广泛的影响.

中国学者当时对传入的西方初等数学持不同的态度：有积极吸收的，如徐光启(1562—1633)、李之藻等；大多数人对此无所谓或采取会通中西的方法，如李笃培等；明确反对的并不多. 研究和学习西方数学的人日益增多，有些人写出了有关著作，如以梅文鼎为代表的梅氏家族就是个典型. 他的主导思想是"会通中西"，对西方的几何、三角、笔算等都有著述.

清朝末期，我国新学制下的数学教育制度历经半个世纪的酝酿之后才形成. 中国近代数学教育，开始于"西学东渐"——西方科学知识传入中国之时. 这样，西方数学及数学教育在中国逐渐代替了传统数学，彻底改变了中国传统的数学教育思想和方式.

这一时期数学教育的基本发展及其特点，将在第2章中展开阐述.

2.5 中国古代数学文化的特征——《九章算术》之文化特征

《九章算术》是中国传统数学的经典著作,它决定了中国古代数学文化的发展道路,是中国传统数学文化的典型代表.《九章算术》的结构、形式和内容不仅对中国古代数学的发展产生了极其深远的影响,而且也对世界数学产生过一定的影响.《九章算术》是汉朝以前数学知识的集大成者,它包括了当时的大部分数学成果,是一部百科全书式的数学著作.《九章算术》的成就标志着中国古代数学在公元初期就已经达到了极高水平,在很多方面是创造性的,即便在当时世界上也是领先的.例如:有十进位值制记数法,而印度最早在6世纪末才出现;分数运算方面也是很成熟的,而印度在7世纪才应用;有开平方、开立方,而西方4世纪末才有开平方,但还没有开立方;至于正、负数概念和一些运算法则,印度最早见于7世纪,西欧至16世纪才出现;联立一次方程、二次方程方面,也领先于印度、西方至少6个世纪.

《九章算术》的作者不详.专家们已经指出,《九章算术》不是由1个人独立完成编写工作的,而是经过张苍、耿寿昌等数学家的整理而逐渐完成的.魏晋时期的刘徽(图1-1)注解《九章算术》之前,《九章算术》已经确立了代表中国传统数学的不可动摇的地位.刘徽的注解,使《九章算术》的内容变得清晰明白,更容易被人们理解.

图1-1 刘徽

《九章算术》是由方田、粟米、衰分、少广、商功、均输、盈不足、方程和勾股九章组成,是以应用问题集的形式编写的,共有 246 个问题. 在书中,作者先举出问题,然后给出“答”和“术”,每一个小问题都有“术”,这些“术”是解决问题的方法或算法程序,有的相当于数学定理或数学公式. 全书共有 202 个“术”,其中一般意义的“术”有 69 个,这些“术”是中国传统数学理论的根本所在.

以《九章算术》为代表的中国传统数学最基本的特征有以下两点:第一,以实用为目的的实用性特征;第二,以算法为中心的计算性特征.

2.5.1 以实用为目的的实用性特征

《九章算术》具有实用性的特征,它决定了中国传统数学的特征. 这个特征也是由中国传统哲学思维所决定的. 换言之,中国传统数学的实用性特征的思想根源在于中国传统哲学思想.

(1) 从《九章算术》的内容来看,当时的社会生产实践的需要决定了它的形成和发展.《九章算术》是在研究整理古代数学资料的基础上精心编纂的实用数学著作.《九章算术》的内容与当时人们日常生活中的土地面积计算、粮食兑换、分配物品、税收、罚款、记工、土木工程计算等方面的实际问题密切相关:所选择的 246 个题目中多数都涉及当时社会生产实践中的实际问题,有的是生活中的数学趣味问题;大约有 190 道是和经济活动有关的应用题,这些算题保存了当时社会经济方面的许多重要史料. 各章内容的关系是平行的,在每一章的内容和数学方法的安排上也有由浅入深的层次性. 在中国古代,社会实践是衡量数学价值的标准. 如果数学适合生活需要,能够有效地解决生活中的实际问题,那么就是有价值的数学,从而得到发展,否则将得不到重视甚至被抛弃. 例如,虽然《九章算术》是先秦以来数学成就的集大成者,但是它的整理编写者并没有把墨家的几何知识纳入到自己的数学知识体系中. 因为墨家的几何知识是讨论点、线、面及其逻辑关系的一些抽象的数学知识,这和生活中的实际问题没有直接关系,例如:“端,体之无序而最前者也. 端是无同也. ”“圆,一中同长也. ”“方,杜隅四讙也. ”……这些逻辑定义方法在实际生活中毫无意义,不能为人们提供解决实际问题的有效方法,所以没有实用价值. 先秦以降的《九章算术》的编纂者们不可能没有见过墨家的数学理论,但是墨家数学理论不符合他们的选择标准,因此没有被采用.

(2) 正因为受社会生产实践的需要和实践性衡量标准的直接影响,

在编写《九章算术》的指导思想和方法上也体现出实用性的特征.在《九章算术》中出现了多达120余个数学名词术语或数学概念,这些名词术语及其含义有的沿用至今.但在《九章算术》中对所有数学名词术语或概念没有作出解释或给出定义,即没有揭示概念所反映的事物的本质属性.这些概念之间的逻辑关系不清楚,因而许多概念之间的关系显得都是平行的.人们在数学经验的基础上,在学习和应用数学的过程中,凭借直觉去领会"术"中概念之间的内在关系.中国古代数学家的兴趣在于实用,而不在于对这些关系的揭示,也没有认识到揭示概念之间关系的重要性.

(3) 在《九章算术》里没有介绍布列算筹的方法和"九九表"(乘法口诀表)等最初步的数学基础知识.首先,这可能是由学习者的水平或《九章算术》的实际水平所决定的.对学习和使用《九章算术》的人来说,其中的名词术语、算筹的使用方法和"九九表"等基础知识早已掌握或者在学习和使用计算的过程中已经领会.其次,这种编写方法是由《九章算术》的实用性特征决定的.因为在实际使用过程中并不需要对那些名词术语和基本概念进行解释,也并不需要对具有一般意义的"术"加以解释或证明.虽然在《九章算术》中出现了很多数学命题或判断,但是没有给出逻辑证明.这就足以说明它不是人们通常所说的一般意义的数学教科书,要么是高级数学人才使用的教材,要么是官方使用的数学实用手册.因为"《九章算术》一书,从其萌芽时起直到定稿,都没有离开过政府的经济管理部门(国家图书馆也可能藏有),它一直为经济工作服务,是一部实用性很强的书"[李迪,1997, p. 109].

(4) 从《九章算术》的名词术语来源看,也反映了实用性特点.《九章算术》的内容及所使用的名词术语大多数都和社会生产实践有直接关系,是实际存在的物质实体的反映,缺少脱离实际的抽象概念.这种特征和欧几里得的《几何原本》大相径庭.相反,在欧几里得几何中没有一个实际问题,所讨论的是概念与概念之间的关系.众所周知,"几何学研究点、线、平面、角、圆、三角形等.对于欧几里得和希腊人来说,在这部著作中,欧几里得当时所给出的这些术语,并不表示物质实体本身,而是从物质实体中抽象出来的概念.事实上,来源于物质实体的数学抽象,仅仅反映了实体的少量性质.……为了使抽象术语的含义更精确,欧几里得首先给这些术语下了定义"[Kline, 1995, p. 42].就《九章算术》来说,没有必要对一目了然的东西下定义,这样做也没有任何实用价值.《九章算术》中的问题不仅都是实际问题,而且有些名词术语能够反映其产生发展的时代背景.例如,《九章算术》中记分数的方法"实如法而一"中的"实"和"法"都有实用的特点．“在中国古代，被除数称为‘实’，除数称为‘法’．古代数学密切联系实际，所分的都是实在的东西，如各种谷物、丝绸之类，故被除数称为实；而用之于分的数实际上是一个标准，故除数称为法．法，标准也．”[郭书春，1992，p.5]此外，在《九章算术》中的“术”的命名，几乎都与生活中的具体东西相对应．

(5) 中国古代数学教育的基本目的是“经世致用”，即社会生活离不开数学知识，所以人们要学习它，并且学会了可以“致用”．“质言之，数学教育之目的是训练一种技能，以为工艺制器、经世致用之具，而不是训练科学精神与方法，藉以提高人才的素质．”[李兆华，2005，p.24]在这样的教育目的的指导下，人们只须掌握现有的数学知识便能够满足社会生活的需要，所以不必对数学进行更进一步的研究．中国古代数学家在著书立说时或多或少地都谈到数学的实用价值，有的颇详细全面，有的简明扼要．关于数学的实用价值的论述，最早出现在《汉书·律历志》中：

> 数者，一、十、百、千、万也．所以算数事物，顺性命之理也．

《汉书·律历志》中对数学功用的认识，对后世数学家的思想产生了巨大影响．刘徽、《孙子算经》的作者、秦九韶、程大位等数学家无不受其影响．

例如，《〈孙子算经〉序》[郭书春，刘钝，1998，p.1]中阐述数学功用时指出：

> 夫算者，天地之经纬，群生之元首，五常之本末，阴阳之父母，星辰之建号，三光之表里，五行之准平，四时之终始，万物之祖宗，六艺之纲纪．稽群伦之聚散，考二气之升降，推寒暑之迭运，步远近之殊同．观天道精微之兆基，察地理纵横之长短．采神祇之所在，极成败之符验．穷道德之理，究性命之情．立规矩，准方圆，谨法度，约尺丈，立权衡，平重轻，剖毫厘，析黍累，历亿载而不朽，施八极而无疆．散之不可胜究，敛之不盈掌握．向之者富有余，背之者贫且窭．心开者幼冲而即悟，意闭者皓首而难精．夫欲学之者，必务量能揆己，志在所专．如是则焉有不成者哉！

这就是说，数学无处不在，无处不用．

又如，程大位在《算法统宗》卷一[梅荣照，李兆华，1990，p.63]中也

谈到数学的作用:

智慧童蒙易晓,愚顽皓首难闻.世间六艺任纷纷,算乃人之根本.知书不知算,如临暗室昏昏.谩同高手细评论,数彻无萦方寸.

(6) 数学研究人员的社会地位或行政手段也对传统数学的实用性特征的形成起了关键性作用.中国传统数学和古希腊数学风格特征之所以不同,其主要原因之一是中国传统数学的整理编纂者是经济管理等方面的官员,而希腊数学的研究人员是学者."在古希腊,学者研究和整理数学知识,他们试图用数学描述世界图景和训练某些特殊人的头脑,而不是在日常生活中的应用,亚里士多德(Aristotle,前 384—前 322)等又是逻辑学家,并把逻辑方法用于数学研究,于是形成了以欧几里得《几何原本》为代表的演绎体系数学模式.在古代中国虽也存在形成演绎体系数学模式的可能性,但整理数学知识的工作主要掌握在经济管理官员手中,他们把数学题搜集在一起,编成如《算数书》⑥那样的数学问题集,整理数学知识的目的是日常应用.以后又出现了《九章算术》这样的典型问题汇编,成为东方的数学模式."[李迪,2000]技术学和行政管理的影响一直束缚着数学研究人员的思想,在近 2 000 年的发展进程中中国传统数学虽然取得了一些处于世界领先地位的伟大成就,但遗憾的是始终未能改变《九章算术》的模式,即历代数学家没有能够从行政管理思想所决定的实用数学的模式中解放出来.正如日本学者伊东俊太郎在比较古希腊和东方数学产生的不同特征时指出:"东方社会里,数学是为专制官僚社会中支配者的行政上的需要而产生的,数学知识就像是从上面下达的'命令'.在知识发生的最初阶段里有很出色的数学洞察力,但是它被固定为上层阶级特权的行会的知识后,已经成为专制官僚组织的知识财产而以传统形式延续下去.对这些知识来说不存在提出'为什么'和进行'论证'的必要,而只是对支配者来说具有价值的实用的东西."[伊东俊太郎,原亨吉,村田全,1975, p.114]

《九章算术》的实用性特征也是中国传统数学的基本特征,它与古希腊数学追求演绎系统的特征是截然不同的.总之,中国古代的劳动人民向

⑥《算数书》是公元前 186 年以前的一部关于数学应用问题的图书.该书中有 70 道算术和几何题,它总结了秦以及秦以前的数学成就,但是缺乏系统性.

来重视实际,善于从实际中发现问题、提炼问题,进而分析问题、解决问题,在深入广泛的实践经验上建立了具有自己特色的中国古代数学. 中国的数学牢牢扎根于社会实践之中,是根源于长期的实践经验基础之上的,这与希腊几何学脱离实际走到纯逻辑推理的形式主义有根本性的区别.

《九章算术》以实用为目的的实用性特征,一直影响了后世的数学发展,即《九章算术》决定了中国传统数学的实用性特征. 虽然经过刘徽、李淳风等作注后注入一些理性的精神,但是《九章算术》为实用而设计的数学模式仍然限制了数学家的思想和方法,让他们别无选择地沿着以实用为目的的道路艰难地走下去. 刘徽给《九章算术》中的名词术语(概念)下定义,为多数命题给出逻辑证明,并指出了存在的一些错误,但他所使用的"术语和解说模式,不完全适合表达他的数学思想"[洪万生,1990, p. 69].

以上从多方面论述了《九章算术》的实用性特征,但这并不意味着它除实用性以外,没有其他非实用的方面. 事实上,在《九章算术》中也有一些非实用的趣味问题,这些问题也导致了趣味性更浓厚的《测圆海镜》的产生. 中国古代数学的有些趣味性问题是具有世界意义的,如《孙子算经》中的"物不知数"问题,被国际上称为"中国剩余定理"(亦称"孙子定理").

2.5.2 以算法为中心的计算性特征

中国传统数学具有以算法为中心的计算性特征. 一般地,"就中国科学史来讲,过去的科学具有技术性的性格. 在古代要明确区分科学和技术是非常困难的. 如果真要想区分,那就是技术比科学更具有地区风俗和生产相结合的特点,因此具有很强的地区性格. 就中国来讲,科学并不是以理论为基础去说明现象,而更多的是以经验为基础获得知识,所以相对地缺乏逻辑性. 以天文学数学为例来说,当然不可能没有逻辑,但其中心是计算技术,天文学史和数学史主要任务是弄清这样的计算技术的发展过程"[伊东俊太郎,1981, p. 36]. 计算不是别的,就是由实用性特征所决定的,即中国古代数学高度发展的计算技术,其原动力在于实用的需要.

算筹在中国古代数学和数学教育发展中扮演了极其重要的角色. 算筹是中国传统数学特有的记数、计算工具,是在数学和其他科学领域中表示数的主要手段,它以在算板上摆布小竹棍或木棍进行计算而得名. 这种计算工具在世界上其他地方没有产生过,是古代中国独有的计算工具. 中国人最晚在春秋时期就有了算筹,在《老子》中就有"善数不用筹策"的记载.

用算筹记数直观明了,算筹的使用和我国十进制记数的发展密切相

关."我国古代数学在数字计算方面有卓越成就,应当归功于遵守位值制的算筹记数法."[钱宝琮,1992, p.9]

现代文化要素中最出色的、巧妙的东西是十进制记数法.这是和我们呼吸空气一样重要的事情.普通人对于十进制的性质,不会比对空气的化学成分了解得多.令人惊奇的是,仅仅用10个数字就能表示任意小的数和任意大的数.

用算筹摆成数字进行计算叫做筹算.筹算和现代的笔算差异很大,可以说是中国人自已创造的独特的计算方式和系统.用算筹可以很自如地进行加、减、乘、除计算.算筹在计算中操作性强,简单明了.

算筹对中国古代数学模式的形成产生过重要影响.所以李继闵(1938—1993)指出:"中国古代的筹算绝不限于单纯的数字计算,而是发展了一套内容十分丰富的'筹式'演算.中算家不仅利用筹码不同的'位'来表示不同的'值',发明了十进制值记数法,而且还利用筹在算板上各种相对位置排列成特定的数学模式,用以描述某种类型的实际应用问题."[李继闵,1986, p.12]

中国传统数学特征的形成以及在代数学方面取得的伟大成就并不是偶然的,与它的使用工具算筹有着密切联系.日本学者三上义夫(1875—1950)比较中国数学和印度数学时指出:"中国数学的主要部分是代数思想的发展,在其他方面并不突出.代数学方面曾经3次达到了世界最高水平.一是汉朝的《九章算术》和唐朝的《缉古算经》以及宋元时期诸数学著作中的成就.……(取得这些成就的)主要原因是自古以来中国使用算筹.算筹与中国数学的发展有着很大的关系.只有把中国代数学的发展形成的变化和算筹的使用结合起来考虑,才能够弄清它们的关系."[代钦,2003, pp.74—207]

在中国古代数学中,位值制记数法不但利用于一个数字的各位数码,并且被利用来表示一个算式中的各项数字,也就是现代数学中的分离系数法.

如上所述,算筹有很多优点,但存在一些不能克服的缺点.例如:有时表示比较大的数字难免出错;在冗长的计算过程中出现错误的情况下,不容易发现在何处出现了错误;不利于中国数学走向抽象化道路,以及建立严格的逻辑理论体系.

2.6 中国古代的教育文化

说到中国的教育和文化,一定要提到两位先哲,那就是孔子和老子.

孔子(前551—前479)(图1-2)是中国伟大的思想家、教育家,儒家学派的创始人.孔子的学说和思想对后世产生了极其深远的影响.时至今日,他的教育思想仍然具有独特魅力,对我们当今的教与学仍然具有指导意义.

孔子毕生从事教育活动,其教学内容包括了称为“六艺”的基本技能.老子(生于春秋末期,约前570年)(图1-3)是中国古代思想家和哲学家.他最主要的著作是《道德经》.

图1-2　孔子

图1-3　老子

易经、阴阳、八卦、太极(图1-4)等思想,与道家思想有关.一些数学家,如李淳风等,就出自道家.

图1-4　八卦图

中国的数学教育,深受这两位先哲的影响. 许多教育思想,例如"尊师重教"、"教学相长"、"学而不厌,诲人不倦"、"勤能补拙"、"学而不思则罔,思而不学则殆"(《论语·为政》)、"学而时习之,不亦乐乎"(《论语·学而》)等名言或原理,都与儒家文化有直接的关系. 我们将结合中国的数学教育现实的特征,在以下几个方面作具体的阐述.

3. 中国数学教育思想之一:坚持教师在教学中的主导作用

3.1 尊师重教

中国数学教育界熟知国际上盛行的"学生中心"的教学思想,但根据自己的教育传统和教学实际,并没有将其全盘接受,而是对如何处理教与学的关系,拥有自己的观点——"教师主导,学生主体". 这是一个较为完整的认识:既关注学生在教学过程中的主体地位,又强调教师的主导作用.

在中国传统文化中,尊师重教是一个永恒的主题,也是中华民族的传统美德. 自古以来教师受到人们的尊敬,在伦理上具有崇高的地位. 中国古代孔子、荀子等教育家、思想家有很多精辟论述[顾树森,1963]:

> 师严然后道尊,道尊然后民知敬学.(《礼记·学记》)
>
> 疾学在于尊师.(《吕氏春秋·劝学》)
>
> 国将兴,必贵师而重傅. …… 国将衰,必贱师而轻傅.(《荀子·大略》)
>
> 弟子事师,敬同于父,习其道也,学其言语. …… 忠臣无境外之交,弟子有束修之好. 一日为师,终身为父.(《鸣沙石室佚书·太公家教》)
>
> 为学莫贵于尊师.(谭嗣同,《浏阳算学馆增订章程》)

孔子被后人尊为万世师表,清朝康熙皇帝(1654—1722)曾题写匾额"万世师表"(图 1-5,此语出自《三国志·魏志·文帝纪》).

图 1-5　康熙皇帝题写的“万世师表”匾额

3.2　教学相长

孔子早在 2 000 多年前就提出了“教学相长”(《礼记·学记》)的观点[顾树森,1963],这里凝练了以教师为主导、以学生为主体相结合的教学思想. 它至少含有以下几层意思:教与学是互相促进的;教师与学生是互相促进的;教师的教与教师本人的学是互相促进的. 这与亚里士多德的“Teaching is the highest form of understanding”是一致的.“教学相长”的理念,是中国传统教学思想的重要特征之一. 它并不主张“学生中心”或“教师中心”的西方二分法的观点,而是积极提倡教与学的平衡与和谐. 其在不同的教学场景和时间有不同的表达方式,如“三人行,必有我师焉”(《论语·述而》)、“弟子不必不如师,师不必贤于弟子. 闻道有先后,术业有专攻”(韩愈,《师说》)等. 这些思想的背后就是中国传统的阴阳哲学——两个对立面互相补充、互相转化、互相融合,最终成为一个整体. 对立面之间,你中有我,我中有你,不可分离,寻求平衡.“教学相长”的理念在中国古代和现代教学中都有明显体现,数学教学实践中的案例亦屡见不鲜.“教学相长”思想是通过师生对话讨论的方式来实现的,这类似于今天倡导的“启发式”教学方法.

在中国古代数学教学中,不乏对话讨论形式的典型教学案例. 下面通过 2 个案例来体会中国传统数学教育思想.

案例 1-1　荣方向陈子请教数学问题

在《周髀算经》(卷上)[江晓原,谢筠,1996, pp. 74—76]中,荣方向陈子请教数学问题,陈子没有直接告诉他答案,而是谆谆教导他学习思考数学的方法,在荣方不厌其烦地反复思考的基础上,清晰地讲解了问题的原由和结果.

昔者荣方问于陈子. 曰:“今者窃闻夫子之道,知日之高大,光之所照,一日所行,远近之数,人所望见,四极之穷,列星之宿,天地之广袤. 夫子之道皆能知之,其信有之乎?”

陈子曰:“然.”

荣方曰:“方虽不省,愿夫子幸而说之.今若方者,可教此道邪?”

陈子曰:“然.此皆算术之所及,子之于算,足以知此矣.若诚累思之.”

于是荣方归而思之,数日不能得.复见陈子曰:“方思之不能得,敢请问之.”

陈子曰:“思之未熟.此亦望远起高之术,而子不能得,则子之于数未能通类.是智有所不及,而神有所穷.夫道术,言约而用博者,智类之明.问一类而万事达者,谓之知道.今子所学,算数之术,是用智矣.而尚有所难,是子之智类单.夫道术所以难通者,既学矣患其不博,既博矣患其不习,既习矣患其不能知.故同术相学,同事相观,此列士之愚智、贤不肖之所分.是故能类以合类,此贤者业精习智之质也.夫学同业而不能入神者,此不肖无智.而业不能精习,是故算不能精习.吾岂以道隐子哉!固复熟思之.”

荣方复归,思之数日不能得.复见陈子曰:“方思之以精熟矣,智有所不及,而神有所穷,知不能得.愿终请说之.”陈子曰:“复坐,吾语汝.”于是荣方复坐而请.陈子说之曰:“夏至南万六千里冬,至南十三万五千里.日中立竿测影,此一者天道之数.周髀长八尺,夏至之日晷一尺六寸.髀者,股也.正晷者,勾也.正南千里,勾一尺五寸;正北千里,勾一尺七寸.日益表,南晷日益长,候勾六尺,即取竹空径一寸,长八尺,捕影而视之,空正掩日,而日应空之孔.由此观之,率八十寸而得径一寸,故以勾为首,以髀为股.从髀至日下六万里,而髀无影.从此以上至日,则八万里.”

上述案例并不是个别的案例,它蕴涵了数学学习方法的哲理性,从中我们可以看到以下3点:

(1) 中国古代数学教学中采用对话讨论的启发式教学方法,注重了师生互动.

(2) 陈子提倡自主学习,向荣方阐明了思考在数学学习中的重要性.

(3) 陈子没有直接把知识告知荣方,而是在荣方进行一段反复思考的基础上传授了知识.

案例1-2:杨辉的教学方法和实践

(1)“习算纲目”的数学教学思想方法.

南宋末期数学家、数学教育家杨辉的《乘除通变本末》中的“习算纲目”是中国乃至世界上目前所发现的最早的关于数学的“教学计划”或“数学教学法”的著述.[孙宏安,1997, pp. 231—333]该著述中有详细的数学教学目标、数学教学计划和数学学习方法等内容,它是中国古代数学教育的珍贵文献."习算纲目"详述了数学学习或数学教学的基本原则,指出和规定了学习的基本内容,以及各部分知识的学习方法、时间、参考书、学习中的一些重点和难点.

"习算纲目"中主要有以下数学教学思想和方法.[孙宏安,1997,pp. 231—333]

① 在数学教学上极力主张精讲多练.对于每一个新内容的学习,温习的时间一般都要比正式上课时间多.例如:乘法的正课1天,而温习要求5天;除法的正课1天,而温习时间多达半个月;等等.杨辉强调学生灵活运用所学知识,并要求背诵必要的口诀.

② 强调教学要明算理,要"讨论用法之源".例如,杨辉讲减法时不仅讲算法,而且指明:"加法乃生数也,减法乃去数也,有加则有减.凡学减,必以加法题考之,庶知其源."针对教师和学生这两种不同的对象,杨辉又提出"法将题问"和"随题用法"两条不同原则.教师编书或讲课时,应"法将题问",即每种算法都设有相应的题目.对学生来说,则应"随题用法",即根据具体题目来选择相应的算法.他说:"随题用法者捷,以法就题者拙."

③ 特别强调由浅入深、循序渐进的教学原则.他要求每天所学算题不要太多,只要二三问即可;但要反复训练,至彻底理解为止.

(2) 杨辉的"一题多解"教学方法.

在杨辉的数学著作和教学方法中,体现了至今仍具有极高价值的数学思想方法及优美的数学形式.杨辉在《田亩比类乘除捷法》中,用"以盈补虚"方法来详细地研究了学习三角形面积公式的推导:"广步可以折半者,用半广以乘正从.从步可以折半者,用半从步以乘广.广从皆不可折半者,用广从相乘折半."

如图1-6—图1-8所示,用公式分别表示上述内容即为 $S=\left(\frac{1}{2}a\right)h$, $S=a\left(\frac{1}{2}h\right)$, $S=\frac{1}{2}(ah)$.其中,图中虚线与实线的交点 D, E 均为 AB, AC 的中点,S 表示三角形的面积,a 表示三角形的底,h 表示三角形的高.

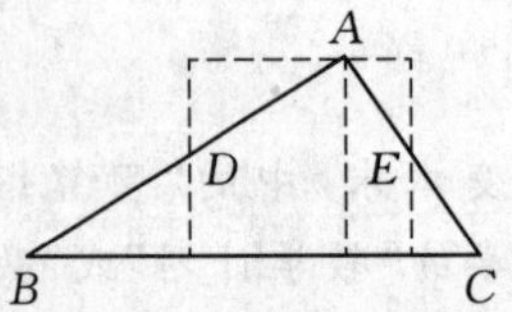

图1-6

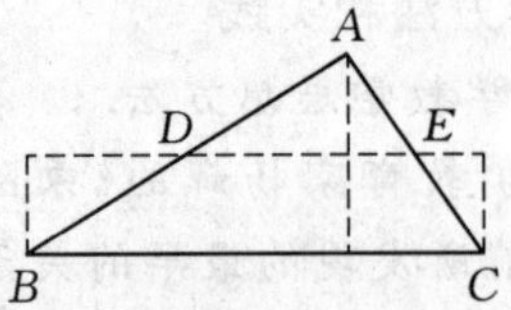

图1-7

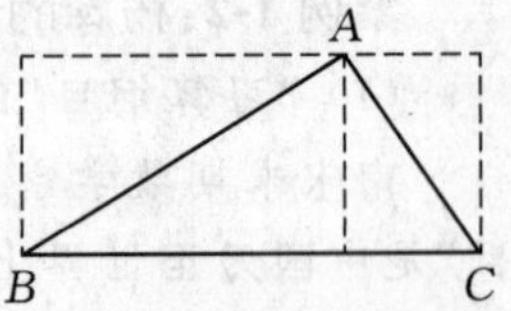

图1-8

事实上，中国古代数学家在推导几何图形面积公式的过程中已经不自觉地采用了简单的初等几何中的中心变换方法.［代钦，2003，pp. 74—207］

杨辉的这种数学中的对称性美学思想方法在数学教学中具有重要价值. 首先，这在数学教学中培养学生创造性思维能力方面具有积极的作用. 具体地说，在小学数学教学中求三角形面积时一般只采用图1-8的情况来解释. 但有见地的教师在教授三角形面积求法时，先用图1-8这种方法解释之后，再用“启发式”教学方法引导学生学习图1-6、图1-7这2种求三角形面积的方法. 这样更有利于激起学生学习的兴趣和培养学生的思维能力. 其次，对今天的中小学数学教学有启迪作用的，就是使中小学数学教师正确地认识在数学教学中融入数学文化和数学史的重要意义.

(3) 杨辉的对称计算方法.

古代中国人学习和教授计算时，常常采用巧妙而灵活的计算方法. 例如，杨辉“天地之数”(即计算 $1+2+3+\cdots+9+10$)的处理方法就是一个典型例子⑦，计算方法具有极高的数学美学价值. 他在《续古摘奇算法卷上》中说：“天数一三五七九，地数二四六八十，积五十五. 求积法曰：并上下数共一十一，以高数十乘之，得百一十，折半得五十五，为天地之数.”

从古人的空间观念看，天和地是对称的. 在这里“天”表示奇数，是阳性的；“地”表示偶数，是阴性的. 杨辉用最大的天数(倒数第一位)加最小的地数(第一位)、倒数第二个天数加上第二位地数，依此类推，最后得出每一对数的和都是11，再用11乘10，得110，再除以2，得55. 即

$$1+2+3+\cdots+9+10=(1+10)\times 10\div 2=55.$$

实际上，这种方法可以写成

$$S=1+2+3+\cdots+9+10,$$
$$S=10+9+8+\cdots+2+1,$$
$$2S=(1+10)+(2+9)+\cdots+(9+2)+(10+1)=110,$$
$$S=55.$$

⑦《周易·系辞》中也说：“天一地二，天三地四，天五地六，天七地八，天九地十. 天数五，地数五，五位相得而各有合. 天数二十有五，地数三十，凡天地之数五十有五.”

杨辉这种对称性方法说明,和这列数首末两端距离相等的每两个数的和(对称性)都等于首末两数的和(统一性).观察到这个规律后,就得到了最简捷的计算方法.

在著名数学家高斯(C. F. Gauss, 1777—1855)的传记中也有一个广为传诵的佳话.高斯在上小学时,数学老师向全班同学提出从1加到100等于多少的问题,高斯立即答出正确结果.数学老师后来发现,高斯用的正是对称方法.这个也即上边所说的杨辉的方法.

杨辉的对称性方法在今天的数学教学中亦有重要的借鉴作用.例如,在小学数学奥林匹克训练教材中,就有根据这个对称性原理推导出等差数列前 n 项和公式的内容.

所谓传统,就是世代相传的具有自己特点的社会因素,古老的东西直接或间接地蕴涵在当今的现实中而继续发挥作用.无论社会变革多么激烈,思想传统是不会被彻底地改变的.数学教育传统依然如此,虽然当今中国的学校数学教育内容几乎都是西方的,但是数学教育观、数学教与学的方式方法都延续着它的"教学相长"传统,那就是在过去和现在之间具有一种割不断的"血缘关系".事实上,中国大陆当今的实际教学体现的"教学相长"的师生互动关系,既有教师控制课堂进程的一面,又有学生丰富多样的实践活动的一面.虽然有"中国学习者悖论(The Paradox of Chinese Learner)"的说法,但是中国大陆的课堂教学,并不只是教师在讲解,学生也有较大的机会进行自主活动.更具体地说,这表现在以下两个方面.

(1) 在学习方面,孔子强调学生要主动思考,"学而不思则罔,思而不学则殆"(《论语·为政》).中国有古语说"师傅领进门,修行在个人",同样提倡学生学习的主动性.

(2) 在教学方面,孔子强调教师的献身精神——"学而不厌,诲人不倦"(《论语·为政》).古人认为"教不严,师之惰","玉不琢,不成器".如果学生学得不好,那么教师负有一定责任.所以,教师把教学中的"主导"当做自己的责任.

如果在数学教学过程中,教师制订教学计划、完成教学设计、实施教学评价,那么教师就发挥了主导作用.总之,中国数学教育坚持教师的主导作用,同时也强调"学生主体",但不赞同弱化教师作用的"儿童中心主义"教学观念,希望在教与学、教师与学生之间得到一种平衡.

4. 中国数学教育思想之二:鼓励学生勤勉地学习

在中国的数学教育中,对于愉快学习和勤勉学习的取舍,人们更倾向于勤勉学习.从传统文化的角度看,这种倾向与中国历史上注重辛勤劳作的农耕文化有关.中国是农业大国,又是世界上人口最多的国家.由于人口众多、耕地面积相对较少,要解决广大人民的温饱问题,必须提高粮食的单产量.中国传统的农业发展依靠精耕细作,这就形成了极具中国传统特色的农耕文化(图1-9).

图1-9 中国广西的梯田

勤勉学习的动力主要来自以下4个方面.

(1) 一方面,中国的学生家长和教师对学生的要求是"勤学苦练",不应惧怕过多的作业,并让学生较早地认识到中国传统文化中的"勤能补拙"(宋·邵雍,《弄笔吟》)[《汉大成语大词典》编委会,2002]、"笨鸟先飞"(元·关汉卿,《陈母教子》)等关于学习的至理名言的含义.另一方面,家长对子女寄予较高的期望——望子成龙,光宗耀祖.家长或长者潜移默化地对学生灌输一种功利思想,那就是"书中自有千钟粟,书中自有黄金屋,书中车马多如簇,书中自有颜如玉".

(2) 中国的师生相信,学好数学的基本条件是勤奋,而不是先天智力.即使对于学习成绩不太好的学生,父母和教师也始终认为:只要付出更多的努力,学习成绩就一定能够提高.中国人自古以来就有一种坚定的

信念:“人一能之,己百之;人十能之,己千之.果能此道矣,虽愚必明,虽柔必强.”(《礼记·中庸》)

(3) 考试文化的影响,也促使学生更加努力学习.考场本身就是对考生的精力、毅力和谨慎态度的一种考验.正如胡昌度引证《清朝野史大观》写的那样,应试需要“骏马的刚勃,驴的强壮,甲壳虫的毅力和骆驼的耐性”[罗兹曼,1988, p.253].从公元605年开进士科算起,到光绪三十一年(1905年)正式废除科举制,长达1 300年的科举制度,使“学而优则仕”的观点根深蒂固.然而,考试有利也有弊:一方面,统一考试保证了选拔人才的公平性,任何人无论其家庭出身如何,只要通过考试都有机会获得与考试级别相应的社会地位;另一方面,也引发了为考试而教的倾向和学生的学习负担加重的问题.

(4) 勤勉学习数学也是由数学在中小学教育中的地位所决定的.第一,数学学科内容在中小学课程中占有很大比重.第二,学生数学成绩的好坏直接影响物理、化学等学科学习成绩的好坏.因此,无论是家长还是教师都非常注重数学,通常会加重学生学习数学的负担.以下是近年来中国大陆学生每天用于完成家庭作业时间的资料,该统计数字反映了学生学习实践的实际情况:小学生每天完成家庭作业所需的平均时间为1小时34分钟,其中1—2年级为1小时26分钟,5年级为1小时43分钟.而初中7—8年级的学生每天完成家庭作业所需的平均时间为1.5小时,其中有44%的学生要2小时以上.

5. 中国数学教育思想之三:重视“双基”——基础知识和基本技能

5.1 “双基”是什么

所谓“双基”,就是指基础知识和基本技能.中国数学教育的传统强调在良好的基础知识和基本技能的基础上,谋求学生的个性发展和创新能力的提高.其中,基础知识和基本技能是第一位的,然后才是创新发展.这两者之间具有内在的辩证统一关系,“没有创新指导的基础是盲目的”,“没有坚实基础的创新是一种空想”.数学教育的成与败取决于能否正确认识和处理好这两者的关系.

1952年,“双基”这个词第一次出现在中国数学教育中,至今才有50

多年的历史.实际上,在中国的教育史上重视基础知识和基本技能的思想一直扮演着重要角色,只不过没有人把它概括为"双基"而已,这就如同小孩出生后其父母很长时间没有给其取名字一样.当然,"双基"这个新名词出现后随之产生新的思想也是必然的.我们可以把"双基"的文化教育渊源追溯到2 000多年前的春秋战国时期.关于这方面,张奠宙等在不同论著中作了深刻的阐述,指出"双基"教学的文化渊源有以下几个方面[张奠宙,等,2008, pp.1—6]:

(1) 精耕细作的农耕文化的影响.

(2) 儒家文化的影响.

(3) 考试文化的影响.

(4) 考据文化的影响.

(5) 教育文化中固有的"双基"成分.

"双基"是一个宽泛的概念,并没有明确的定义."扎实的基础"和"应用与创新"这两方面虽然都重要,但是应该更加重视前者,即基本知识的记忆、基本技能的熟练掌握.

5.2 "双基"教学目标的实现

要实现"双基"目标,必须通过有效的教学和学习.关于这方面的问题,中国人自古以来就有很多精辟的论述,并积累了丰富的教与学的实践经验.

在教学方面,中国古人在"有教无类"的前提下进行"因材施教",再以诲人不倦的态度进行举一反三("举一隅不以三隅反,则不复也",《论语·述而》)的教学,以达到"熟能生巧"的程度."熟能生巧"的英文翻译,过去是"practice makes perfect",但如果翻译成"fluency makes skilled",会更忠实于中文成语的原意.

在学习方面,中国传统文化中强调学习、复习和思考的有机统一,那就是"学而时习之,不亦乐乎"、"温故而知新"(《论语·为政》)、"学而不思则罔,思而不学则殆"等.就如一位钢琴家,要能出色地演奏世界名曲,表现他对乐曲的理解,一定要建立在熟练技巧的基础上(图1-10).

现代数学家、科学家学习数学的亲身体验和经验更能说明问题.著名数学家陈省身(1911—2004)(图1-11)说:学好数学,"要多练,就像打球一样,要打好球的最好办法就是多练,练得多才能打得好"."熟能生巧"是永恒的法则.著名物理学家杨振宁(1922—)也指出,对基础概念的理解要变成一种直觉.

图 1-10 著名钢琴家郎朗

图 1-11 著名数学家陈省身

数学“双基”教学的目标具体要求体现在以下 6 个方面[张奠宙,李士锜,唐瑞芬,2005]:

(1) 快速、准确地进行整数、小数、分数的四则运算,并记住算法.

(2) 快速、准确地进行整式运算、分式运算、指数与根式运算,并记住规则.

(3) 准确记忆定义和公式,如一元二次方程求根公式、二次曲线的定义及其性质、三角公式、对数换底公式等.

(4) 逻辑地、形式地表述数学概念,并能注意到分类、数学命题的逻辑准确性.

(5) 解题过程要求符合严格的逻辑推理规则,具有充足的理由,并能够清晰地、形式化地表达.

(6) 熟悉解题的套路,记住一些最基本的解题方法,并能够模仿、迁移.

5.3 实现"双基"教学目标的一些基本理念和做法

5.3.1 牢固记忆可以通向理解

牢固数学记忆的方法有多种多样,口诀、歌诀方法是中国人惯用的方法之一.中国传统数学中牢固记忆的方法是通过数学诗歌和歌诀来实现的.中国古代人把一些数学问题改编成歌诀,以便于掌握和传授.数学歌诀是反映数量关系和空间形式的内在联系及其规律的一种口头形式,它是按照数学内容的要点编成的有节奏的、生动的、押韵的整齐句子.数学歌诀在数学学习研究和商业往来中起到一定的作用.歌诀使数学知识易于在民间普及.中国最早的数学歌诀在《周髀算经》中就有:

平矩以正绳,偃矩以望高,覆矩以测深,
卧矩以知远,环矩以为圆,合矩以为方.

宋元之际在杨辉、朱世杰的著作中,也出现过不少数学歌诀;明朝程大位的《算法统宗》在数学歌诀的使用方面达到了炉火纯青的境界,珠算的操作都是以歌诀形式进行阐述的,许多数学题也是以歌诀形式编写的.从另一个角度来看,歌诀也反映了中国古代数学家的浪漫艺术气质.

在现在的数学教学中,有经验的数学教师也经常采用口诀或歌诀方法来促进、巩固学生的数学记忆,而且口诀内容极其丰富.在小学数学教育中,仍然十分重视"九九表"的背诵,一位数乘两位数的心算也是必须的.小学阶段不允许使用计算器,强调心算和笔算.在初中有理数的加法运算教学中,经常采用的口诀是:

同号两数来相加,绝对值加不变号.

异号相加大减小,大数决定和符号.

互为相反数求和,结果是零须记好.

(“大”减“小”是指绝对值的大小)在高中数学教学中,三角恒等变换公式一般是不要求记忆的,在高考试卷上曾经要求印出来,但是教师普遍要求学生熟记,如 $\sin(\alpha+\beta)=\sin\alpha\cos\beta+\cos\alpha\sin\beta$ 等.

引人注目的是,美国全美数学教师协会(National Council of Teachers of Mathematics,简称 NCTM)于 2006 年公布的《课程焦点》[NCTM, 2006]中,前所未有地对加、减、乘、除运算提出了“快速回忆”和“熟练运算”的要求. 例如:

2 年级　数及其运算和代数:快速回忆加法口诀及其对应的减法口诀,熟练运算多位数加减法.

4 年级　数及其运算和代数:快速回忆乘法口诀及其对应的除法口诀,熟练运算整数乘法.

5 年级　数及其运算和代数:理解和熟练运算整数除法.

5.3.2　运算速度赢得思维效率

在中国古代数学文化的特征中,我们已经论及了以下几点:中国传统数学以算法为中心的计算性特征,中国古代数学以计算见长,《九章算术》的内容主要是计算,筹算、算盘在历史上发挥了重要作用.

例如,祖冲之(429—500)(图 1-12)是一位杰出的科学家、数学家. 他计算出圆周率在 3.141 592 6 和 3.141 592 7 之间,准确到了小数点后 7 位数,比外国早了 1 000 多年;他确定了圆周率的两个分数形式,即约率 $\frac{22}{7}$(≈3.14)和密率 $\frac{355}{113}$(≈3.141 592 9). 他和他的儿子祖暅还圆满解决了球体积的计算问题,得到了正确的球体积计算公式.

又如,中国古典建筑的典范北京的天坛(图 1-13)宏伟壮观,综合了中国建筑艺术、数学和物理等多门学科知识. 它始建于 1420 年,后经多次增建,直至 1752 年最终得以完成. 建造天坛这样宏伟的建筑,没有高超的精密计算技术是难以想象的.

图 1-12　中国古代数学家祖冲之

图 1-13　天坛

在基本技能方面,中国尤其强调数值计算和符号运算. 在计算技术迅猛发展的今天,中国的数学教育仍然要求必要的心算和规范的笔算.

5.3.3　运用变式提升重复演练

变式教学是具有中国特色的教学方法. “对于‘变式’的研究表明,中国的‘双基’可以发展为有意义学习,学生的练习并非无意义的符号游戏. ”通过教师深入理解,课堂内容被精心选择,并被良好地加以组织,从而可以在各种不同的地方使用有意义的变式.这使学生能在变换非本质属性的过程中掌握数学概念的本质属性,在剔除次要因素的过程中揭示主要的数学方法.[张奠宙,李士锜,唐瑞芬,2005]

理论上可以有很多种类的变式,比如概念变式和过程变式、显性变式和隐性变式等.变式的核心在于保持问题所具有的特定程式和形式.至于基础知识和基本技能中间那些非"基本"的元素,则可以精心设计,加以改变.学生通过比较与鉴别,努力认识那些不变性质——数学概念和程式的本质.心理学的解释是:运用变式教学,学生就不会只是通过做大量枯燥无味的习题来应用自己所掌握的知识和技能,而是在一个有意义的、合适的背景下理解这些知识和技能.

5.3.4 严密书写保持逻辑精确

早在100多年前,国学大师王国维(1877—1927)独具慧眼地首先引进了"数学是锻炼思维的体操"的思想.那就是说,数学"际人类智育发达之时代,使其思想致密,推理精确,而自信者深厚.一言以蔽之,曰有锻炼脑髓之效,宛如筋骨运动之于体育也.第一,与以阶梯预备之数学知识.第二,养成数学思想即精神的锻炼.以第一目的,则数学知识,当深浸润学者之脑髓.其重要之部分,维经年月,尚存在其人之记忆,为必要也.以第二为目的之时,则反之.学者将来忘数学可也,其人尚不失为有数学思想之人.此宛如修体操科者后年虽忘体操术,尚强健"[藤泽利喜太郎,1901,pp. 1—2].现在这一思想深入人心,并且对数学教育起着重要的指导作用.一方面,从清末的学堂章程到现在的课程标准中,关于数学在培养学生的逻辑思维能力方面均有不同程度的要求.尤其是在1949年建国后的数学教学大纲、课程标准中提出了更高的要求.另一方面,在数学教学实践中,广大数学教师非常注重数学思想方法和学生的逻辑思维能力的培养.教师试图让学生灵活地掌握许多"基本数学思想方法",例如,四种命题及其互换、充分必要条件、归纳与演绎、分析与综合、类比、联想、化归以及"关系—映射—反演"原理(RMI)等.特别是安排在考试之前的复习,主张温故而知新,一些优秀的教师从知识的整体性和综合性观点出发使用"高密度、快节奏、大容量"的教学方法,在一堂数学复习课中可以涉及很多题目,从中概括出数学方法,并达到融会贯通的目的.复习课是"双基"教学的更高形式.

数学教师在"精讲多练"的原则下,通过由浅入深的反复训练、多种形式的测验考试、纠错与反思以及课堂讨论等手段及途径,最大限度地让学生掌握逻辑思维方法. 尽管这种教学方式给学生带来学习负担,但是这仍然是基本的、有效的教学手段.

6. 结语

本章展示了中国传统文化和数学教育之间的浓缩图景,阐明了中国数学文化的主要特征和数学教育的发展线索,但是与浓缩图景、主要特征、发展线索背后宏富的内容相比,这些仅仅是冰山一角. 中国数学文化和教育发展的漫长历程中,数学家和数学教育家在提出不少重要思想的同时,也创造出了很多重要的数学方法,设计出了丰富多彩的数学问题. 对于在数学教学中要融入数学文化与数学史的意义和作用的认识上出现广泛共识的今天,这些数学思想方法、教学方法以及数学问题更能够体现出它的重要价值和意义. 历史丝毫没有吝啬,她总是心胸宽广,智慧无穷,时刻等待人们从她那里吸取营养,以便让人们充实自己,得到更好的发展. 积极地审视我们悠久的历史和博大精深的传统文化,放眼四海,面向未来,这是中国数学教育在国际舞台上扮演重要角色的根本途径.

参考文献

1. 代钦. 2003. 儒家思想与中国传统数学. 北京:商务印书馆.
2. 顾树森. 1963. 中国古代教育家语录类编. 上海:上海教育出版社.
3. 郭书春. 1992. 古代世界数学泰斗刘徽. 济南:山东科学技术出版社.
4. 郭书春,刘钝. 1998. 算经十书(二). 沈阳:辽宁教育出版社.
5. 《汉大成语大词典》编委会. 2002. 汉大成语大词典. 上海:汉语大词典出版社.
6. 洪万生. 1990. 孔子与数学. 台北:文明书局股份有限公司.
7. 江晓原,谢筠. 1996. 周髀算经. 沈阳:辽宁教育出版社.
8. 李迪. 1958. 缀术的失传时代问题. 数学通讯,(11).
9. 李迪. 1997. 中国数学通史(上古到五代卷). 南京:江苏教育出版社.
10. 李迪. 2000. 古代ギリシアと古代中国における異なる数学モデルの形成された背景. 数学教育研究,(30).
11. 李迪,代钦. 2000. 中国数学教育史纲. 见:中日近现代数学教育史,第四卷. 大阪:

ハンカイ出版印刷株式会社. 92—103.
12. 李迪,郭世荣. 1988. 清代著名天文数学家梅文鼎. 上海:上海科学技术出版社.
13. 李继闵. 1986. 试论中国传统数学的特点. 见:中国数学史论文集(二).
14. 李俨. 1937. 中算史论丛(四上). 上海:中华学艺社,商务印书馆.
15. 李俨. 1955. 中算史论丛(第四集). 北京:科学出版社.
16. 李兆华. 2005. 中国近代数学教育史稿. 济南:山东教育出版社.
17. 罗兹曼,G. 1988. 中国的现代化. 南京:江苏人民出版社.
18. 律令研究会. 1989. 译注日本律令十——令义解注释篇二. 东京:东京堂出版.
19. 梅荣照,李兆华. 1990. 算法统宗校释. 合肥:安徽教育出版社.
20. 钱宝琮. 1992. 中国数学史. 北京:科学出版社.
21. 孙宏安. 1997. 杨辉算法. 沈阳:辽宁教育出版社.
22. 藤泽利喜太郎. 1901. 算术条目及教授法. 王国维,译. 上海:《教育世界》杂志社.
23. 吴敬. 1488. 九章算法比类大全·项麟序.
24. 伊东俊太郎. 1981.《科学》の通时态と共时态. 东京:朝日出版社.
25. 伊东俊太郎,原亨吉,村田全. 1975. 数学史. 东京:筑摩书房.
26. 张奠宙,等. 2008. 数学"双基"教学的理论与实践. 南宁:广西教育出版社.
27. 张奠宙,李士锜,唐瑞芬. 2005. 中国大陆的"双基"数学教学. 见:华人如何学习数学. 范良火,黄毅英,蔡金法,李士锜. 南京:江苏教育出版社. 153—169.
28. Kline, M. 1995. 西方文化中的数学. 张祖贵,译. 台北:九章出版社.
29. Lapointe, AE, Mead, NA, & Askew, JM. 1992. *Learning Mathematics*. Princeton, NJ: Educational Testing Service.
30. NCTM(National Council of Teachers of Mathematics). 2006. *Curriculum Focal Points for Prekindergarten through Grade 8 Mathematics*. VA: The National Council of Teachers of Mathematics, Inc.

第2章

国外数学教育的传入与影响

执笔： 汪晓勤[①] 张英伯[②]

摘 要 17世纪初以降，中国的数学教育一直在利用或借鉴他山之石，融合自身传统，追赶世界先进水平，并逐渐形成了自己的特色.《几何原本》前六卷汉译本在明末的出版，标志着西方初等数学的传入；《代微积拾级》汉译本在晚清的出版则标志着西方近代数学的传入. 20世纪初中国数学教育模仿日本，日本数学教科书和数学教育理论、日本学者翻译的西方教育理论以及数学教科书一时主导着中国的数学教育. 20世纪20—40年代中国学习欧美，欧美数学教材广泛用于中国的各级学校，杜威实用主义教育理论风行海内. 20世纪50年代中国全面学习苏联，苏联的教育理论统治着中国的教育界，苏联数学教材成了中国数学教材的蓝本. 20世纪80年代后，西方各种数学教育理论继续源源不断地传入中国. 中国的数学教育离不开世界，中国数学教育的成就也必然会让世界受益.

关键词 几何原本，代微积拾级，算术条目及教授法，杜威，苏联数学教育

1. 引言

中国古代数学教育可以追溯到商朝(前1600—前1046). 西周(前

① 华东师范大学数学系，教授，博士生导师.
② 北京师范大学数学科学学院，教授，博士生导师.

1046—前 771)时，贵族子弟教育的基本内容为“六艺”，即礼、乐、射、御、书、数，数学为其中之一. 到了隋唐时代，中国古代数学教育达到了高潮，有确定的招生人数、教材、教师和考试要求. 隋炀帝大业元年(605 年)置进士科，为科举之始. 隋国子寺设算学馆，置算学博士 2 人，算学助教 2 人，学生 80 人. 唐初废算学，到了显庆元年(656 年)，国子监复置算学.《新唐书·百官志》称：

> 博士二人，从九品下；助教一人. 掌教八品以下及庶人子为生者. 二分其经以为业：《九章算术》、《海岛》、《孙子》、《五曹》、《张丘建》、《夏侯阳》、《周髀》、《五经算》、《缀术》、《缉古》为颛业，兼习《记遗》、《三等数》. [欧阳修，等，1997，p. 1268]

这里所说的前 10 本教材，就是我们今天所说的《算经十书》(图 2-1).

图 2-1　算经十书

此时，招生规模从隋朝的 80 人缩减为 30 人，年龄在 14—19 岁. 关于各教材修读时间，《新唐书·选举志》称：

> 凡算学，《孙子》、《五曹》共限一岁，《九章算术》、《海岛》共三岁，《张丘建》、《夏侯阳》各一岁，《周髀》、《五经算》共一岁，《缀

术》四岁，《缉古》三岁，《记遗》、《三等数》皆兼习之.［欧阳修，等，1997，pp.1160—1161］

而考试要求是这样的：

> 凡算学，录大义本条为问答，明数造术，详明术理，然后为通.试《九章》三条、《海岛》、《孙子》、《五曹》、《张丘建》、《夏侯阳》、《周髀》、《五经算》各一条，十通六；《记遗》、《三等数》帖读十得九，为第.试《缀术》、《缉古》，录大义为问答者，明数造术，详明术理，无注者合数造术，不失义理，然后为通.《缀术》七条、《缉古》三条，十通六；《记遗》、《三等数》帖读十得九，为第.落经者，虽通六，不第.［欧阳修，等，1997，p.1162］

与国子监中的国子学、太学等相比，数学专业的规模要小得多，教师地位及俸禄也少得多.唐初的数学水平并不高，算学博士看不懂祖冲之《缀术》中的有关内容，只能“废而不理”［魏征，等，1994，p.388］.那个时代，学数学者属凤毛麟角，师资奇缺.《算经十书》之一《缉古算经》的作者、算学博士王孝通（7世纪初）曾感叹：“代乏知音，终成寡和.”［王孝通，1963，p.493］可想而知，官方数学教育的发展一定是步履维艰的.实际上，国子监的算学专业到唐显庆三年（658年）又废了，才办了不到3年.到了龙朔二年（662年）复置，不久脱离国子监，隶属秘阁局.到了元和二年（807年），两京国子监仍保留算学馆，但学生总共不过10人.

北宋时期，官方的数学教育制度也是兴废更迭.元丰六年（1083年），国子监设置数学专业；七年，吏部选拔算学博士，竟无人通过.八年，刊刻《算经十书》.元祐元年（1086年），修建算学馆的计划被搁置，数学专业形同虚设.直到崇宁三年（1104年），算学馆才正式招生.《宋史·选举志》称：

> 算学：崇宁三年始建，学生以二百一十人为额，许命官及庶人为之.其业以《九章算术》、《周髀》及假设疑数为算问，仍兼《海岛》、《孙子》、《五曹》、《张丘建》、《夏侯算法》，并历算、三式、天文书为本科.

此时,数学教育规模比唐初大了很多,算学博士有 4 人. 然而,好景不常,仅仅 6 年之后的大观四年(1110 年),算学馆被解散,算学生并入太史局. 政和三年(1113 年),国子监复置算学,宣和二年(1120 年)又废. 随着北宋的灭亡,国家数学教育制度也不复存在了. 鲍浣之《〈九章算术〉序》称:

> 本朝崇宁亦立于学官,故前世算数之学相望有人. 自衣冠南渡以来,此学既废,非独好之者寡,而《九章算经》亦几泯没无传矣.[鲍浣之,2004, p.859]

隋唐至北宋,中国官方的数学教育尽管历经坎坷,但总不绝如缕;特别是科举中明算科的设置,极大地促进了古代数学教育的发展.

南宋虽无官方的数学教育,但鲍浣之重刻北宋的算经,使其继续流传于世;数学家杨辉编写了中国数学教育史上的第一份"教学计划"——"习算纲目",指导民间的数学教育. 到了元明时期,数学教育走向衰微.《天禄琳琅阁丛书》第一集书目称:"元明不重此学,算经仅《周髀》间有刊传,余则竟成绝响."明洪武初年,科举考试尚兼试数学,但宣德、嘉靖之后,数学在科举中逐渐销声匿迹.

2. 17 世纪初:西方数学的第一次传入

1582 年,意大利耶稣会士利玛窦(Matteo Ricci, 1552—1610)来到中国澳门,带来了他的老师、16 世纪德国著名数学家克拉维斯(C. Clavius, 1537—1612)的《几何原本》十五卷拉丁文评注本. 翌年来到肇庆,1589 年迁居韶州. 在韶州,瞿太素(1549—1612)拜他为师,学习西方的数学与天文知识. 瞿太素将《几何原本》第一卷译成了中文,可惜未能流传下来. 1594 年,利玛窦到达南京,1595 年居留南昌. 1597 年,利玛窦来到北京,但未能获得万历皇帝的接见. 1599 年居留南京,翌年,初识上京赶考路过南京的徐光启. 1601 年,利玛窦终于实现他孜孜以求的目标——居留北京传教.

1604 年,徐光启第三次进京参加会试,中进士,被选为翰林院庶吉士. 此后,他与利玛窦的交往日益频繁. 在中国 20 年,利玛窦已经看到中国数学的不足,早已萌发翻译《几何原本》的想法:

> 窦自入中国,窃见为几何之学者,其人与书,信自不乏,独未睹有原本之论.既缺根基,遂难创造.即有斐然述作者,亦不能推明所以然之故.其是者,己亦无从别白;有谬者,人亦无从辨正.当此之时,遽有志翻译此书.[利玛窦,1607]

古希腊著名数学家欧几里得所著的《几何原本》(原十三卷,后人补充了两卷,共十五卷)是数学史上第一部用公理化方法建立逻辑演绎体系的数学著作,其流传之广仅次于《圣经》.此书对数学发展的影响人所共知,在西方数学教育史上占有特殊的地位.《几何原本》前十三卷于公元 9 世纪被译为阿拉伯文,而十五卷的阿拉伯文修订本则于 1248 年由著名天文学家纳西尔丁(Nasir-Eddin, 1201—1274)完成.在元大都司天台至元十年(1273 年)所藏的"回回书籍"中,有一部为《兀忽列的四擘算法段数十五部》,据研究,可能即为纳西尔丁的这个阿拉伯文修订本的抄本[严敦杰,1943, pp. 59—61;安国风,2008, pp. 81—82],但没有什么迹象表明,它在元代曾被译为中文.

当时,利玛窦要翻译《几何原本》,谈何容易!之前,他与多位中国人(包括前面提到的瞿太素和一位蒋姓秀才)的合作均以失败告终:"嗣是以来,屡逢志士,左提右挈,而每患作辍,三进三止."[利玛窦,1607]显然,徐光启的才能远远胜过利玛窦以前的那些合作者.1605 年秋,徐光启向利玛窦了解西方的教育情况.说到数学时,利玛窦盛赞《几何原本》之精,又陈述此书汉译之难,还说起昔日译事半途而废的种种经历.徐光启说:

> 吾先正有言:"一物不知,儒者之耻."今此一家已失传,为其学者,皆暗中摸索耳.既遇此书,又遇子不骄不吝,欲相指授,岂可畏劳玩日,当吾世而失之!呜呼,吾避难,难自长大;吾迎难,难自消微.必成之.[利玛窦,1607]

其坚定的决心、过人的勇气和强烈的使命感溢于言表.于是,两人口授笔录,焚膏继晷,反复推敲,三易其稿,终于在 1607 年春把《几何原本》前六卷译完并出版(图 2-2).徐光启对《几何原本》给予了极高的评价:

> 此书为益,能令学理者祛其浮气,练其精心;学事者资其定法,发其巧思.故举世无一人不当学.……能精此书者,无一书不

可精;好学此书者,无一事不可学.……此书有四不必:不必疑,不必揣,不必试,不必改;有四不可得:欲脱之不可得,欲驳之不可得,欲减之不可得,欲前后更置之不可得.有三至三能:似至晦,实至明,故能以其明明他物之至晦;似至繁,实至简,故能以其简简他物之至繁;似至难,实至易,故能以其易易他物之至难.……此书为用至广,在此时尤所急须……窃意百年之后必人人习之.[徐光启,1607a]

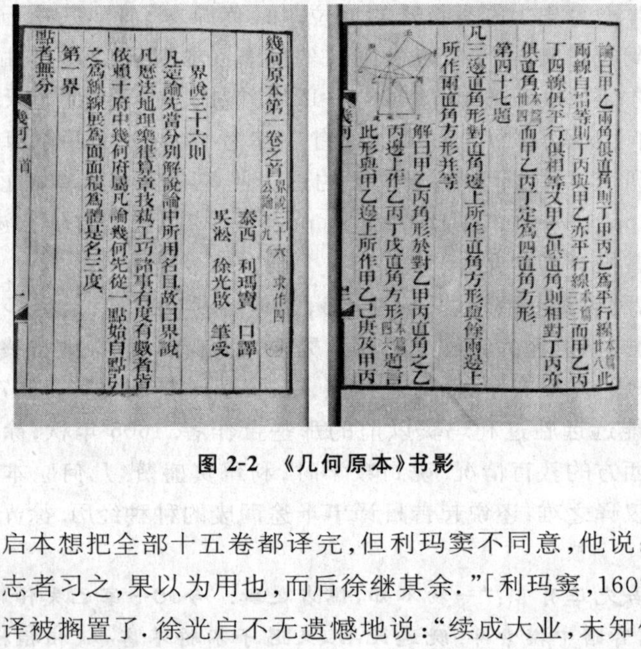
幾何原本第一卷之首 界說三十六 公論十九 求作四

泰西 利瑪竇 口譯

吳淞 徐光啟 筆受

界說三十六則

凡造論先當分別解說論中所用名目故曰界說

凡歷法地理樂律算章技藝工巧諸事有度有數者皆依賴十府中幾何府屬凡論幾何先從一點始自點引之為線線展為面面積為體是名三度

第一界

點者無分

論曰甲乙兩角俱直角則丁甲丙乙為平行線(本篇廿八)此兩線自相等則丁丙與甲乙亦平行線(本篇三三)而甲乙丙丁四線俱平行俱相等又甲乙俱直角則相對丁丙亦俱直角(本篇卅四)而甲乙丙丁定為四直角方形

第四十七題

凡三邊直角形對直角邊上所作直角方形與餘兩邊上所作兩直角方形并等

解曰甲乙丙角形於對乙甲丙直角之乙丙邊上作乙丙丁戊直角方形(本篇四六題)言此形與甲乙邊上所作甲乙己庚及甲丙

图 2-2 《几何原本》书影

徐光启本想把全部十五卷都译完,但利玛窦不同意,他说:“止.请先传此使同志者习之,果以为用也,而后徐继其余.”[利玛窦,1607]于是,后九卷的翻译被搁置了.徐光启不无遗憾地说:“续成大业,未知何日,未知何人.书以俟焉.”[徐光启,1607b]

《几何原本》的翻译标志着西方数学的第一次传入.将《几何原本》的理论运用于科学技术以及数学研究,乃是徐光启所追求的目标.继《几何原本》之后,他又与利玛窦合译《测量法义》,并自撰《测量异同》和《勾股义》.其中,《勾股义》试图运用《几何原本》中的定理对我国已有的证明方法加以严密化.同时,一些西方几何著作也被译成中文(表 2-1).译者中,李之藻(1565—1630)在第一次西学东渐过程中作出了卓越的贡献.他和利玛窦又根据克拉维斯《实用算术概论》和程大位《算法统宗》,合作编译了《同文算指》一书,此书是中国数学史上第一部介绍欧洲笔算的著作,影响深远.

表 2-1 17世纪上半叶译成中文的一些西方几何著作

书名	译者	年份	涉及的古希腊数学内容
圆容较义	利玛窦、李之藻	1608	等周问题
大测	邓玉函	1631	《几何原本》卷十三和十四中的命题
测量全义	罗雅谷	1631	《几何原本》卷十三中的命题,面积和体积,阿基米德《圆的度量》和《论球与圆柱》中的命题,海伦公式,正多面体
比例规解	罗雅谷	1631	《几何原本》卷十三中的命题
几何要法	艾儒略、瞿式穀	1631	《几何原本》卷十三和十四中的命题

对于《几何原本》中的公理化思想和抽象的演绎逻辑体系,中国人接受起来并不容易,徐光启"百年之后必人人习之"的预言并没有变成现实.利玛窦本人曾说,只有李之藻和徐光启看得懂《几何原本》;又说,中国人对此书的赞誉要高于对它的理解[Hée, 1939, pp. 84—88].清初数学家李子金(1622—1701)曾这样描述《几何原本》在京城的境遇:"京师诸君子即素所号为通人者,无不望之反走,否则掩卷而不谈,或谈之亦茫然而不得其解."[梅荣照,1990, p. 65]1700年,杜知耕说此书"成于万历丁未,至今九十余年,而习者尚寥寥无几"[杜知耕,1700].尽管如此,入清之后,研究《几何原本》的人还是日益增多,一批讨论《几何原本》或受其影响的几何著作相继出版,表2-2列出其中一部分.

表 2-2 17世纪下半叶中国出版的一些讨论《几何原本》的著作

作者	书名	年份	内容
方中通	几何约	1661	包含《几何原本》中的命题
李子金	几何易简集	1679	包含《几何原本》中的命题
杜知耕	数学钥	1681	引用《几何原本》中的命题
王锡阐	圆解	?	讨论平行线性质
梅文鼎	几何摘要	?	介绍《几何原本》之基本命题
梅文鼎	几何通解	1692	以中国传统的勾股术来解《几何原本》卷二、三、四、六中的15个命题
梅文鼎	几何补编	1693	正多面体和半正多面体
杜知耕	几何论约	1700	《几何原本》的缩写

同时,酷爱西学的康熙皇帝对《几何原本》的徐光启、利玛窦译本产生了浓厚兴趣.于是,它被转译成满文,踏上了"皇家之路".比利时传教士南怀仁(F. Verbiest, 1623—1688)被召入宫廷,为康熙皇帝讲授满文《几何原本》③.南怀仁去世后,法国传教士张诚(F. Gerbllon, 1654—1707)和白晋(J. Bouvet, 1656—1730)以满文为康熙皇帝讲授法国数学家巴蒂(I. G. Pardies, 1636—1673)的《几何要旨》(*Elémens de géometrie*).御制《数理精蕴》中的《几何原本》12册,其底本就是巴蒂的这部当时流行于欧洲的标准几何教科书.

3. 19世纪下半叶:西方数学的第二次传入

1840—1842年的中英鸦片战争以清政府的失败而告终.清政府被迫与英、美、法等国签订不平等的《南京条约》、《望厦条约》和《黄埔条约》,割让香港给英国,开放广州、福州、厦门、宁波和上海为通商口岸.上海成了第二次西学传播的中心.

英国传教士伟烈亚力(A. Wylie, 1815—1887)在1847—1877年的30年间曾三度来华,第一次是以英国伦敦会设在上海的印刷所——墨海书馆印刷员身份来的.来华前,这位只有高中学历的木匠竟通过手头的英、汉两本《圣经》自制英汉词典,粗通了中文.来上海后,他每天只睡6小时,终年手不释卷.作为一名新教传教士,他深知利玛窦学术传教策略的重要意义,对利玛窦有着很高的评价:

> 《几何原本》汉译本是一部极有趣的著作.仅仅是科学著作的翻译,当然是稀松平常之事;但作为一个民族一系列智力进步的第一步,它具有极为重要的意义.利玛窦是中国基督教差会的创始人,出生于16世纪.耶稣会成立不久,他就入了会,并自愿到中国来播种基督教教义.在广东省各地待了20年后,他只身北上,最终进京.今天,接见问题是在华外国人政治讨论的重要问题;但是,利玛窦得到了近代任何外国列强都未能得到的东西——朝见天子的特权——并且不是一次,而是经常.这样,在有生之年,他成功地为西方思想建立了决定性的影响,而这种影

③ 费赖之把这个满文译本归于南怀仁.参阅费赖之(1995),p.353.

> 响本来只能寄希望于长期而密切的政治交往才能产生. 结果,利玛窦的名字成了外国对华关系史上的里程碑,当他的许多后继者们为人们所遗忘时,他的名字却永载史册. 他在北京生活得并不长,但他与国家的一些达官贵人建立了友谊. 这些人当中,不论是官职、智力还是道德,最高的莫过于徐光启了. 徐光启最终帮助他将《几何原本》译成了汉语. ④

伟烈亚力对徐光启的生平作了深入的研究,并在当时上海的英文报纸《北华捷报》上连载长文介绍徐光启[Wylie, 1851; 1852]. 他发现,许多中国数学家都对汉译《几何原本》的不完整深感遗憾. 清初被称做"历算第一名家"的梅文鼎曾这样表达自己的疑问:"言西学者,以几何为第一义,而传只六卷. 其有所秘耶? 抑为义理渊深,翻译不易,而姑有所待耶?"[梅文鼎,1692, p. 451]浙江海宁数学家李善兰(1811—1882)15 岁时就读过徐光启、利玛窦翻译的《几何原本》六卷本,他后来回忆道:

> 善兰年十五时,读旧译六卷,通其义. 窃思后九卷必更深微,欲见不可得,辄恨徐、利二公之不尽译全书也. 又妄冀好事者,或航海译归,庶几异日得见之. [李善兰,1857]

他还说,从明朝万历年间起,中国的数学家们渴望学习《几何原本》全书已很久了.

伟烈亚力对《几何原本》汉译本的不完整也感到不满意. 针对梅文鼎的质疑,他颇不以为然,说:"学问之道,天下公器,奚可秘而不宣?"[伟烈亚力,1857]因而就萌发续译的打算. 他从英国买到了十五卷的足本,该英文版译自希腊文,可能是巴罗(I. Barrow, 1630—1677)的英译本[钱宝琮,1992, p. 324;梅荣照,1990]. 该版本校勘得不精细,有许多误文夺字,因而不少地方失去了原意. 伟烈亚力虽然念中学时学过《几何原本》,但要重新对这个版本进行校勘,自己也觉得没把握,而要把它译成地道的中文,更是不易. 因此,他迫切希望有一位既精通数学又精通汉语的人能来墨海书馆与他合作.

李善兰于 1852 年 6—7 月间来到上海,并认识了伟烈亚力. 对于伟烈亚力来说,李善兰的出现真可谓天赐良机. "君固精于算学,于几何之术,

④ 上海晚邮,1872 年 6 月 14 日.

心领神悟，能言其故.”[伟烈亚力，1857]另外，李善兰还熟悉《几何原本》前六卷. 因此，他的确是伟烈亚力要寻找的最佳合作者. 当伟烈亚力提出合作翻译后九卷时，李善兰欣然答应，因为《几何原本》能译出足本正是他自己盼望已久的事！

译事始于 1852 年 7 月 17 日(农历六月初一)，日译一题. 译书时，伟烈亚力用中文把《几何原本》口译出来，李善兰则做笔录，并对译稿进行文字上的润饰和内容上的审校. 遇到原书有误的地方，李善兰就反复推敲，正误补缺. 由于李善兰中途应试、避兵，因而译译停停，寒暑四易，终于大功告成. 伟烈亚力称：“书既成，微特继利氏之志，抑亦解梅氏之惑，殊深忻慰.”[伟烈亚力，1857]伟烈亚力对译文的质量感到十分满意和自信，他说：“异日西土欲求是书善本，当反访中国矣.”[李善兰，1857]1857 年，《几何原本》后九卷出版. 经过整整 250 年的等待，中国人终于看到了《几何原本》全书. 1865 年，曾国藩(1811—1872)在南京资助出版了十五卷的足本(图 2-3).

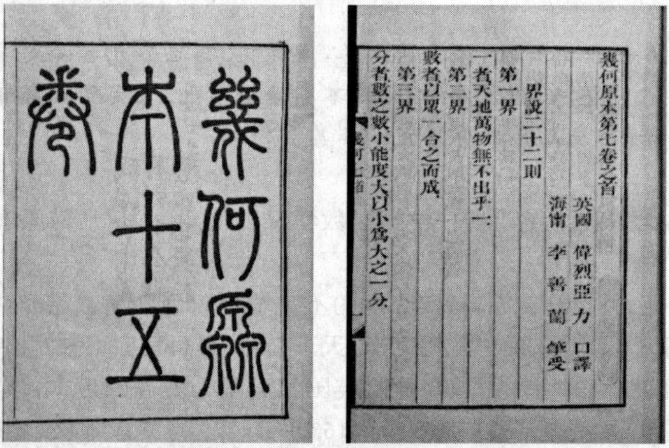

图 2-3 十五卷本《几何原本》书影

在李善兰的著述中，我们可以看到《几何原本》的影响. 例如，在《方圆阐幽》中，作者先给出相当于引理的 10 条“当知”，然后讨论他的尖锥术. 在李善兰之后，不少数学家对《几何原本》进行了深入研究. 在晚清的众多书院和学堂中，《几何原本》是重要的几何教科书.

伟烈亚力到上海后，看到中国人对西方数学知识抱有浓厚的兴趣，许多知识分子都在如饥似渴地学习这些新知识. 他感到，仅仅是对于西方科学肤浅的、通俗的介绍已经远远不能满足中国人的需求. 实际上,他早在撰写《数学启蒙》时,就开始计划陆续翻译出版西方代数、微积分教科书,使中国人能够循序渐进地、系统地学习西方数学:

> 余自西土远来中国,以传耶稣之道为本,余则兼习艺能. 爰述一书,曰《数学启蒙》,凡二卷. 举以授塾中学徒,由浅及深,则其知之也易. 譬诸小儿,始而匍匐,继而扶墙,后乃能疾走. 兹书之成,姑教之匍匐耳,扶墙徐行耳,若能疾走,则有《代数》、《微分》诸书在,余将续梓之. [伟烈亚力,1853]

伟烈亚力所说的《代数》即英国数学家德·摩根(A. De Morgan, 1806—1872)的《代数学》,由伟烈亚力和李善兰合译并于1859年出版. 它成了第一本中文符号代数教材,但流传不广. 而《微分》即是美国数学家罗密士(E. Loomis, 1811—1889)出版于1851年的微积分教材《解析几何与微积分》. 在前言中,罗密士称此书"不是为数学家,也不是为有特殊数学才能或数学爱好的人,而是为一般能力的广大大学生"[Loomis, 1851, p. iii]而写的,有着通俗易懂的优点,极便于初学者学习. 罗密士的微积分教材出版后,伟烈亚力"闻而善之,亟购求其书"[伟烈亚力,1859],决定与李善兰合作,将其"译行中国".

1856年,《几何原本》译成后,伟烈亚力和李善兰开始了《代微积拾级》(图2-4)的翻译工作. 翻译工作的难度很大,因为微积分的许多术语在中国传统数学里根本找不到对应的词,需要创造出来. "微积分"这个译名即取意于成语"积微成著".

图 2-4 《代微积拾级》书影

李善兰作出了一个后来被事实证明为错误的决定:用天干地支等来代替原文中的英文字母,如表 2-3 所示.

表 2-3　天干地支等与英文字母对照表

a	b	c	d	e	f	g	h	i	j	k	l	m
甲	乙	丙	丁	戊	己	庚	辛	壬	癸	子	丑	寅
n	o	p	q	r	s	t	u	v	w	x	y	z
卯	辰	巳	午	未	申	酉	戌	亥	物	天	地	人

译本用二十八宿的名称代替原文中的希腊字母,对于大写字母,则在小写字母所对应文字左边加一个“口”字旁. 加号用“⊥”表示,分数的分子在下,分母在上,微分号“d”用“微”字的左偏旁“彳”表示,积分号“$\int$”用“积”字的左偏旁“禾”表示. 于是乎,公式 $\int\frac{\mathrm{d}x}{a+x}=\ln|a+x|+C$ 就被翻译成

$$禾\frac{甲\perp天}{彳天}=(甲\perp天)对\perp呐.$$

《代微积拾级》由 3 部分内容组成. 李善兰在序言里称:“是书先代数,次微分,次积分,由易而难,若阶级之渐升. 译既竣,即名之曰《代微积拾级》. ”[李善兰,1859]李善兰所说的第一部分“代数”实际上是指解析几何. 这部分内容如下:

第一卷:以代数方法解几何问题.

第二卷:作图法. $a\pm b$, ab, abc, $\frac{ab}{c}$, $\frac{abc}{de}$, $\sqrt{ab}$, $\sqrt{a^2+b^2}$, $a\pm\sqrt{a^2-b^2}$ 等的作图.

第三卷:点与直线. 极坐标系与斜坐标系,直线的斜截式、点斜式、两点式方程,两点间距离公式,两直线交角正切公式,斜坐标系下的直线方程,坐标平移公式,直角坐标系下坐标旋转公式,直角坐标与斜坐标、极坐标之间的变换公式.

第四卷:圆. 圆及其切线的直角坐标方程,过极点的圆的极坐标方程.

第五卷:抛物线. 抛物线及其切线、法线的直角坐标方程,抛物线之性质,抛物线之极坐标方程,抛物弓形面积.

第六卷:椭圆. 椭圆及其切线、法线的直角坐标方程,椭圆之

性质，在以两共轭直径为坐标轴的坐标系下椭圆的方程，椭圆的极坐标方程，椭圆面积．

第七卷：双曲线．双曲线及其切线、法线的直角坐标方程，双曲线之性质，在以两共轭直径为坐标轴的坐标系下双曲线的方程，双曲线的极坐标方程，双曲线之渐近线，在以两渐近线为坐标轴的坐标系下双曲线的方程．

第八卷：代数曲线之分类．二元二次方程 $ay^2+bxy+cx^2+dy+ex+f=0$ 的旋转变换和平移变换，二元三次和四次方程所表示的曲线种类．

第九卷：超越曲线．摆线，对数曲线，阿基米德螺线，双曲螺线，对数螺线．

第二部分是“微分”，内容有：

第十卷：常数、变数、函数、显函数、隐函数、增函数、减函数、极限等概念，函数之微分．

第十一卷：高阶微分，麦克劳林公式，泰勒公式，偏微分，全微分．

第十二卷：一阶导数之应用，极大值和极小值．

第十三卷：超越函数（指数函数、对数函数、三角函数、反三角函数）之微分．

第十四卷：曲线的切线、次切线、法线、次法线，弧长微分、曲线下面积微分、旋转曲面之面积微分、旋转体之体积微分，曲线之渐近线．

第十五卷：曲率和曲率半径，渐屈线．

第十六卷：曲线之凹凸性及奇异点（拐点、重点、歧点和孤点）．

第三部分是“积分”，内容有：

第十七卷：不定积分概念和性质，幂函数及多项式函数积分、定积分，用级数求积分法，函数 $y=\frac{1}{\sqrt{1-x^2}}$，$y=\frac{1}{1+x^2}$ 和 $y=\frac{1}{\sqrt{2x-x^2}}$ 的积分，二项式积分 $\int x^{m-1}(a+bx^n)^{\frac{p}{q}}\mathrm{d}x(m,n,$

p, q 为整数)的讨论.

第十八卷:积分之应用. 曲线的长度,曲线下的面积,旋转曲面面积,旋转体体积.

其中,图 2-5 是罗密士原文中的微积分基本定理的书影,图 2-6 是《代微积拾级》中微积分基本定理的书影.

PROPOSITION IX.—THEOREM.

(253.) ***The differential of the area of a segment of any curve referred to rectangular co-ordinates, is equal to the ordinate into the differential of the abscissa.***

Let APR be a surface bounded by the straight lines AR, PR, and the arc AP of a curve; it is required to find the differential of its area.

Let x represent the abscissa AR, and y the corresponding ordinate PR. If we give to x an increment h, and make $RR'=h$, the value of y will become $P'R'$, which we will represent by y'.

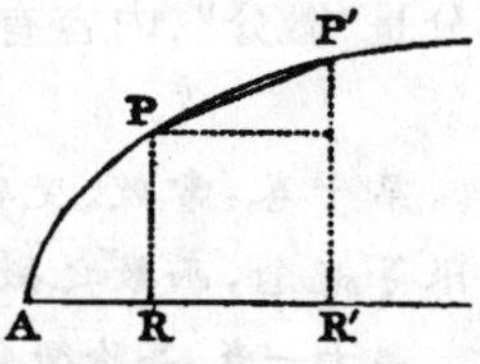

图 2-5　罗密士原文中微积分基本定理的书影

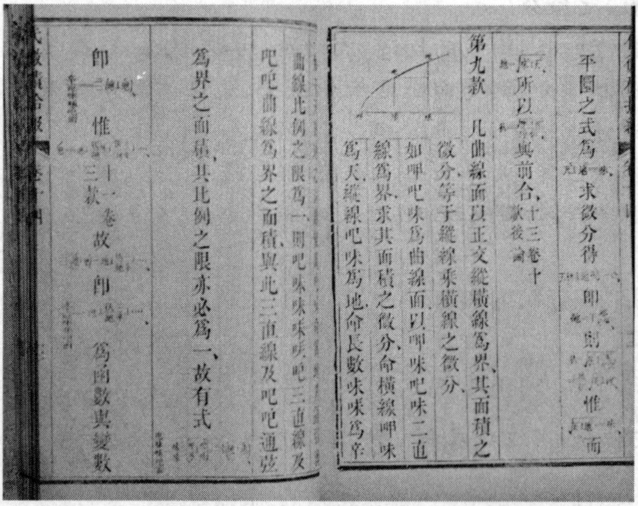
平圓之式為、求微分得、即、則、惟、而
、所以、與前合、十三卷十款後論
第九款　凡曲線面以正交縱橫線為界、其面積之
微分、等于縱線乘橫線之微分、
如呷吧味為曲線面、以呷味吧味二直
線為界、求其面積之微分、命橫線呷味
為天、縱線吧味為地、命長數味咪為辛
曲線比例之限為一、則吧味咪昧吧三直線及
吧吧曲線為界之面積、與此三直線及吧吧通弦
為界之面積、其比例之限亦必為一、故有式
即、惟、十一卷三款、故、即、為函數與變數

图 2-6　《代微积拾级》中微积分基本定理的书影

与今天的微积分教材相比,《代微积拾级》最大的缺点是未能以极限作为基本工具,从不考虑函数的连续性和可导性、级数的收敛性等问题,定积分作为和的极限的思想也付之阙如.

李善兰在《代微积拾级》序中写道:"由是,一切曲线、曲线所函面、曲面、曲面所函体,昔之所谓无法者,今皆有法;一切八线求弧背、弧背求八线、真数求对数、对数求真数,昔之视为至难者,今皆至易.呜呼!算术至此观止矣,蔑以加矣."[李善兰,1859]这一评价使微积分在传入中国之初,便拥有了至高无上的学科地位.

《代微积拾级》于1859年出版后,引起了众多中国知识分子的浓厚兴趣,太平天国的干王洪仁玕(1822—1864)也特别喜欢它.华蘅芳(1833—1902)称:"咸丰间,曾有海宁李壬叔与西士伟烈亚力译出《代微积拾级》一书,流播海内."[华蘅芳,1874]许多书院或学堂(表2-4)开设微积分课程,《代微积拾级》是其中最主要的教材.

表2-4 19世纪末开设微积分课程的部分书院和学堂

书院/学堂	地 点	创办时间
同文馆算学馆	北 京	1867
福州船政学堂	福 州	1867
中西书院	上 海	1881
中西学堂	绍 兴	1887
两湖书院	武 昌	1890
自强学堂	武 昌	1894
东山精舍	湘 乡	1895
时务学堂	长 沙	1897

例如,绍兴中西学堂算学馆的教学计划是:

> 凡入算学馆,先习数学.已通数学者习几何,已通几何者习代数.然后讨论三角八线、对数、诸曲线之理,以进于微分、积分.……习微积,宜先习西士伟烈亚力所译之《代微积拾级》,再习傅兰雅所译之《微积术》.[朱有瓛,1983]

尽管如此,《代微积拾级》这样的教材对于初学者来说极为难学.且看

看晚清的知识分子们是怎么说的:

徐有壬(1800—1860):"是法壬叔(即李善兰)外鲜能通晓,书中文义语气,多仍西人之旧,奥涩不可读,惟图式皆可据."[冯桂芬,1876]

华蘅芳:"自有微积二学,一切曲线、曲线所函面、曲面、曲面所函体,昔之所谓无法者,今皆有法……惜华士少有悉此术者,即力学之士,亦偶一触目,倏尔掩卷厌读,略一披阅,旋即置诸案侧,故盖不知其中佳境也."[华蘅芳,1897a]

华世芳(1854—1905):"咸丰之季,西人新术初入中土,通其法者鲜.而李壬叔所译《代微积拾级》一书,尤为难读."[华世芳,1897]

黄启明:"词旨隐奥,每类之中仅露端倪,初学读之不无临卷茫然之叹."[黄启明,1905]

张爔:"译本《代微积拾级》、《微积溯源》二书,未尝不分列各款,举示一隅.然读者如堕五里雾中,懵懵焉而无所得."[张爔,1906]

卢靖(1856—1948):"近世算术,以微积分为最深而最难,又为格物科学所不可少.吾国五十年来,仅有译成之《代微积拾级》与《微积溯源》二书.《拾级》简奥诘屈,海内畴人咸以难读为苦.……《溯源》较为详备,然不立题,不设数,愈讲微分为何物,愈令人迷惑恍惚而不可捉摸.畴人探索经年而不得其方者,比比然也."[卢靖,1902]

大学问家梁启超(1873—1929)也称《代微积拾级》"一依西人文法,不敢稍有变动,故极佶屈难读"[梁启超,1898].

尽管如此,消化和吸收微积分方法,并致力于微积分研究者仍然大有人在.李善兰在与伟烈亚力合译西书之后所写的著作,如《尖锥变法解》、《级数回求》等都是会通中西数学之作.《代微积拾级》译成之初,即引起徐有壬、冯桂芬等数学家的浓厚兴趣.冯桂芬与陈子瑨著有《西算新法直解》,对《代微积拾级》进行"条分缕析、疏通而证明".《代微积拾级》出版后,数学家夏鸾翔(1823—1864)即对其作深入研究.卢靖称他"最究心于曲线之术,读《代微积拾级》后,所造益深"[卢靖,1902].夏鸾翔对微积分方法极为推崇：

> 自奈端(牛顿)、来本之(莱布尼茨)二家作横直二线以驭曲线，创名曰微分积分，于是昔所谓无法者，今皆有法. 形虽万，法则一，诚算学之功臣也，亦人生之快事也. 余迩年避乱于吴门、于平湖、于南汇、于铁河，暇则细寻微积分奥窍，疏而演之，凡一百余术，法乃浸备. 几何之学至是而无纤芥之憾矣！[夏鸾翔，1862]

在《致曲术》和《万象一原》中，夏鸾翔在《代微积拾级》基础上获得许多新的结果. 如《代微积拾级》第十八卷里推导了椭圆绕长轴旋转而成的椭球表面积公式以及体积公式，夏鸾翔则用同样的方法求得上述椭球体被垂直于椭圆长轴或短轴的平面所截得部分的表面积和体积，还用《代微积拾级》中的方法推得其中所没有的许多旋转体体积和表面积公式.

在《代微积拾级》的众多研究者中，华蘅芳是最出色者之一. 华蘅芳是江苏金匮(今无锡市)人，20 岁时来到上海，去墨海书馆拜访李善兰. 当时，李善兰和伟烈亚力正在合译《代微积拾级》. 李善兰这样向他介绍微积分："此为算学中上乘功夫. 此书一出，非特中法几可尽废，即西法之古者亦无所用矣."[华蘅芳，1897b]这是华蘅芳平生第一次知道数学上除了天元术以外，竟然还有微分、积分之术. 这对于 14 岁就开始自学数学、拿到数学书即爱不释手的华蘅芳来说无疑充满了难以抗拒的诱惑力. 他从李善兰和伟烈亚力的译稿中抄录数条，拿回家细看，结果，茫茫然一无所获.

几年后，《代微积拾级》出版了，李善兰送了一套给华蘅芳. 华蘅芳展卷披阅，不知所云，不啻天书. 无奈之下，他只好又跑到墨海书馆，向李善兰求教. 李善兰如是说："此中微妙，非可以言语形容，其法尽在书中，吾无所隐也. 多观之，则自解耳. 是岂旦夕之工所能通晓者哉！"[华蘅芳，1897b]听了李善兰的话后，华蘅芳拿《代微积拾级》"反覆展玩不辍，乃得稍有头绪". 华蘅芳对自己学习微积分的这个艰难过程作了一个精彩的比喻："譬如傍晚之星，初见一点，旋见数点，又见数十点、数百点，以至灿然布满天空."[华蘅芳，1897b]

如果说以前的作者们将《代微积拾级》的难读归因于译文的话，那

么华蘅芳则是从微积分这门对中国人来说崭新的学科本身去寻找原因:

> 微分术中各种变化之法实超出乎代数之外,而不可以代数之常法解之.所以初学之人骤观微分之书,几不知其所语云何,每有探索经年而莫得其从入之途者.……若微分之术,其变化之故几不可以形求理喻矣,而谓算学中必有此数,人谁信之?此所以徘徊户外莫得其从入之途也.[华蘅芳,1897b]

华蘅芳试图以几何上的点、线、面和体来解释微分基本概念,认为:点为线的微分,线为面的微分,面为体的微分.《代微积拾级》所给出的一元函数导数求法是:"任以长数若干加于自变数,求得函数之同数,以原式减之,又以辛约之,乃令辛为零,而求比例之限,所得即微系数."[华蘅芳,1897b]此法的可疑之处是:"既令辛为微长之数,而以天加辛代其原式中之天,于是其详得之式中遂有辛之各方之项.既为甚微之变数,则令辛等于〇固无不通,惟何以必待以辛约之之后,方可令其右边各项中之辛为〇而其左边以辛为分母者,则不令其为〇,而以彳天代之,此《拾级》之说所以令人费解也."[华蘅芳,1897b]

这里,"长数"就是"增量","自变数"就是"自变量","同数"即函数值,"辛"就是 h,"限"就是"极限","微系数"就是"导数".这就是说,函数 $y=f(x)$ 的导数为

$$\frac{\mathrm{d}y}{\mathrm{d}x}=\lim_{h\to 0}\frac{f(x+h)-f(x)}{h},$$

一方面,分母 h 不能等于 0,否则就变成 $\frac{0}{0}$;另一方面,在求极限时,在分子分母约去 h 后,又令 h 等于 0. h 一会儿不能等于 0,一会儿又可以等于 0,相互矛盾.实际上,当年贝克莱(G. Berkeley, 1685—1753)大主教就因为这一原因而攻击牛顿(1643—1727)的微积分.

对于这一矛盾,华蘅芳的解释是:

> 以点加点,其点不能增大;以点加线,其线不能增长.以线加面,其面不能增广;以面加体,其体不能增巨也.点与点相乘,则仍为点也;点与线相乘,则仍为线也;点与面相乘,则仍为面也;

> 点与体相乘,则仍为体也.……由是推之,则知点之平方与点无异也,点之立方亦与点无异也,点之任若干乘方仍与点无异.则凡以点之各方与线、面、体相乘者,其线、面、体之形仍未尝稍变也.[华蘅芳,1897b]

增量 h 为点,h 的诸乘方也是点;x 为线,x^2 为面,x^3 为体,x^4 以上为多乘之体.由此可解释导数定义中的疑难.华蘅芳在《学算笔谈》里还纠正了《代微积拾级》中若干例题答数的错误.他后来还为初学者编写了《微积初津》一书.

《代微积拾级》中没有介绍现代意义上的定积分概念,但长沙求实书院数学教习许奎垣首次利用积分与垛积术之间的关系以及极限工具获得了一、二次幂函数的定积分公式.

蒋士栋在反复研究《代微积拾级》和《微积溯源》二书的基础上著《微积释马》.林传甲(1877—1922)在阅读华蘅芳《学算笔谈》以前,独立发现了《代微积拾级》中的错误,而他在求是书院的学生陈谟以及湘学使署的学生吴宗乾在学了《代微积拾级》之后,亦各自独立校出了这些错误.林传甲对微积分的研究成果编入《微积集证》一书,他还曾著《代微积浅释》.

徐异[1901]对微积分的研究达到了较高的水平,他不但纠正了振绮堂丛书本和江苏书局刻本《万象一原》中的错误,而且还著有《积分难题》,解决了若干一、二阶常微分方程.

凌步芳[1902]鉴于研究《代微积拾级》和《微积溯源》两书"词既隐约,语尤佶屈",于是对其"逐节疏通",著《微分详说》三卷和《积分详说》四卷.

任教于澄江南菁高等学堂的陈志坚对微积分进行了多年的研究,著有《微积阐详》.陈志坚所见仍是《代微积拾级》和《微积溯源》二书:

> 康熙间英之奈端、德之来本之相继创微分、积分之术,遂于深算学界中别辟一程……自咸同间《代微积拾级》、《微积溯源》二书先后译行,其术乃传中土.顾《溯源》理窟深奥,读者猝难领解.《拾级》则浅深有序,门径易窥.惟是列款虽详,诠题务简,尚非按时授课之书.……坚于斯术究心有年,粗窥厓略,为不揣冒昧,取二书中尤关要理者,得若干款,厘为五卷,名《微积阐详》.[陈志坚,1906]

对于《代微积拾级》和《微积溯源》,陈志坚更推崇前者,《微积阐详》多本其意.

《代微积拾级》的翻译出版标志着西方高等数学首次传入中国.在《代微积拾级》译成后的半个世纪里,它是书院或学堂的重要教材,也是众多的微积分学习和研究者的主要文献,影响深远.以李善兰、夏鸾翔为代表的中国数学家们学习和研究这一新学科,他们会通中西数学,获得传统数学方法所无法获得的结果,客观上缩小了中国数学与西方数学之间的差距,促进了中国数学的进步.数学家华世芳称:

> 自李壬叔续徐、利之业,而几何、曲线、重学、代数、微分、积分之学备,算学之至今日,古义既明,新法日出,斯诚极古今未有之奇萃,中外一家之盛矣!⑤

继伟烈亚力和李善兰之后,华蘅芳和英国人傅兰雅(J. Fryer, 1839—1928)合作翻译了英国数学家华里司(W. Wallace, 1768—1843)为《大英百科全书》(第8版)所撰写的关于代数学和流数术(即微积分)的长文,分别取名为《代数术》和《微积溯源》;又合译了英国数学家海麻士(J. Hymers, 1803—1877)的《三角数理》、伦德(T. Lund)的《代数难题解法》、加罗威(T. Galloway, 1796—1851)为《大英百科全书》(第8版)所写的关于概率论的文章《决疑数学》以及白尔尼的《合数术》.此后,大量西方数学教材相继被译成中文⑥,西方数学的传入在19世纪末达到了一个高潮,中国数学也因此获得某种程度的繁荣.伟烈亚力译成《代微积拾级》后曾自豪地预言:"异时中国算学日上,未必非此书实基之也."[伟烈亚力,1859]可以说,这一预言在不到半个世纪里就变成了事实.

1840年鸦片战争后,清政府深感夷祸之甚,外交军事、生产技术人才空虚,非兴学不足以图强.日益兴盛的洋务运动为中国近代数学教育创造了条件,西方数学教科书被广泛使用于洋务运动中诞生的学堂和书院,为

⑤ 万国公报. 1892, 4(36):1—2.

⑥ 罗密士的教材中,除《代微积拾级》外,至少有6种被译成中文:《形学备旨》十卷(狄考文、邹立文、刘永锡译,1885),《对数表》一卷(赫士、朱葆琛译,1893),《圆锥曲线》三卷(求德生、刘维师译,1893),《代形合参》三卷(谢洪赉、潘慎文译,1893),《八线备旨》四卷(谢洪赉、潘慎文译,1894),《微积学》(刘光照译,1912).

中国数学教育注入了新鲜的血液,为中国近代数学教育作出了重要的贡献.

4. 20 世纪初:日本数学教育的影响

戊戌政变(1898 年)之后,中国的爱国青年纷纷赴日留学. 1899 年赴日留学生超过百人,1901 年超过 280 人,1902 年达到 500 人,1903 年则达到千人. 很多留学生在日本接触和消化明治维新之后风行的新思潮、新理论以及日本学者译介的西方思想文化,他们心存民族危亡之忧患,怀抱强国富民之目的,在日本或在回国后积极从事日文书籍的翻译. 梁启超这样写道:

> 戊戌政变,继以庚子拳祸,清室衰微益暴露. 青年学子,相率求学海外,而日本以接境故,赴者尤众. 壬寅(1902 年)、癸卯(1903 年)间,译述之业特盛,定期出版之杂志不下数十种. 日本每一新书出,译者动数家. 新思想之输入,如火如荼矣. [梁启超, 1947, p. 156]

译者中不乏著名学者,如蔡元培(1868—1940)、章太炎(1869—1936)、梁启超、王国维、黄炎培(1878—1965)、鲁迅(1881—1936)等. 据《中国译日本书综合目录》的不完全统计,1896—1911 年这 15 年间,日文著作的中译本多达 958 种[陈应年,1982, pp. 262—282](表 2-5),实际数目更大.

表 2-5 1896—1911 年部分汉译日文著作统计

总类	哲学	宗教	政法	军事	经济	社会	教育	史地	语文	艺术	科学	技术	合计
8	32	6	194	45	44	7	76	238	133	3	249	243	958

王国维翻译了日本数学家和数学教育家藤泽利喜太郎(Fujisawa Rikitaro, 1861—1933)的《算术条目及教授法》(1895 年),连载于罗振玉(1866—1940)创办的《教育世界》(1901—1902),填补了中国近代中小学数学教育理论研究的空白.

《算术条目及教授法》分为两编,各编内容如下[代钦,2006, pp. 70—72]:

第一编　泛论

1. 普通教育中数学科之目的

2. 算术科之目的之特殊

3. 英法德算术之异

4. 以算术解释代数上之事项之困难

5. 于算术中深入整数论之不可

6. 于英国算术与代数之远别

7. 于本邦算术之来历

8. 所谓理论流义算术于本邦普通教育之不适当之事

9. 所谓理论流义算术于本邦普通教育上之弊害

10. 竞争试验之材料中不可重置算术

11. 算术即日本算术

12. 注意

第二编　各论

1. 算术条目

2. 数学之定义当自算术中除之

3. 定义

4. 数之呼法与数之写法

5. 四则

6. 诸等数

7. 整数之性质

8. 分数及循环小数

9. 比及比例

10. 步合算及利息算

11. 开平方开立方不尽根数

12. 省略算

13. 级数、年金算

14. 求积对数

藤泽利喜太郎在《算术条目及教授法》中明确提出数学教育的目的："第一，与以阶梯预备之数学知识. 第二，养成数学思想即精神的锻炼. 以第一目的，则数学知识，当深浸润学者之脑髓. 其重要之部分，维经年月，尚存在其人之记忆，为必要也. 以第二为目的之时，则反之. 学者将来忘数学可也,其人尚不失为有数学思想之人.此宛如修体操科者后年虽忘体操术,尚强健."[代钦,2006, pp.70—72]书中,藤泽利喜太郎明确提出抛弃理论算术的主张,这个主张对日本明治三十五年(1902年)的《中学校数学科教授要目》的制定产生了直接的影响.

1904年,清政府颁布《奏定学堂章程》(亦称"癸卯学制"),其中中学堂算学各科的课时分配与日本《中学校数学科教授要目》比较如表2-6所示[代钦,2006, pp.70—72].可见,《奏定学堂章程》中的中学堂部分基本模仿了日本的《中学校数学科教授要目》.

表2-6 20世纪初中日中学数学科目及学科课时分配比较

学年	奏定学堂章程		中学校数学科教授要目	
	课程	周学时	课程	周学时
1	算术	4	算术	4
2	算术、代数、几何、簿记	4	算术、代数	4
3	代数、几何	4	代数、几何	4
4	代数、几何	4	代数、几何	4
5	代数、几何	4	代数、几何	4

19世纪末,赫尔巴特(J. F. Herbart, 1776—1841)教育学盛行于日本.1901年,王国维翻译了立花铣三郎(1867—1901)介绍赫尔巴特教育学的《教育学》一书,发表于《教育世界》.此后,《教育世界》发表了大量关于赫尔巴特及赫尔巴特学派的译文和论文,包括德加谟(Charles De Garmo, 1849—1934)原著[Garmo, 1895]、中岛端日译的《费尔巴尔图派之教育》、《海尔巴脱派之兴味论》、《德国教育学大家海尔巴脱传》、《德国海尔巴德派教育学会纪事》等[侯怀银,等,2007, pp.16—20].因此,赫尔巴特学派的教育学理论正是通过日本传入中国的,其"五段教学法"对中国当时的数学教学产生了较大的影响[李春兰,2007, pp.30—35].

在汉译日文书籍中,数学教科书占了相当一部分,据《中国译日本书综合目录》的不完全统计,有算术14种、代数16种、几何19种、三角8种、微积分4种、辞典6种,共计67种.表2-7给出了其中的一部分[魏庚人,1987]:

表 2-7 部分汉译的日本数学教科书

原作者	书名	译者	出版时间
长泽龟之助	新数学教科书	包荣爵	1905
田中德	中等算术教科书	崔朝庆	1906
东野十治郎	最新算术教科书	西师意	1906(?)
林鹤一	重译足本几何教科书	彭清鹏	1906
桦正董	新译几何学教科书(平面)	曾钧	1907
桦正董	新译几何学教科书(立体)	曾钧	1907
桦正董	几何三角法教科书	仇毅	1907
长泽龟之助	普通教育平面三角法教科书	张修爵	1907
长泽龟之助	新代数学教科书	余恒	1908
菊池大麓	平面几何学教科书	黄元吉	1908
菊池大麓	立体几何学教科书	胡预	1908
泽田吾一	微分积分学纲要	赵缭	1908
上野清	大代数讲义	王家菼、张廷华	1909
上野清	中学教育几何教科书平面之部	仇毅	1909
上野清	中学教育几何教科书立体之部	仇毅	1909
长泽龟之助	新几何学教科书(平面)	周达	1909
长泽龟之助	新几何学教科书(立体)	张其祥	1909
菊池大麓、泽田吾一	平面三角法新教科书	王永炅	1909

其中也包括日本数学家翻译的英美数学教材，例如，英国数学家查理·斯密(Charles Smith, 1855—1917)的《初等代数》[Smith, 1886]在日本风行一时，至少有7种日译本，其中长泽龟之助的译本即由仇毅转译为中文，于1908年出版.

5. 20世纪20—40年代：欧美数学教育的影响

1911年，孙中山(1866—1925)领导的辛亥革命推翻了清王朝，于1912年建立了中华民国. 1912年1月9日，中华民国教育部成立；9月2日，中华民国教育部颁布教育宗旨；9月3日，中华民国教育部公布新学制(“壬子学制”). 民国初期，虽然我国的教育模仿德国，但是我国学校多采用自编数学教科书,较少采用外国教材.常用的美国教材有《温德华士几何学》(张彝译)、《温德华士三角法》(顾裕魁译)和《温德华士初等代数学》(屠坤华译),原作者为美国数学家温德华士(G. Wentworth, 1835—1906).

1922年中华民国教育部公布"壬戌学制",将小学、中学改为6年.该学制是模仿美国的学制而制定的,基本沿用到1949年.1923年公布了课程纲要,初中数学讲授算术、代数、平面几何,高中数学讲授平面三角、高中几何、高中代数、平面解析几何.1932—1933年,公布了各学段的数学课程标准.

民国初年,美国大教育家杜威(J. Dewey, 1859—1952)的教育思想通过蔡元培、黄炎培的介绍而传入中国.至"五四运动"前夕,陶行知(1891—1946)、郑晓沧(1892—1979)、胡适(1891—1962)等中国学者对杜威的学说作了大量宣传.杜威来华⑦后,在中国各地作巡回讲学,将其实用主义教育理论在中国的传播推向了高潮,"教育即生活"、"学校即社会"、"从做中学"、"教育是经验的不断改组改造"等格言在华夏大地上广为流传;杜威的教育著作相继被译成中文.杜威的实用主义教育理论成了"壬戌学制"的重要理论基础.体现杜威教育思想的设计教学法和道尔顿制先后传入中国,使杜威的实用主义教育思想在20世纪20年代的中国被广泛用于教育实践之中[元青,2001, pp. 200—209].

20世纪30年代,欧美数学教育、数学史著述不断传入中国.《初等数学教学法》是美国数学史家和数学教育家史密斯(D. E. Smith, 1860—1944)撰写的3部著名的数学教师培训教材之一⑧,该书采用了发生法和分析法相结合的写法,内容有[Smith, 1900]:

第1章　教授算术的历史原因
第2章　今天为何教算术
第3章　算术是如何发展的
第4章　算术过去是怎么教的
第5章　今天的算术教学
第6章　代数学的发展
第7章　代数学:为何教、教什么
第8章　代数中的典型部分

⑦ 杜威来华时间为1919年4月30日.
⑧ 另两部分别是《算术教学法》和《几何教学法》.

第 9 章　几何学的发展

第 10 章　几何是什么

第 11 章　几何基础

第 12 章　几何中的典型部分

第 13 章　教师书架

道弥翻译了其中的代数部分(第 6—8 章),发表于《中等算学月刊》1933 年第 5—8 期. 史密斯的至少 3 种教科书《实用算术》(1911 年)、《平面和立体几何》(1911 年)、《大代数》(1913 年)相继在中国重印[Frick, 1936, pp. 9—78]. 此外,美国数学家舒尔茨(A. Schulze, 1861—?)的《中等学校算学教学法》[Sehultze, 1912]⑨、德国数学家希尔伯特(D. Hilbert, 1862—1943)的《几何原理》⑩、美国数学史家卡约黎(F. Cajori, 1859—1930)的《初等算学史》[Cajori, 1917]⑪、史密斯的《西洋近世算学小史》[Smith, 1906]⑫、美国数学家迪克逊(L. E. Dickson, 1874—1954)的《初等方程式论》[Dickson, 1922]⑬等的中译本相继出版.

从 20 世纪 30 年代开始,《三 S 几何》、《范氏大代数》等美国数学教科书的原版或汉译本广泛用于中国各地的中学. 数学家程廷熙(1935 年)告诉我们:

> 范氏《高等代数学》一书,近十年内,风行海内,中学教以斯,大学试以斯,盖其理论严谨,材料丰富,诚中学教科之一善本也.
> [魏庚人,1987, p. 285]

杨振宁 1944 年秋在西南联大附中任教时,教的就是《范氏大代数》.

表 2-8 列出 20 世纪 20—40 年代用于中学的部分国外教科书[魏庚人,1987, pp. 255—265]. 此外,不少教材不过是欧美教材的改写本. 例如,裘石友所编新课程标准世界中学教本《高中新平面几何》(1937 年)就是根据《三 S 平面几何学》改写而成的.

⑨ 中译本译者为苏笠夫. 上海:商务印书馆. 1934.
⑩ 即《几何基础》,由傅种孙(1898—1962)和韩桂丛合译. 上海:商务印书馆. 1924.
⑪ 中译本译者为曹丹文. 上海:商务印书馆. 1935.
⑫ 中译本译者为段育华、周元瑞. 上海:商务印书馆. 1931.
⑬ 中译本译者为黄新铎. 上海:商务印书馆. 1935. 数学家吴在渊(1884—1935)也翻译过这部教材.

表 2-8 1925—1949 年出版的中文版外国教科书

原作者	书名	译者	出版时间
G. Wentworth	温德华士代数学	屠坤华	1925
G. Wentworth	温氏高中三角法	顾裕魁	1928
G. Wentworth	温氏高中代数学	屠坤华	1929
H. S. Hall, S. R. Knight	赫奈二氏平面三角法	马文元	1932
L. P. Siceloff, G. Wentworth, D. E. Smith	摄温斯三氏高中解析几何学	徐尉平等	1932
A. Schultze, F. L. Sevenoak, E. Schuyler	初等几何学 (三S几何平面部分)	马纯德	1932
A. Schultze, F. L. Sevenoak, E. Schuyler	立体几何学 (三S几何立体部分)	李耀春	1933
A. Schultze	舒尔慈初等代数学	孙天民	1933
W. A. Granville	葛氏平面三角学	褚保熙	1933
H. E. Hawkes	高等代数学	马纯德	1934
H. E. Hawkes	郝克士大代数	高佩玉等	1934
H. S. Hall, S. R. Knight	西氏增订霍尔乃特高等代数学	李友梅	1934
H. B. Fine	汉译范氏大代数	高佩玉等	1934
A. Schultze, F. L. Sevenoak, E. Schuyler	三S平面几何学	仲光然等	1934
A. Schultze, F. L. Sevenoak, E. Schuyler	三S立体几何学	仲光然等	1934
E. J. Wilczynski, H. E. Slaught	威斯二氏大代数	肖文灿	1934
P. F. Smith, A. S. Gale, J. H. Neelley	斯改尼三氏新解析几何学	程凯丞	1934
G. Wentworth, D. E. Smith	温德华-斯密史平面三角学	高佩玉等	1934
H. B. Fine	韩译范氏高等代数学	韩桂丛	1935
H. B. Fine	范氏高等代数学	沈　璇	1935
H. B. Fine	汉译范氏大代数	田长和	1935
P. F. Smith, A. S. Gale	斯盖二氏解析几何学	黄颂尧	1935
W. A. Granville, P. F. Smith, J. S. Mikesh	平面三角学	邱调梅	1938

(续表)

原作者	书　名	译　者	出版时间
G. N. Bauer, W. E. Brooke	二B平面三角学	王允中	1941
S. L. Loney	龙氏平面三角学	何籽岭	1941
W. A. Granville	葛氏平面三角术	虞诗周	1941
A. Schultze, F. L. Sevenoak, E. Schuyler	三S平面几何学	薛德炯等	1941
A. Schultze, F. L. Sevenoak, E. Schuyler	三S立体几何学	薛德炯等	1941
A. Schultze, F. L. Sevenoak, E. Schuyler	汉译舒塞斯三氏平面几何学	吴静山	1941
A. Schultze, F. L. Sevenoak, E. Schuyler	汉译舒塞斯三氏立体几何学	吴静山	1941
S. L. Loney	汉译龙氏平面三角法	章　彬	1944
Nathan Altshiller-Court	纳氏平面几何学	蔡研深	1947
A. Schultze, F. L. Sevenoak, E. Schuyler	新三S平面几何学	许彦生	1948
D. A. Roth Rock	罗氏平面三角学	严春山等	1949
P. F. Smith, A. S. Gale, J. H. Neelley	新解析几何学	钱介福	1949

20世纪40年代，德国著名数学家和数学教育家克莱因(F. Klein, 1849—1925)的有关数学教育思想也传入中国. 以数学教育中的历史发生原理为例，该原理可以上溯到法国哲学家孔德(A. Comte, 1798—1857)的著述. 孔德认为，“个体教育必然在其次第连续的重大阶段，仿效群体的教育，在感情上如此，在思想上也是如此”[孔德，1999, p. 94]. 孔德坚信，人们只有通过考察一种知识的历史发展，才能理解这种知识[Laudan, 1971]. 英国教育家斯宾塞(H. Spenser, 1820—1903)据此指出：

> 对儿童的教育在方式和顺序上都必须符合历史上人类的教育，换言之，个体知识的发生必须遵循人类知识的发生过程. ……因此，在确定正确的教育方法时，研究一下文明中的方法，有助于为我们提供指南. [Spencer, 1862. pp. 123—125]

另一方面,达尔文于1859年发表了进化论,在此基础上,德国生物学家海克尔(E. Haeckel, 1834—1919)提出了"个体发育重演种族发展史"的观点,并将这个生物学定律运用到心理学领域,指出"儿童的心理发展不过是种族进化的简短重复而已"[Radford, 2000, pp. 143—170]. 重新得出"个体知识的发生遵循人类知识发生的过程",历史发生原理因此而形成. 就数学教育而言,个体数学理解的发展遵循数学思想的历史发展顺序. 19世纪末20世纪初,包括克莱因在内的数学教育家普遍接受了这一原理. 在余介石(1901—1968)与倪可权合著的《数之意义》中,作者引述克莱因的文字如下:

> 按生物进化 biogenetic 之基本原则,即人发展之程序,与种族发展情形,大体相同. ……余思算学教育至少在一般情形下,必遵守此原则,一如其他事理然. 教育之力,应使青年粗具之才能,渐导入高深事理,而终于抽象之形式;人类自简陋原始状态努力进达高深知识所取之途径,即今日所当循守者也. 此项原则所以时时提出者,乃因常有近于烦琐哲学派之人士,每自最普遍之观念,为教学起点,回护其法为"唯一之科学方法". 此理由实全无根据. 科学之教育云者,乃能导人作科学方式之思考,而决非于开始时,即置冷酷之科学形式系统于其前也. 此种极自然之真正科学教育,推行上有一主要障碍,即为历史知识之缺乏……余信已使君等必能了然一切算学观念之如何逐渐完成;此等观念之初现,大抵皆类乎预言,必经长期之推展,始结晶成坚固之形态,如有系统之叙述中所习见者. [洪万生,1984, pp. 371—376]

这段话译自克莱因《高观点下的初等数学》第一卷[Klein, 1932, p. 268]之末. 作者将历史发生原理运用于算术教学,"观乎数系完成之历史,中等算学教师有可以借镜者数事":

> 一、对学生灌输高度抽象的观念如负数、虚数时,"不可求一蹴而几,必须以实例说明其意义,藉应用以表露其功能,徐徐反覆申述之,能使学生明了其效用与需要,而获得牢固之印象,与透彻之认识".
>
> 二、"支配各种数之运算之规定,率皆先由经验事实之暗

示，更经逻辑法则之整理.换言之，即直觉发其端后，再由推理之力组织之；前者为心理程序，后者为逻辑程序.教者宜察学童程度，而善运用之.”

三、“教师对于学理，必须考其在历史上发展之象迹，以觇人心认识之程序与限度，应可因时制宜，善为说理，即不至使初学难以猝通，亦不至养成其谬见或误解.”[洪万生，1984，pp. 371—376]

这大概是中国数学教育家第一次探讨数学史与数学教育之间的关系.

6. 新中国建立之后中国数学教育所受的域外影响

新中国建国初期，中国开始向苏联学习，建立了由中央集中领导的大纲和教材统一的数学教育体制.1948年9月，东北行政委员会召开第四次教育会议，明确提出了学习苏联教育经验的口号.1949—1951年，《东北教育》共发表苏联教育经验文章89篇，介绍研究新教材的文章53篇[顾明远，2004，pp. 5—13].凯洛夫(И. А. Каиров，1893—1978)的《教育学》上、下册的中译本分别于1950年12月和1951年2月出版.此后，一批苏联教育理论著作相继翻译出版.凯洛夫教育理论曾长期主宰中国的教育界.

解放初，东北人民政府教育部组织力量，以苏联十年制中学数学教科书为蓝本，编写中学数学课本.1950年，教育部委托傅种孙等13人对数学各科实行精简，颁发了《数学精简纲要》，人民教育出版社出版了一套《中学数学课本精简本》，从1951年秋季起，在全国各地统一使用.其中，《初级中学课本平面几何》乃是依据苏联《十年制中学几何课本》并参考《三S几何》及其他课本改编而成，《高级中学课本立体几何》根据苏联《十年制几何课本》并参考国内其他课本改编而成，三角学课本为《葛氏平面三角》，代数课本则为《范氏大代数》(删节本).

1952年，教育部制定了《中学数学教学大纲》，并在1954年和1956年分别作了修订，强调了数学教学着重“基础知识、基本技能”的指导思想.这就是在我国基础教育界延续至今并受到世界各国普遍关注的数学“双基”.根据该大纲，人民教育出版社出版了一套中学数学课本(1952—1953)，其中，初中和高中代数、高中平面三角均为苏联中学数学课本的编译本,初中和高中平面几何、高中立体几何由苏联课本改编而成. 1954年,对上述课本又进行了改编,新教材包括《初中算术》(上、下册)、《初中代数》(上、下册)、《初中平面几何》、《高中平面几何》、《高中立体几何》、《高中平面三角》和《高中代数》(第一、二、三册),但仍取材于相应的苏联教材. 除了数学教材,数学教育家伯拉基斯(В. М. Брадис, 1890—1975)的《中学数学教学法》也被译成中文出版,成了中国师范院校数学教学法的标准教科书.

1951—1966 年的 15 年间,《数学通报》几乎每期都发表苏联学者在初等数学、数学史等方面的文章[王晓霞,代钦,2004, pp. 75—78],这也反映了当时苏联对中国数学教育的巨大影响.

20 世纪 70 年代末,中国数学教育走出"文化大革命"时期的衰落状态. 随着改革开放政策的实施,国外的先进数学教育经验迅速传入中国. 20 世纪 80 年代后,美国的"问题解决"口号为国内数学教育界所熟知,匈牙利数学家和数学教育家波利亚(G. Pólya, 1887—1985)的解题理论广为流传,荷兰著名数学家和数学教育家弗赖登塔尔在其 82 岁高龄时访华,他在中国的演讲集后来作为专著《数学教育再探——在中国的讲学》出版. 弗赖登塔尔的数学教育理论至今仍影响着中国的数学教育. 20 世纪 90 年代,"建构主义"教育思想一时席卷中国数学教育界.

数学教育作为一门学科在中国的确立,也得益于苏联有关著述的传入. 中国最早的数学教育理论学科,叫做"数学教授法",京师大学堂即设有"算学教授法"课程. 20 世纪 20 年代初,陶行知在杜威"儿童中心"思想的影响下,提出用"教学法"取代"教授法"的主张,于是,"数学教学法"应运而生. 20 世纪 30 年代,又诞生了"数学教材教法"之名. 1984 年,苏联著名数学教育家斯托利亚尔(А. А. Столяр)的《数学教育学》中译本[斯托利亚尔,1984]出版,第一次正式使用"数学教育"的名称. 此书对中国数学教育的发展,特别是数学教育学科在中国的建制化起到了重要的作用.

7. 结语

17 世纪初以降,中国的数学教育一直在利用或借鉴他山之石,追赶世界先进水平.《几何原本》前六卷汉译本在明末的出版,标志着西方初等数学的传入;《代微积拾级》汉译本在晚清的出版,则标志着西方近代数学的传入. 20 世纪初中国数学教育模仿日本,日本数学教科书和数学教育理论、日本学者翻译的西方教育理论以及数学教科书一时主导着中国的数学教育.20世纪20—40年代学习欧美,欧美数学教材广泛用于中国的各级学校,杜威的实用主义教育理论风行海内.20世纪50年代中国全面学习苏联,苏联的教育理论统治着中国的教育界,苏联数学教材成了中国数学教材的蓝本.20世纪80年代以后,西方各种数学教育理论继续源源不断地传入中国.

一部中国近代数学教育史是运用和借鉴他山之石的历史,但同时也是我国数学教育工作者继承传统、开拓创新的历史.辛亥革命后,一批接受了西方科学民主思想的数学家,成为中国数学教育的中坚力量.20世纪20年代,傅种孙努力推行教材的本土化,与人合作编写了《初级混合数学》、《高中平面几何教科书》等课本,代表了那个时代初等数学最先进的水平.数学家胡敦复(1886—1978)不但编写教材,而且每本教材必亲自试讲;他与另一位数学教育家吴在渊参与了中华书局"新中学教科书"的编写和修订,这些教科书在吸取欧美经验的基础上,有自己的创新.吴在渊主张"中国学术,要求自力",他参与中国数学课程标准的制定,编写了大量数学课本与中学生课外数学读物,所编写的《初等几何学》1924—1932年共发行27版.

1963年制定的《全日制数学教学大纲》,在中国数学教育史上首次全面提出要培养学生的"三大能力"——计算能力、逻辑思维能力、空间想象能力.根据1963年大纲编写的十二年制中小学数学教材是新中国成立以来编写得最好的一套教材,增加的内容比较适合中国的国情,使中国中学数学教育质量得到稳步提高.当时承担全国统一教材编写任务的是人民教育出版社,编辑多为全国各地调集来的最优秀的中学教师,具有丰富的教学经验.他们兢兢业业地工作着,每一个定理的行文,每一道例题的取舍,都要经过中学课堂的反复试讲.

借鉴他山之石,融合自身传统,中国的数学教育在曲折艰辛的发展过程中逐渐形成了自己的特色——"双基"、三大能力、四项教学原则、五个基本环节,这些特色一直影响到今天.

回溯历史,我们看到,中国的数学教育离不开世界;展望未来,我们坚信,中国数学教育的成就必会让世界受益.

参考文献

1. 安国风.2008.欧几里得在中国.纪志刚,等,译.南京:江苏人民出版社.
2. 鲍浣之.2004.《九章算术》序.见:郭书春.九章算术汇校(下册).沈阳:辽宁教育出版社;台北:台湾九章出版社.
3. 陈应年.1982.近代日本思想家著作在清末中国的介绍和传播.见:中日文化交流史研究会.中日文化交流史论文集.北京:人民出版社.
4. 陈志坚.1906.《微积阐详》序.
5. 代钦.2006.王国维与我国近代数学教育.内蒙古师范大学学报(教育科学版),19(5):70—72.
6. 杜知耕.1700.《几何论约》序.见:《四库全书》子部一〇八,天文算法类,第802册.
7. 费赖之.1995.在华耶稣会士列传及书目.冯承钧,译.北京:中华书局.
8. 冯桂芬.1876.《西算新法直解》序.
9. 顾明远.2004.论苏联教育理论对中国教育的影响.北京师范大学学报(社会科学版),(1):5—13.
10. 洪万生.1984.数学史与数学教育.(台湾)科学月刊,(5):371—376.
11. 侯怀银,等.2007.赫尔巴特《普通教育学》在中国的传播及其影响.教育理论与实践,27(10):16—20.
12. 华衡芳.1874.《微积溯源》序.
13. 华衡芳.1897a.《微积初津》总引,见:《中西算学丛抄》,复古书斋石印本.
14. 华衡芳.1897b.学算笔谈卷五.味经刊书处刊本.
15. 华世芳.1897.近代畴人著述记.见:华衡芳.学算笔谈.味经刊书处刊本.
16. 黄启明.1905.微积通诠.
17. 孔德.1999.论实证精神.黄建华,译.北京:商务印书馆.
18. 李春兰.2007.中国近现代数学教育研究史之研究——以数学教学法研究史为中心.内蒙古师范大学硕士学位论文.30—35.
19. 李善兰.1857.续译《几何原本》序.
20. 李善兰.1859.《代微积拾级》序.
21. 利玛窦.1607.《几何原本》序.
22. 梁启超.1898.读西学书法.见:中西门径书七种.上海大同译书局石印本.
23. 梁启超.1947.清代学术概论.上海:商务印书馆.
24. 凌步芳.1902.《百砚斋算稿八种》总目.百砚斋刻本.
25. 卢靖.1902.《万象一原演式》序.
26. 梅荣照.1990.明清数学史论文集.南京:江苏教育出版社.
27. 梅文鼎.1692.几何通解.见:郭书春.中国科学技术典籍通汇(数学卷),第四分册.郑州:河南教育出版社.1993.451.

28. 欧阳修,宋祁. 1997. 新唐书. 北京:中华书局.
29. 钱宝琮. 1992. 中国数学史. 北京:科学出版社.
30. 上海晚邮,1872 年 6 月 14 日.
31. 斯托利亚尔,AA. 1984. 数学教育学. 丁尔陞,等,译. 北京:人民教育出版社.
32. 万国公报. 1892. 4(36):1—2.
33. 王晓霞,代钦. 2004. 关于中国数学教育研究历史的研究——以 1951 年至 1966 年的《数学通报》为中心. 内蒙古师范大学学报,17(10):75—78.
34. 王孝通. 1963. 上《缉古算术》表. 见:钱宝琮.《算经十书》校点本. 北京:中华书局.
35. 伟烈亚力. 1853.《数学启蒙》序.
36. 伟烈亚力. 1857. 续译《几何原本》序.
37. 伟烈亚力. 1859.《代微积拾级》序.
38. 魏庚人. 1987. 中国中学数学教育史. 北京:人民教育出版社.
39. 魏征,等. 1994. 隋书. 北京:中华书局.
40. 夏鸾翔. 1862.《万象一原》序.
41. 徐光启. 1607a.《几何原本》杂议.
42. 徐光启. 1607b.《几何原本》跋.
43. 徐异. 1901. 积分难题. 见:沿沂亭算稿三.
44. 严敦杰. 1943. 欧几里得《几何原本》元代输入中国说. 东方杂志,39(13):59—61.
45. 元青. 2001. 杜威与中国. 北京:人民出版社.
46. 张爔. 1906.《微积阐详》序.
47. 朱有瓛. 1983. 中国近代学制史料　第一辑(下册). 上海:华东师范大学出版社.
48. Cajor, F. 1917. *A History of Elementary Mathematics*. New York: The Macmillan Company.
49. Dickson, LE. 1922. *First Course in the Theory of Equations*. New York: J. Wiley & Sons.
50. Frick, BM. 1936. Bibliography of Critical, Historical and Pedagogical Writings of David Eugene Smith. *Osiris*, (1):9—78
51. Garmo, C De. 1895. *Herbart & The Herbartians*. Charles Scribner's Sons.
52. Hée, L van. 1939. Euclide en chinois et mandchou. *Isis*. (30):84—88.
53. Klein, F. 1932. *Elementary Mathematics from an Advanced Standpoint*. London: Macmillan & Co. , 268.
54. Laudan, L. 1971. Comte, Isidore Auguste Marie Francois Xavier. In: C. C. Gillispie(ed.). *Dictionary of Scientific Biography*(Vol. 8). New York: Charles Scribner's Sons. 375—380.
55. Loomis, E. 1851. *Elements of the Analytic Geometry and of the Differential and Integral Calculus*. New York: Harper & Brothers, Publishers.

56. Radford, L. 2000. Historical formation and student understanding of mathematics. In: J. Fauvel & J. van Maanen(ed.). *History in Mathematics Education*, Kluwer Academic Publishers, Dordrecht. 143—170.

57. Schultze, A. 1912. *The Teaching of Mathematics in Secondly Schools*. New York: The Macmillan Company.

58. Smith, C. 1886. *Elementary Mathematics*. London: Macmillan & Co.

59. Smith, DE. 1906. *History of Modern Mathematics*. New York: J. Wiley & Sons.

60. Smith, DE. 1900. *Teaching of Elementary Mathematics*. New York: The Macmillan Company.

61. Spencer, H. 1862. *Education: Intellectual, Moral & Physical*. New York: Hurst & Company. 123—125.

62. Wylie, A. 1851 & 1852. Notice of Seu Kwang-ke, *North-China Herald*, Dec. 13, 20, 27; Jan. 10, 17, Feb. 7, 21.

第3章

中国数学课堂教学

执笔: 徐斌艳[1] 孔企平[2] 喻 平[3] 苏洪雨[4]

摘 要 中国数学教育思想影响下形成的中国数学课堂教学特点包括:注重复习引入,循序渐进,注重典型样例(例题)的分析,注重巩固复习,注重练习以及课堂反馈.这样的数学课堂教学,对中国学生形成扎实的基础知识和基本技能方面的优势具有重要作用.中国数学教师和研究者正在研究把中国传统的方法与现代数学教学思想和方法相结合,努力减轻学生过重的学习负担,促进中国学生数学素养的全面发展.目前,中小学数学课堂教学发生了一定的变化,包括注意使用信息技术、注重数学探究、注重数学基本经验、注重数学建模能力等.

关键词 数学课堂教学,基础知识和基本技能,数学素养,数学探究,数学基本经验,数学建模

1. 中国数学课堂教学的基本特点

中国数学教育思想对中国数学课堂教学特点的形成,起着举足轻重的作用.中国数学教学存在一个奇妙的现象:一方面,中国中小学生优异的数学学业成绩引人注目,例如,在一项国际数学教育成就评价(IAEP)的调查中,中国大陆13岁学生在21个国家和地区参与的数学测试中成

①② 华东师范大学课程与教学系,教授,博士生导师.
③ 南京师范大学数学科学学院,教授,博士生导师.
④ 华南师范大学数学系,讲师.

绩名列首位;另一方面,中国学生学业负担较重,创新意识不够强,也存在着一些问题.中国数学教学的这种现象与日常课堂教学特点有什么关系呢?本节中,我们将对中国中小学的数学课堂教学进行初步的分析,试图概括中国数学教学的一些基本特点,并在此基础上讨论中国数学教学的传承和发展.

1.1 数学课堂教学基本特点调查

在本研究中,研究者对数学课堂教学采用了"课例调查—问卷访谈—专家讨论"的方法.首先,研究者对 20 余节数学课的教学环节进行分析,罗列出若干特点.然后,在此基础上制作了问卷,让中国多个地方的 100 多名教师根据每一个特点的重要性排序,从中筛选出了几个重要的基本特点.最后,又组织以一些大学数学教育专业的教授对上述特点进行了 2 次讨论,进一步修改了这些特点的表达方式.

研究发现,中国数学课堂教学的基本特点如下.

(1) 注重复习引入,把新知识学习建立在旧知识的基础之上.教师一般比较重视从学生已经有的知识基础上引入新的知识,复习引入是课堂中的一个重要环节.

(2) 循序渐进,教学过程呈渐进式,注重课堂的结构.课堂教学过程一般分为 4—5 个教学环节.

(3) 注重典型样例(例题)的分析,例题的讨论和分析在中国的数学课堂中占据重要的地位.在中国的数学课堂中,教师往往花在分析例题上的时间会占课时时间的三分之一左右.教师通过例题分析,使学生明确基本的数学知识和方法.

(4) 注重巩固复习,教师往往会引导学生做一些模仿性的练习,内容的学习有时也有适当的重复.

(5) 注重练习,在每一节数学课上都有练习的环节,教师特别注重变式练习的设计,通过变式练习促进学生能力发展和对数学知识理解的深化.

(6) 注重反馈,教师较多地利用小测验等方法检查学生的学习情况,并让学生对错题进行订正.

上述的教学特点,与中国的文化传统密切相关.在中国的数千年古代文化中,就有"温故知新"、"熟能生巧"、"循序渐进"、"学而时习之"、"知行合一"等教育思想.练习在中国的数学教学中具有重要的地位,中国的数学教师不仅把练习作为学生形成技能的基本途径,而且也坚信通过练习应用数学知识可以促进学生对数学知识的真正理解,发展他们的数学思维.因此,以上6个特点体现了中国文化的传统,实际上构成了中国文化背景下数学课堂教学的基本模式.

上述的教学特点,也反映了绝大多数中国数学教师关于课堂教学的基本信念.我们发现,不管教师上课时是以讲授方法为主还是以学生探索方法为主,一般都会呈现上述特点.这样的教学模式,对中国学生形成扎实的基础知识和基本技能方面的优势具有重要作用.目前,中国广大数学教师和数学教育研究者正在研究把中国传统的方法和现代数学教学思想与方法相结合,努力减轻学生过重的学习负担,促进中国学生数学素养的全面发展.

中国的数学教师在教学过程中积累了比较重要的一些经验:比较注重在具体的基础上进行"抽象化"的数学过程,在内容上注重重点的把握;重视"双基"的培养,有明确的教学目标,并形成了一些有效的教学与训练的方法;重视知识转化成能力或者技能的教学,重视知识的巩固复习与应用的教学;在教学中教师往往遵循了分散难点、循序渐进的原则,把复杂的运算分成几个小问题使学生每次都集中于一个难点;在练习时,有时教师会安排由模仿练习到基本练习,再到变式练习和少量的综合练习等;重视课堂的效率,课堂结构清晰;教师往往会通过测验等方法了解学生的情况,并通过讲评、订正或者其他方法进一步使学生掌握所要求学习的知识.

在中国的数学课堂中,也存在着一些不足.

(1) 教学多以教师讲授为主.课堂教学中,教师讲,学生听;教师讲,学生练.这些有时会成为课堂教学的基本教学过程.

(2) 对学生创造性关注不足.在数学课堂中,让学生表达真正的自己的意见和理解的机会还不够多.有时,教师对学生的回答,只重视与自己教案相符的答案.如果学生表达的是自己的想法,教师常常会不重视.表面是一问一答,实际上学生真正的想法没有得到表达.

(3) 时常出现"过度练习"的现象.所谓"过度练习",是指不合适地、过量地和没有针对性地安排练习.当然,必要的练习对于数学学习具有重要的作用,数学技能、技巧的形成离不开练习.

(4) 从总体上说,在课堂上学生自己的学习活动还比较单一.

1.2 中国“双基”教学及其发展

1.2.1 “双基”教学概述

“双基”教学是中国数学教学的重要传统. 数学的“双基”是指数学的基础知识和基本技能. 中国的数学教学强调以培养学生的“双基”为教学目标的教学活动. “双基”教学,不只是记忆、背诵、操练,在中国的传统数学教学中还注意“思考”和“启发”,强调渗透数学思想方法和解决问题的策略,注重培养学生的分析问题和解决问题的能力.

中国的数学教学应该在“双基”教学的传统上谋求发展. 在数学教学中,形成了“双基”教学的传统. 张奠宙等[2009, p. 62]将数学“双基”教学的心理学特征概括为:记忆通向理解形成直觉,运算速度保证高效思维,演绎推理坚持逻辑精确,依靠变式提升演练水准.

记忆训练和理解、思维并不是对立的. 只有良好的数学记忆,才能获得深刻的理解;反过来,对知识的理解又使得记忆更为深刻. 因此,数学“双基”教学把提高运算速度既作为巩固和熟练运用“双基”的重要途径,又作为训练学生高效思维的方式.

注重数学“双基”教学是在中国数学教育长期实践中所形成的,目前进行的数学新课程改革需要继承“双基”教学的优良传统,保持中国数学教育这一优势. 与此同时,数学“双基”将随着科学和社会的发展与时俱进.

1.2.2 正确处理两种方法的关系

在数学课堂中,自主、合作、探究与模仿、训练的方法并不是对立的,它们是相互促进、互相支撑、相辅相成的关系. 这两类方法在数学课堂中的相容与和谐,是促进学生全面发展的基本要求,也是素质教育主题下教学改革的重点之一.

(1) 自主、合作、探究与模仿、训练是相容和依存的. 在数学课堂中,学生既要发展思维能力,形成积极的情感体验,又要掌握一定的数学知识和技能,自主、合作、探究与模仿、训练的方法都是不可或缺的. 学生的有效学习也有两种基本的方法——接受式学习和探索式学习,这两种学习方式也并不是对立的. 没有良好的接受式学习,学生不可能进行有效的探索式学习,反之亦然.

(2) 研究自主、合作、探究的教学方法,提高活动有效性. 新的数学课程提倡自主、合作、探究学习，具有重要的现实意义.目前在中国的数学课堂中，正大力研究和推进这些方法.实际上，在中国的一些数学课堂中，教师给学生的自主、探索和合作的机会还不是太多，甚至相当不够，有些数学课堂中活动安排并不符合学生的实际需要.大力研究自主、合作、探究的学习方式仍然是数学课堂的重要的任务.自主、合作、探究性的学习在数学教学中有着其他学习方式无法代替的优势，它可以让学生在探究数学问题的活动中全面经历数学知识的形成过程，了解所学数学知识是怎么得来的.在自主、合作、探究活动中，学生还可以经历发现问题、分析问题和解决问题的过程，有助于培养学生提出问题和解决问题的意识和能力，也有利于学生的学习能力的发展.但是，我们也要看到，自主、合作、探究的方法也有其自身的局限性，受数学学习内容和学生认知水平的局限，特别是那些难度特别大的全新数学知识，单靠学生的探究有时是难以解决的.

(3) 改善模仿、训练方法的质量，提倡互动式的指导.毫无疑问，模仿、训练等接受式学习方法在数学教学中具有重要意义.在数学教学中，“双基”教学具有重要意义.在中国传统的教学中一向提倡的“启发式”教学，就是让学生能够主动地、积极地接受知识.在数学教学中，要大力改善课堂讲授和模仿、训练方法的质量，提倡互动式的指导.在数学教学中要让学生具有主动接受数学知识的心理倾向，学生头脑里要具有联系新数学内容的知识经验，把数学训练和数学理解有机地结合起来.一句话，教师的指导要针对学生的需要——只有针对学生的需要，才能真正与学生开展互动.

1.2.3 我国数学教学改革的基本趋势

在中国数学新课程改革的背景下，数学课堂中教学方法也在不断地发展.越来越多的教师在课堂上不仅使用讲授法这一教学方式，还结合教学内容采用实践、探索、合作、解决问题等教学方式，学生学习的自主性得到了更多的关注.我们认为，中国学生的数学基本功好有2个方面因素使然.

(1) 在教学内容方面的因素.

① 我们比较重视数学基本能力的训练，学生每天都进行基本运算练习；在小学，学生学习乘法的时候，学生都会背诵乘法口诀等.

② 在我们的课堂上教师不仅重视培养学生解决问题的能力，还注重培养学生提出问题的能力.课堂上教师引导学生围绕情境提出不同的数学问题，学生对这些问题进行讨论，教师再进行指导和讲解.

③ 中国的很多数学教师都喜欢结合学习内容给学生介绍一些有挑战性的数学问题.这样做不仅可以提高学生的计算能力,还可以培养学生的学习兴趣,同时培养学生的逻辑推理能力.

④ 教师结合学习内容,以开放题为载体,培养学生的创造性思维.

(2) 在教学方法方面的因素.

① 中国的数学教师比较注重运用提问的策略,联系学生已经掌握的数学知识,寻找新旧知识之间的联系,重视学生生活经验,关注数学与现实的联系,帮助学生理解数学知识产生的现实背景,使学生在已有的知识和经验的基础上学习数学知识.

② 注重学生的学习过程,适当安排学生的探索活动,发挥学生学习的主动性,让学生综合运用所学的知识和方法解决问题.

总之,在数学课堂中,在保证教师的主导作用的同时,应该更好地发挥学生在学习中的主体作用,创设丰富的教学情境,引导学生主动地开展数学学习.

2. 小学数学课堂教学

2.1 小学数学课堂教学概述

在中国,小学数学课堂中有哪些常用的做法呢?

2.1.1 借助形象思维,促进小学生数学抽象思维的发展

在小学数学中,形象思维发挥了重要的作用.中国的小学数学教师善于借助形象的教具和学具,帮助学生建立较为抽象的数学概念.例如,众所周知,算盘(图 3-1)是中国传统数学计算的工具,它具有形象化的特点.通过算盘,学生可以很清楚地了解数位的概念.在今天的小学数学教学中,它的影响依然很大.

图 3-1 算盘

2.1.2 运用多种方法，提高学生数学3种计算能力

相对说来，中国小学生的计算能力是比较强的，这与平时的教学分不开. 在教学中，教师非常重视3种计算能力的培养——口算、笔算和估算. 教师除了引导学生理解数学原理外，还非常注重记忆和基本训练，把发展学生的必要的计算能力作为落实“双基”的重要方面.

表3-1是中国课堂中常用的“九九表”（乘法口诀表）. 这个表的使用已经有几百年的历史了. 学生通过记忆和背诵这个“九九表”，极大地提高了计算能力.

表3-1 “九九表”（乘法口诀表）

1×1=1								
1×2=2	2×2=4							
1×3=3	2×3=6	3×3=9						
1×4=4	2×4=8	3×4=12	4×4=16					
1×5=5	2×5=10	3×5=15	4×5=20	5×5=25				
1×6=6	2×6=12	3×6=18	4×6=24	5×6=30	6×6=36			
1×7=7	2×7=14	3×7=21	4×7=28	5×7=35	6×7=42	7×7=49		
1×8=8	2×8=16	3×8=24	4×8=32	5×8=40	6×8=48	7×8=56	8×8=64	
1×9=9	2×9=18	3×9=27	4×9=36	5×9=45	6×9=54	7×9=63	8×9=72	9×9=81

教师还非常重视20以内的口算，并称之为“基本口算”. 中国的小学生在“基本口算”方面形成了很快的计算速度，大多能做到脱口而出.

对于基本计算技能的熟练掌握，使得中国学生赢得了解决问题时思考的时间.

2.1.3 在课堂中，把探索尝试与教师指导有机相结合，提高教学的有效性

建国以来，中国的教师在教学研究中重视探索尝试的重要性，提出了尝试教学的方法，就是让学生先进行尝试，然后再教师指导. 重视在教师指导下学生探索、尝试、实践和表达，也成为中国小学数学教学的重要的特点.

2.1.4 重视数学知识的应用,发展学生解决实际问题的能力

在小学数学教学中,长期以来,教师非常重视应用题的教学.教师在课堂上比较重视引导学生分析各种数量关系.在教学时,教师会引导学生解决一些实际问题.在教材中,也会呈现一些典型的应用问题,如行程问题等,让学生讨论解决.上课时三分之一以上的时间花费在解决这些应用问题上.

中国小学数学教学可以追溯到数千年前,从现今的很多方面都可以看到中国数学传统的影子.但是随着时代的发展,也不断地吸收许多新的国外的经验,形成了独特的中国小学数学教学的模式,并进一步强化了传统优势.中国小学数学教学中也有一些不足,如中国小学生不太善于提出问题.目前教师也在努力进行课堂教学的改革,以克服不足.

2.2 小学数学教学的典型模式举例

中国的数学教师以及数学教育专家经过几十年的努力,形成了富有特色的数学课堂教学模式.广受中国小学数学教师好评的小学数学教学模式,包括"促进学生数学思维发展"的探究教学模式,以及"学生能尝试,尝试能成功,成功能创新"的尝试教学模式等.

在此我们剖析一下小学数学"尝试教学法"."尝试教学法"的特点如下:不是先由教师讲解并把什么都讲清楚了学生再做练习,而是先由教师提出问题,学生在旧知识的基础上,自学课本和互相讨论,依靠自己的努力,通过尝试练习去初步解决问题,最后教师根据学生尝试练习中的难点和教材的重点,有针对性地进行讲解.在现代的教学条件下,把教师的主导作用和学生主体作用有机地结合起来,创设一定的教学条件,可使学生的尝试活动取得成功.[邱学华,1988]

达到尝试成功的条件主要有7个方面:

(1) 学生的主体作用.

(2) 教师的主导作用.

(3) 课本的示范作用.

(4) 旧知识的迁移作用.

(5) 学生之间的互补作用.

(6) 师生之间的情感交流作用.

(7) 教学手段的辅助作用.

尝试教学法充分发挥了这7个方面的作用,体现"以学生为主,以自学为主,以练习为主"的"三为主"方针.其教学程序分7步进行.

(1) 准备练习.这一步是学生尝试活动的准备阶段,对解决常识问题所需的基础知识先进行准备练习,发挥旧知识的迁移作用,为学生解决常识问题铺路架桥.

(2) 出示尝试问题.这一步是提出问题,为学生尝试活动提出任务,让学生进入问题的情境之中.尝试问题出示后,必须激发学生尝试的兴趣,激活学生的思维.先让学生思考、讨论解决问题的方案.

(3) 自学课本.这一步是为学生在尝试活动中自己解决问题提供信息.出示尝试问题后,学生产生了好奇心,同时产生解决问题的愿望.这时引导学生自学课本就成为学生切身的需要.自学课本前,教师可提一些思考问题作指导;自学课本时,学生遇到困难可以提问,也可以互相商量.

(4) 尝试练习.这一步是学生尝试活动的主体.尝试练习根据学科特点有多种形式.学生尝试练习中,教师要巡视,及时掌握学生尝试中的反馈信息,找准学生的难点,对学习困难的学生进行个别辅导.学生尝试中遇到困难时,可以继续阅读课本,同学之间可以互相帮助.

(5) 学生讨论.尝试练习中会出现不同的答案,学生会产生疑问,教师引导学生讨论,让不同看法争论.学生在过程中要反思为什么出错误,如何改正.

(6) 教师讲解.这一步是为了确保学生系统掌握知识.有些学生会做尝试题,但可能只是简单模仿,并没有真正懂得道理,因此需要教师的讲解.教师针对学生感到困难的地方和教材的关键之处重点讲解.

(7) 第二次尝试练习.这一步是为了给学生"再射一箭"的机会.学生在互相讨论和教师讲解之后,得到了反馈和矫正.进行第二次尝试练习,再一次进行信息反馈,这对学困生特别有利.

下面,我们结合2002年11月邱学华老师在江苏省连云港市上的"神奇的数字编码"这堂小学数学实践活动课,来阐述尝试教学模式.这堂课的特点,一是把数学同生活联系起来了,二是让学生自主学习.

案例3-1 "神奇的数字编码"课堂教学[教育部师范教育司,2006, pp.144—151]

在上课之前,教师布置学生到邮局、派出所、家庭,调查电话区号、邮政编码、身份证号码、汽车牌照号码等,想一想有什么规律,有什么疑问.

（1）导入新课.

上课一开始，邱老师就开门见山地说，数字只有10个，但是按照不同要求、不同顺序编排起来，就会有千变万化，可以传递各式各样的信息.这堂课就来学习“神奇的数字编码”（板书）.

（2）提出问题，确定目标.

接着邱老师问学生，课前调查哪些地方用上了数字编码，学生纷纷回答：汽车牌照号码，自行车牌照号码，门牌号码，电话区号，邮政编码，身份证号码，商品条形码……

邱老师鼓励学生提出问题，学生把调查中遇到的疑问提出来：

① 电话区号是怎样编出来的？为什么最前面一位都是0？

② 身份证号码都是18位很难记，为什么要这么长？是怎样编出来的？

③ 为什么要邮政编码？邮政编码是怎样编出来的？

④ 为什么商品、图书上都有条形码？既然已经有了数字编码，为什么还要条形码？

师：同学们提出了很多问题，说明你们在调查中认真观察，积极思考，会提出问题对学习和研究很重要.根据大家提出的问题，这堂课就来解决电话区号、邮政编码、身份证编码、商品条形码这4个方面的问题.

［评：课前学生的调查是一次很好的实践活动，为上好本节课作了准备.这符合《全日制义务教育数学课程标准（实验稿）》［中华人民共和国教育部，2001］的基本理念，数学教学紧密联系学生的生活实际，有利于培养学生动手实践能力.教师从调查中引导学生提出问题，作为本节课的教学内容］

（3）探索电话区号规律.

师：你们会打电话吗？怎样打外地电话？

生：先拨电话区号，再拨要打的电话号码.

师：让我们来看一看这个电话号是从哪里打来的？（利用多媒体课件在屏幕上出现电话机并响铃，话机显示021-59144590）

生：从上海打来的.

师：你怎么知道的？

生：021是上海地区的电话区号.（屏幕上立即出现打电话的人像，并用上海话说：“侬好，阿拉上海贸易公司.”同学们高兴得都笑了.利用多媒体课件按上述同样的办法，由学生自己说出从北京、常州、沈阳、美国等地打来的电话）

师：在电话中你们还知道哪些城市的电话区号？（学生争先恐后地说

出国内、国外许多城市的电话区号，积极性非常高，课堂气氛热烈）

师：你们的调查工作很出色，知道了这么多电话区号，现在看谁能找出电话区号编码的规律，先分小组讨论.（学生座位是分组围坐，讨论起来很方便）

经过热烈讨论，学生分组派代表说出编码规律：

① 国内电话区号开头是一个0，国外电话区号开头是两个0，但是中国的香港、澳门、台湾开头也是两个0.

② 国内电话区号有的大城市是三位，如北京010、广州020、上海021，而一般城市都是四位.

③ 国内电话区号在一个省里第二位数字都是相同的.

④ 第二位数字好像是按照地理位置由北到南、由东到西逐步增大的.

（评：多媒体课件设计很巧妙，屏幕上出现电话机，发出铃声，电话屏上出现电话机，发出铃声，电话屏上显示来电号码，最后出现对方打电话的人像和说地方话的声音.这些生动的设计引起学生兴趣，不但使学生知道各地的电话区号，而且更重要的是，教师能够引导学生找出全国各地电话区号的排列规律，把生活问题上升为数学问题）

（4）探索邮政编码规律.

师：写信要写上邮政编码，邮政局分信人员只要看到邮政编码，就能知道这封信寄到哪里.（利用多媒体课件，屏幕上出现明信片，明信片上又出现邮政编码100001，学生说是由北京寄出的，再出现北京的地址；屏幕上出现明信片，邮政编码是213203，并发出声音解释）

师：你们通过调查知道哪些城市的邮政编码？（学生纷纷说出各地的邮政编码，并主动写到黑板上）

师：你们还有什么问题吗？

学生提出的问题有：为什么电话区号是4位，而邮政编码是6位？能不能把邮政编码和电话区号一致起来？全国各地邮政编码编排起来有什么规律？

邱老师先要求大家分组讨论，发表自己的看法，再引导大家达成共识：电话区号只是一个城市的代号，具体打哪一家电话，还要拨电话号码，因此4位就够了.邮政编码里必须要有哪个城市、哪个区县、哪个街道的信息，4位是不够的.邮政编码的排列同电话区号一样也是由北到南、由东到西逐渐增大的，其中内蒙古是01、西藏是85.

（评：学生提出“为什么电话区号是4位，而邮政编码是6位”，这个问

题非常有价值,说明这堂课促进了学生求异思维发展,提高了观察分析能力.从学生提出的问题出发再引导学生讨论,也非常成功)

(5)探索身份证编码规律.

师:年满16岁的公民都有身份证,每个人身份证号码各不相同,在公安局只要把这个号码输入到电脑里,就能找到这个人.课前你们调查过父母、亲戚的身份证号码,请到黑板上把它写出来.看看能不能说出是怎样编出来的.(学生纷纷主动到黑板上写出身份证号码,各自说出18位号码分别表示什么)

师:身份证号码有18位,比较复杂,同学们通过自己的调查已经知道其中的奥秘.想不想知道邱老师的身份证号码?现在我写出来,320404193507260617,请大家说说从中可以获得哪些信息.

生:邱老师是江苏省常州市人.

生:邱老师生于1935年7月26日.

生:倒数第二位是单数,表示是男性.

生:从出生年月看,邱老师已经68岁了,我总觉得邱老师只有50多岁,是不是弄错了?(全场哄堂大笑)

师:邱老师真是68岁了,不信可以给你看身份证.现在你们还没有身份证,按照编码的规律,能否先给自己编一个身份证号码?可以在小组先讨论一下,编好后写到黑板上.

学生热烈讨论,争先恐后地把编好的自己将来身份证的号码写到黑板上,并说明编码的理由.教师提出两个号码讨论:

320705199105060516

32070519920226××单×

学生经过讨论一致认为第二个写得合理些,因为前面6位数字为地区号码,中间8位出生时间码都可以确定,后面4位不能确定,是公安局电脑里编的,所以用×表示比较合理,倒数第二位数字,如果是男生,那么可以确定是单数.

师:你们把为自己编的身份证号码保留起来,到16岁时拿到身份证以后再对照一下,这是一件很有意义的事.

(评:为自己将来的身份证编码,既激发学生的兴趣,又发展学生的思维能力,是学生运用学到的编码规律解决实际问题的范例.有些学生能用×表示不确定数,说明这些学生已经有数学头脑了)

(6) 认识条形码.

师:课前请大家调查商品和图书上的条形码,请把自己带来的商品和图书上的条形码对照看一看,并把编码写到黑板上.(教师利用多媒体课件,在屏幕上放出录像,超市收银员用读码机逐一在商品的条形码上照一下,最后电脑计算出总价结算.图书馆管理人员用读码机在图书的条形码上照一下,登记借书记录)

师:大家看到条形码的用处很大.你们还有什么问题吗?

学生们纷纷提出问题:

① 有了条形码为什么上下还有两排数字码?

② 上下两排数字码同条形码之间有什么关系?

③ 条形码有粗条有细条,各表示什么?

④ 条形码上下两排数码表示什么?

⑤ 下面一排数码最后还有一个大于号,它表示什么?

……

师:同学们提出很多问题,说明大家在积极思考,学问学问,要又学又问.这些问题要靠你们自己去解决,可以请教别人,查阅书本,也可以上网查询.现在有一个条形码的专业网站叫"条形码大全",你们可以自己去查阅,网址是www.barcodes.com.cn.

(7) 课堂总结.

(最后是课堂总结,让学生自己谈这堂课有什么收获,学到了哪些学习方法和思考方法)

3. 初中数学课堂教学

不仅中国小学数学课堂教学在几十年的发展中形成了特色,而且中国的初中数学课堂教学也极具特色.这些特色来自于扎实的研究与丰富的实践积累.例如,有为了全面提高教学质量的初中数学课堂教学"尝试指导,反馈纠正"模式,有重在激发学生数学学习的好奇心和求知欲的"基于情境问题的数学教学"模式,还有为了提高数学课堂教学效益、减轻师生负担的"GX"数学课堂教学实验.在此就与大家分享若干典型模式.

3.1 "尝试指导,反馈纠正"的教学模式

这个以"全面提高初中数学教学质量"为目标的数学课堂教学模式,

是始于20世纪70年代中期的大规模教育改革实验的重要成果之一，也是中国本土实验与当代教与学理论互动的产物.［顾泠沅，1997a，pp. 26—32；顾泠沅，1997b，pp. 31—34］经历10多年的调查、筛选和实验，研究小组提出了促进学生有效地数学学习的教学结构，它包括如下5个环节［顾泠沅，1994，pp. 1—8］：

(1) 把问题作为教学的出发点. 也就是说，在启动教学活动时，不是以单纯的感知为出发点，而是通过创设问题情境启发诱导，激发学生的探求学习的欲望，让他们在迫切要求之下学习.

(2) 指导学生开展尝试活动. 这里强调在讲授知识的同时，也要适时地指导学生亲自开展探究、发现或者应用等活动，如在重温某些技能或概念时，指导学生进行观察、实验、类比、联想或归纳、推演、议论等活动.

(3) 组织变式训练，提高训练效率. 这里关注的是，给学生提供有思考梯度的练习，逐步增加思考的创造性因素，而不是让学生一味地机械模仿训练特定形式的问题.

(4) 归纳结论，纳入知识系统. 也就是说，要适时地组织和指导学生归纳出有关知识和技能方面的一般结论，然后结合必要的讲解，揭示这些结论在整体中的相应关系和结构上的统一性.

(5) 根据教学目标分类细目，及时反馈调节. 这一教学结构还强调，教师要随时了解和评定学生的学习效果，有针对性地进行"质疑"和讲解；一个阶段以后，应当给掌握阶段内容有困难的学生以补救的机会，使之达到所定目标的要求.

基于这5个教学环节，经过系统的学校实验，逐渐形成"尝试指导，反馈纠正"这一经典的中国数学课堂教学模式. 这个模式的教学流程包括"诱导—尝试—归纳—变式—回授—调节"等步骤：

(1) 教师根据教材的重点和难点，选择尝试点，编成问题.（启发诱导）

(2) 学生通过阅读教材，重温知识技能，进行简单数学实验等活动，主动尝试知识的探究.（尝试）

(3) 组织学生根据尝试所得，归纳出有关知识技能的一般结论.（归纳）

(4) 运用概念变式、背景复杂化和配置实际应用环境的手段，让学生进行变式练习.（变式）

(5) 通过观察交流、提问分析、课内巡视、课堂练习等，回授尝试效果.（回授）

(6) 在一个单元或章节学习完毕之后，对教学结果进行回授调节.(调节)

我们以初中几何“等腰三角形的判定”这节课为例[顾冷沅，1994，pp. 1—8]，来展示这一课堂教学模式的具体实施.

案例 3-2 “等腰三角形的判定”的教学

(1) 启发诱导.

师：如图 3-2(1)，$\triangle ABC$ 是等腰三角形，$AB = AC$，倘若一不留心，它的一部分被墨水污染了(用黑纸遮挡)，只留下一条底边 BC 和一个底角 $\angle C$，如图 3-2(2). 同学们想一想，有没有办法把原来的 $\triangle ABC$ 重新画出来？大家试试看.

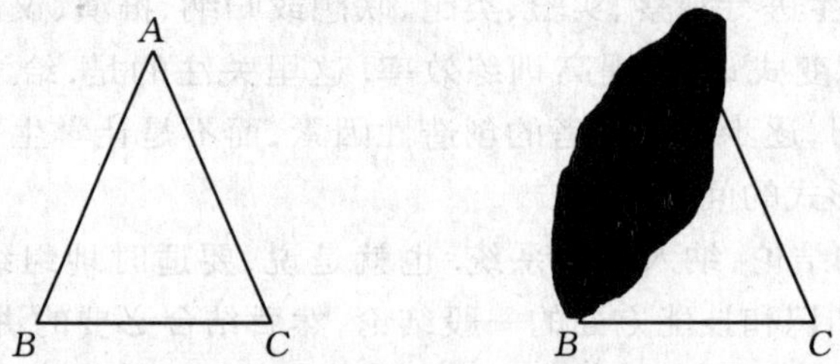

(1) (2)

图 3-2

(教师首先为学生们创设了这样一个能够动手探索的场景，问题带有一定的挑战性. 学生们独立画出残余图形后，交流画法. 教师巡视学生的探索活动，不时参加学生间的讨论. 下面是两个学生的画法)

生 1：先用量角器量出 $\angle C$ 的度数，然后以 BC 为一边、以 B 为顶点画出 $\angle B = \angle C$，$\angle B$ 与 $\angle C$ 的边相交得到顶点 A，如图 3-3(1).

(1) (2)

图 3-3

生 2：取 BC 边上的中点 D，用三角板过 D 作 BC 的垂线，与 $\angle C$ 的一边相交得到交点 A，连结 AB，如图 3-3(2).

师：很好. 刚才我看了一下，同学们大都想出了上面两种画法……你们认为这样画出来的三角形都是等腰三角形吗？……这就是今天我们所要学习的内容——等腰三角形的判定.

(2) 尝试探究.

师：……在两角相等条件下能否判定画出的是等腰三角形？大家想一想，在这里已知是什么，求证又是什么，请一位同学回答一下.

生：已知是"在 $\triangle ABC$ 中，$\angle B = \angle C$"，求证是"$AB = AC$".

师：考虑一下，这个题目怎样来证明？……常用什么方法？

生众：三角形全等.

师：那么怎么办？

生众：添辅助线.

师：同学们动笔做一做，怎么添辅助线？又怎么证明？把主要证明过程写下来.（学生认真尝试练习，教师巡视了解情况）

（学生在教师的引领下，开始尝试独立探索，寻找问题解决方案. 在这过程中，学生要重温已学的部分知识和技能，例如添加辅助线、三角形全等的性质. 学生们通过自主尝试后给出相应的证明）

生：……

师：这位同学添 $\angle A$ 的平分线，通过"角角边"来证明三角形全等，从而得到 $AB = AC$，噢，还有其他方法？

生：过 A 点作 $AD \perp BC$，垂足为 D. 因为 $AD \perp BC$，所以 $\angle ADB = \angle ADC$. 在 $\triangle ADB$ 和 $\triangle ADC$ 中，因为 $\begin{cases} \angle ADB = \angle ADC, \\ \angle B = \angle C, \\ AD = AD, \end{cases}$ 所以 $\triangle ADB \cong \triangle ADC$，所以 $AB = AC$.

师：……还有其他方法吗？

生：作 BC 边上的中线 AD，用"边角边"证全等. 因为 AD 是 BC 边上的中线，所以 $BD = CD$，嗯……（学生发现不对，其他学生帮助她发现错误，如"边边角"，不能证明三角形全等）

(3) 归纳.

师：经过证明我们知道，刚才大家通过画图获得的那个几何命题是正确的. 它可以作为"等腰三角形的判定定理". 同学们能不能用语言来叙述一下这条判定定理?

生:有两个底角相等的三角形是等腰三角形.

师:大家有不同意见吗?在没有说明它是等腰三角形之前,能不能讲"底角"?

生:不能!(教师板书,写下学生归纳的"判定定理",并让学生对照教科书上的描述,完善学生的归纳)

(同学们根据自己独立尝试的经验,归纳出"等腰三角形的判定定理".尽管在归纳时,表述不是非常完整,但是在教师或者其他学生的提示下,学生学会如何完善自己的数学表达,作出准确的归纳)

(4) 变式.

师:……先看第一个题目:

求证:如果三角形一个外角的平分线平行于三角形的一边,那么这个三角形是等腰三角形.

想一想,该题题设是什么?结论又是什么?如何写成已知、求证的形式?

生:……

师:……我们研究第二个题目:

已知:如图 3-4,在$\triangle ABC$中,$\angle B=\angle C$,$BD=CE$.求证:$\angle 1=\angle 2$.这个题目是证明两个角相等,看清$\angle 1$和$\angle 2$在图中的位置.请同学们画画、想想,如何充分利用已知条件.

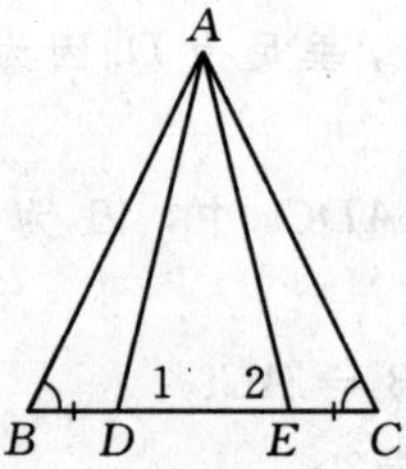

图 3-4

生:……

师:下面我们一起来研究第三个题目:

如图 3-5,在$\triangle ABC$中,已知$\angle ABC=\angle ACB$,BO平分$\angle ABC$,CO平分$\angle ACB$,请同学们想想看,在这张图上,由这两个已知条件,你自己能得出什么结论?

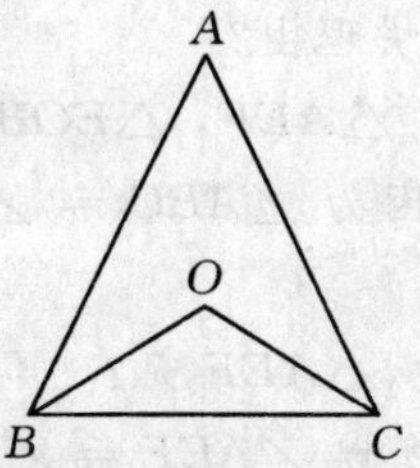

图 3-5

(变式练习是这一教学模式的关键环节.在这节课中教师很好地把握变式的要求,提出的练习对知识的要求由易到难,对方法的要求由单一到综合,对答案的要求由唯一到多元.这一环节对学生的认知要求逐步提高,让学生既有机会应用单一的知识技能解决问题,又有机会挑战自己的认知,综合、多方位地分析问题、解决问题.下面是学生解决第三个例题的课堂实录)

生:可以得出 $\angle OBC = \angle OCB$.

师:能不能从道理上说明一下?

生:因为 $\angle B = \angle C$, BO 平分$\angle B$, CO 平分$\angle C$,根据等量的一半相等,可以得到 $\angle OBC = \angle OCB$. 另外可以得到 $OB = OC$,理由是"等角对等边".

师:好! 现在把这个题目变化一下,大家看清楚,就在这张图 3-6 上,过 O 作一条直线 EF 和边 BC 平行,与 AB 交于点 E,与 AC 交于点 F.

请同学们考虑两个问题:①仔细寻找一下,这张图中有几个等腰三角形? 为什么? ②添上去的这条线段 EF 和图中的线段 EB, FC 之间有没有关系? 有的话,是怎样一种关系?

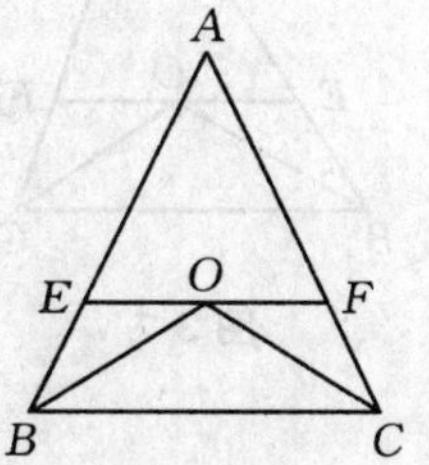

图 3-6

(经过小组讨论、探讨后,学生陆续表述自己的发现)

生 1:有 5 个.

师：哪5个？请你再讲讲理由？

生1：$\triangle ABC$，$\triangle OBC$，$\triangle AEF$，$\triangle EOB$，$\triangle FOC$.

（生1以$\triangle ABC$为例）因为$\angle ABC = \angle ACB$，"等角对等边"，所以$AB = AC$.

师：$\triangle OBC$刚才已证过，$\triangle AEF$呢？

生1：因为$EF \parallel BC$，所以$\angle AEF = \angle ABC$，$\angle AFE = \angle ACB$. 因为$\angle ABC = \angle ACB$，所以$\angle AEF = \angle AFE$，所以$AE = AF$. ……

师：……第二个问题，添上去的线段EF和EB，FC之间有没有关系？有的话是怎样一种关系？讲讲理由.

生2：有关系的. EO，FO，EB，FC这4条线段都相等. 因为$\triangle ABC$是等腰三角形，所以$AB = AC$；因为$\triangle AEF$是等腰三角形，所以$AE = AF$. 利用等式的性质就可以得到$EB = FC$. 又因为$\triangle EOB$和$\triangle FOC$都是等腰三角形，所以$EB = EO$，$FC = FO$. 这样EO，FO，FB，FC这4条线段就都相等了.

师：……还有其他方法吗？

生3：……

师：……我们把这个题目再改变一下，原来$\angle B$，$\angle C$是相等的，现在变成不相等，但是，BO，CO还是$\angle B$，$\angle C$的平分线，还是$EF \parallel BC$.（如图3-7）再认真想一想，这个图形中还有没有等腰三角形？有的话，又有几个？EF和EB，FC之间还有没有关系？有的话，又是怎样一种关系？

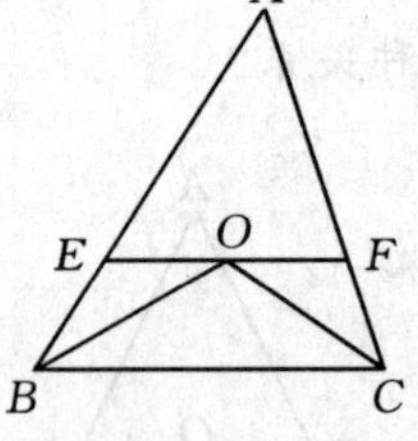

图3-7

生4：没有.

……

生5：有的. $\triangle EOB$和$\triangle FOC$.

师：理由呢？

生5：因为"两直线平行，内错角相等"，得到$\angle EOB = \angle OBC$，因为

BO 是 $\angle B$ 的角平分线，所以 $\angle EBO = \angle OBC$，所以 $\angle EOB = \angle EBO$，$\triangle EBO$ 是等腰三角形. $\triangle FOC$ 是等腰三角形的道理是一样的.

师：……第二个问题，这条线段 EF 和 FB，FC 之间还有没有关系？

生 6：仍有 $FE = EB + FC$ 这个关系.

(5) 回授调节.

在这节课上，教师通过问题情境的设计，让学生有较多的机会独立思考或者小组探究. 教师则通过观察、提问、巡视、谈话等活动，及时了解学生的学习、练习过程，随时反馈，调节教学节奏和方法，尽量加强有针对性的个别指导，把发展学生思维与随时把握学生的学习效果两者结合起来.

上述课例展示了较为完整的“尝试指导，反馈纠正”的初中数学课堂教学模式的实施流程. 当然我们不必生搬硬套这一模式. 每个教师应该针对具体的教学内容、学生的学习状况，适时地调整课堂教学节奏.

3.2 “情境—问题”数学教学

在对一般城乡地区的数学课堂教学进行理论研究与实践探索的同时，20 世纪 90 年代初中国学者也对西南地区学生、尤其是当地少数民族学生的数学学习进行研究. 经过 10 多年的探索，提出了“基于情境问题的数学教学”基本模式(即“情境—问题”教学，Situated-Problem-Based Instruction，简称 SPBI). 该模式认为，中学生的数学学习是在教师指导下，从熟悉或感兴趣的数学情景出发，通过主动探究、提出问题、研究和解决问题等活动来获得适应未来社会生活和进一步发展所必需的数学知识、数学思想方法和应用数学的技能，发展勇于探索、勇于创新的精神[吕传汉，汪秉彝，2001，pp. 9—14；2002，pp. 72—74]. 它的基本目标是促进学生提出数学问题、理解数学问题和解决数学问题能力的协调发展.

SPBI 的基本环节如下：创设数学情境—提出数学问题—解决数学问题—应用数学知识. 其中，创设数学情境是前提，提出数学问题是核心，解决数学问题是目标，应用数学知识是归宿. 在这一课堂教学模式中，情境是灵活的，同样一个情境材料，经过精心设计，既可用做一个单元的大情境，也可用做一堂课的小情境. 同样，学生提出问题的形式也是多样的，既可以是通过对已知情境的探究提出一个全新的问题，也可以是把一个非数学的情境问题表述成数学问题. [姚静，吕传汉，2005，

pp. 86—90]

“情境—问题”数学教学结构[吕传汉,汪秉彝,2006, pp. 74—79]如图 3-8 所示.

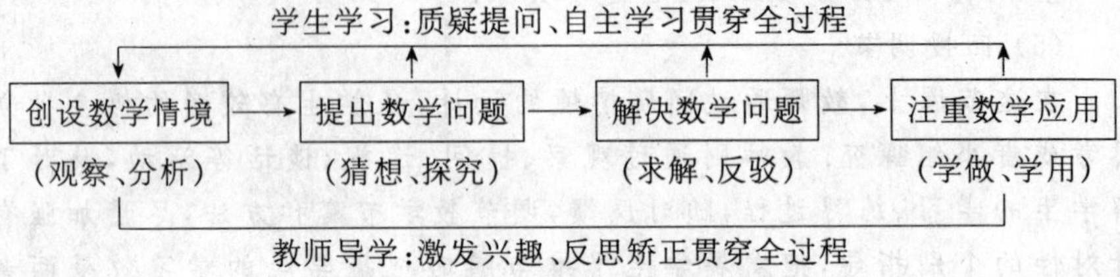

图 3-8 “情境—问题”数学教学结构

案例 3-3 二次函数的应用[吕传汉,汪秉彝,2006, pp. 74—79]

(1) 创设数学情境.

今年元旦,市政府决定在世纪公园燃放焰火,为此请有关专家帮助设计. 专家的建议是:在公园内找一块空地,搭建一座 8 米高的发射台,台上装一个定时装置,届时通过这个定时装置用冲天炮来发射焰火;计划发射角为 75°,冲天炮在竖直方向上的速度为 42 米/秒……

同学们,你能用自己所学的知识帮助解决专家们遇到的问题吗? 为此,你的任务是:①画出该情境的草图;②清晰地写出专家们要回答的问题;③描述你怎样利用给出的函数式来帮助回答这些问题;④利用你所想到的方法求出这些问题的解.

显然在这种情境创设中,问题不是被给予的,而是通过学生自己的语言表达出来的,且包含图形表示、表述问题、说明解决问题的方法论原理、求解问题等多种任务要求.

(2) 提出数学问题.

在这类问题的驱动下,同时在教师的引导下,学生逐步形成问题,提出的数学问题将涉及:抛出物体的运动轨迹,二次函数图象的画法及应注意的问题,配方法求抛物线顶点坐标,二次函数与一元二次方程的关系,二次函数图象及其中的特殊点——顶点、与坐标轴交点的实际意义,等等.

(3) 解决数学问题.

针对上述数学问题,学生们给出多种解法. 有些解法可能不完善,师生之间展开一定的讨论和反思.

讨论1：学生执行第一项任务，画出如下情境草图(图3-9)；

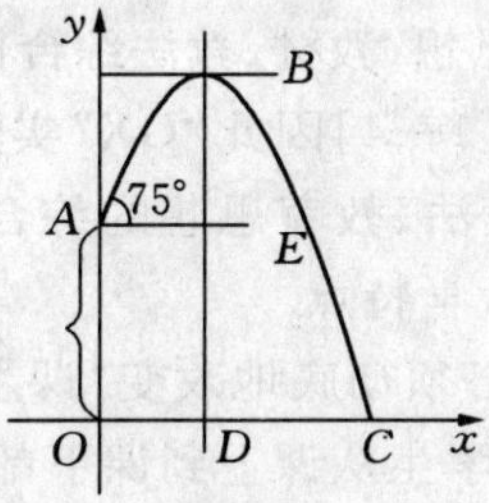

图3-9

另一学生举手表达观点："嗯，我认为是，是从8米的地方以一条直线抛出去的."

这一错误表明，学生们没有丰富的关于抛物线的现实原形的认知储备，面对变化的情况"当冲天炮以发射角75°的方向发射出去"时，不能正确认知抛物体运动的轨迹.

讨论2：学生执行第二项任务，教师说："好，那么你根据自己画的草图，能不能用数学语言来叙述专家们要回答的问题呢?"学生则指着图3-9说："我们知道，B点是最高点，从8米高的发射台上到达最高点，我们所以就要求AB的距离，然后再除以它所告诉我们的冲天炮在竖直方向上的速度42米/秒."

这个错误表明，学生在解决实际问题时，情境所表达的现实意义会影响其对模式的识别.

在解决数学问题的过程中，学生们以质疑、提问为主. 他们不仅在解题活动中学习新知以及进行数学应用，体验知识产生和应用的过程，而且在这一活动中，澄清错误观念，发展数学理解，实现真正的问题解决，体验创造的快乐. 问题也为学生之间、师生之间的交流互动以及洞察新现象提供了机会.

SPBI中的情境是学生从事学习活动、产生学习行为的一个前提条件、基础、环境、背景，它贯穿于教学始终，从一堂课直至整个教学单元. 在课堂上，有情境作支撑，数学就不再是孤零零的、与现实应用的背景相脱离的无意义的符号推理游戏.

3.3 "GX"数学实验下的数学课堂教学

20世纪90年代初，针对如何提高45分钟数学课堂教学效益、减轻师生学业负担，陈重穆、宋乃庆提出、组织并实施了综合性的教学改革实验[简称“GX”(提高课堂效益)实验]. 他们认为提高课堂效益不是一个单纯的技术问题，而是教学思想、教材、教法综合性教学改革问题. [陈重穆，曾崇燊，宋乃庆，1994，pp. 1—4]因此“GX”实验既包括教学方法的改进与革新，又是课程教材、教法、教育思想的综合改革实验. 本节主要分析“GX”实验下的数学课堂教学特点.

要提高课堂效益，就必须彻底地改变“课上教师讲解，课下学生模仿做题”的传统教学模式，使学生从课上到课下都必须主动地参与学习的全过程，使教师必须改变在不完全了解学生的情况下讲解知识. [魏林，朱乃明，1998，pp. 10—12]通过多年的探索、发展，“GX”实验已经成为了具有中国特色的教学改革实验. 在这一实验中，既考虑了教师的“教”，又能指导学生的“学”. [李忠如，魏林，1999，pp. 13—14]

“GX”数学课堂教学表现出如下原则：积极前进，循环上升；淡化形式，注重实质；开门见山，适当集中；先做后说，师生共做.

(1) 积极前进，循环上升.

这个原则强调，在数学课堂教学中，要根据学生实际，只要学生理解了基本事实，会基本操作就可以前进. 如讲有理数，其核心是运算，因此，对正、负数的实际意义有所认识、表达形式有所了解后就应进入运算. 高效益的教学要在积极前进的基础上，用循环来完善和加深认识、熟练操作，逐步解决存在的问题.

(2) 淡化形式，注重实质.

这个原则强调，从问题出发，在解决问题的过程中引出相关的概念和结论，力图让学生在“做”中领悟知识，着眼点在通过知识发展学生的智能. 所谓“淡化形式”主要是指：①“淡化概念”，不必在一些数学名词、术语上花太多时间. 这个原则是针对在名词、术语上孜孜以求，对概念的文字叙述字斟句酌，甚至要求全班学生按教材的叙述朗读、背诵等不恰当的着重形式和存在某些“形式主义”而提出的. 例如，数与式最重要的问题就是运算，至于诸如什么是分式、无理式等名词、术语等，只需让学生了解并结合知识进程交代即可. ②淡化纯文字叙述. 符号化本身就是数学的特点之一，对意义非常明确的公式、法则，如 $(a+b)^2=a^2+2ab+b^2$ 等就没有必要要求学生的表达与教科书上的文字叙述一字不差，只要明白了公式、法则的意义，能正确运用就该认可. ③淡化形式理论. 如方程同解理论、三角形分类为等腰三角形与不等边三角形的形式分类等. “注重实质”是指要注意适当说理,让学生懂得知识的实质,比如“何以如此?”“有什么用?”等.注重学生的实际领悟,才有基础主动地接受其形式,否则易形成不动脑筋、被动、机械.

(3) 开门见山,适当集中.

这个原则强调,课堂教学要直截了当地揭示主题,突出主要矛盾.如有理数的教学可直接由参加足球比赛某队的进球与失球数等实例引入正、负数,并由大家熟悉的“净胜球数”使学生领悟有理数的加法就是“正、负相消”,第一节课就可以从正、负数的概念进入加法运算,以后在与学生的共同运算中总结出加法法则.

这个原则还强调,知识要相对完整,知识点不要划分过细,在联系对比中学习掌握知识更为有效.如乘法公式、指数定律、三角形全等的判定定理、平行四边形的性质与判定定理等都分别集中一节课讲完,再对比练习.

(4) 先做后说,师生共做.

这个原则强调的是,教学中要使学生从“做”中去体会,从“做”中去巩固、掌握知识,尽量少用说教式、结论式教学.对概念、法则、方法等一切结论,一般是先提出问题,通过实例引导学生观察、思考,动手动脑去做,学生有了一定感性认识后,再下定义,归纳法则、方法.如解二元二次方程组,不要一开始就下定义什么是二元二次方程组,而是在“求 x, y 的值使以下等式成立”的问题下解1—2个例题后,再下定义归纳方法步骤.

教师即使讲得口若悬河、津津有味,但实际效果未必好.“先做后说,师生共做”就是把学生和教师有机地结合起来,教师的主导作用要体现在发挥学生的主体作用上,主要工夫要用在“导学、助学、促学”上.

这32字的“口诀”不是企图为教学提供任何模式,而是根据实际灵活运用方法提高课堂效益的有效原则.

初中数学课堂教学一方面促进中国初中学生扎实的数学知识与技能的掌握,另一方面训练学生的数学思想与方法,培养深入学习数学的兴趣.这些为学生高中阶段的数学学习创造了良好的条件.

4. 高中数学课堂教学

中国高中数学课堂教学有着很多独特的地方,其中既包括有利于发展学生数学素养的方面,同时也有一些不利因素.概括起来,主要有以下几个方面.

4.1 课堂以讲授式为主,适当进行问题讨论

在中国的数学课堂上,教师的教授是课堂教学的主要部分,这种授课方式虽然受到很多的质疑,然而,正是以教师讲授为主的数学教学,解决了以前中国师资不足的困境,并且取得了较好的教学效果.在高中数学教学中,教师讲授的时间所占比例更大.这种教学模式和中国的传统文化有着重要的关系,虽然有着弊端,但是正是由于教师的详细讲解,使得学生对知识的理解更为清晰透彻.事实上,在课堂中,并不是完全由教师讲授,在适当的环节中,学生对某些数学问题进行讨论,开展数学交流活动.例如,在情境引入阶段,师生共同讨论问题,引出新的课题.随着《普通高中数学课程标准(实验)》[中华人民共和国教育部,2003]的实施,新的课堂模式也出现了——“创设情境,分组讨论,师生共探,总结反思”,但是教师的讲授依然是高中课堂教学的主要方式.

4.2 数学课堂容量大,注重知识的深刻性和严谨性

明确教学目标在教学中是必要的,在高中数学课堂,每一节的教学目标都不少于 2 个,这仅仅是数学知识目标,不包括能力目标或德育目标.在这样的目标指导下,课堂内容就比较多,容量比较大.同时,高中课堂讲授的数学知识较为深刻,注重严谨性.

例如,在“同角三角函数的基本关系”的课堂教学中,课堂教学目标是:(1)理解同角三角函数的两个基本关系,即 $\sin^2\alpha+\cos^2\alpha=1$, $\frac{\sin\alpha}{\cos\alpha}=\tan\alpha$; (2)能利用同角三角函数的两个基本关系解决较简单的求值、化简等有关问题.从内容来看,它包括三角函数的定义以及三角函数之间的关系、总结和应用等.在短短 40 分钟的课堂教学中,要进行很多教学步骤,内容比较多,教学活动很密集.

注重教学的严谨性,这对于中国数学课堂尤为突出,实验的方法、不规范的书写表达、遗漏等都是不容许的.同时,对数学知识的探讨较为深刻,如在上例中,从 2 个基本关系可以探讨出另外的 7 个不同关系.

4.3 注重课堂教学的连贯性、逻辑性,强调知识的归纳总结

在中国,每节优秀的高中数学课,都是非常连贯而又符合逻辑的,这

就如同一个紧凑、相互呼应而不会出现矛盾的推理故事. 在故事的最后,教师还会和学生一起对所学的知识进行归纳总结. 因此,对于对数学感兴趣的学生来说,参与这样的数学课常常是一种享受. 这正是中国高中数学课堂的显著特点,不仅利用数学本身来训练人们的逻辑思维,而且课堂教学的步骤都是前后一致、逐步推进的. 教师在教学设计的时候就非常注重这种连贯的、逻辑的关系,从而影响着学生的数学学习. 在课堂教学结束前的几分钟,教师和学生共同回顾本节课的内容,归纳数学方法和应用等.

4.4　重视数学思想方法的教学,促进学生的数学理解

从教学的内容来讲,在课堂中展现较多的是数学知识,所以,在中国课堂中,有着重知识、轻能力的现象. 然而,在高中数学课堂教学中,教师十分重视数学思想方法的教学,这对于那些有经验的专家型教师尤其如此. 在教师看来,只有讲出数学知识中所蕴涵的数学思想、数学方法,才能真正帮助学生理解数学. 反过来,学生理解了数学思想,掌握了数学方法,才能数学地理解知识. 高中课堂教学中,教师通过数学概念的讲授,和学生共同解决问题,归纳总结相应的数学方法,通过适当的练习,促进学生的数学理解,使之体会其中的数学思想,掌握数学方法. 这种教学思想不仅在课堂教学实践中有所体现,而且从教师的教学设计中就可以有所了解.

例如,在"数列概念"的教学中,有的教师设计的教学目标包括:了解数列的概念,突出数列的函数特性的数学思想;掌握数列的表示法,包括列表法、图象法、通项公式法等;通过本节的学习,使学生掌握归纳推理的数学方法.

在实际教学中,"数列概念"的教学还要重点突出函数的思想、数学模型的思想以及离散与连续的关系,要求学生从函数的观点、模型的观点、离散与连续关系的角度理解数列,强调数列的本质.

4.5　注重学生的数学思维训练,提高学生解决问题的能力

高中数学课堂的另一个特点是注重学生的数学思维训练. 直观感知、观察发现、归纳类比、空间想象、抽象概括、符号表示、运算求解、数据处理、演绎证明、反思与建构等思维过程,是数学思维能力的具体表现. 在高中数学教学中,教师通过讲解例题和习题,展现自己的数学思维过程. 在

此基础上,要求学生进行变式练习,提高解决问题能力,从而培养学生的数学思维能力. 教师还在课堂中展示学生的数学思维过程,发现学生存在的问题,不断提高他们的数学思维能力. 因为学生的数学思维训练主要是通过适当的问题解决来进行的,所以在注重学生数学思维训练的同时,学生的问题解决能力也得到了提高.

4.6 以问题为教学出发点,引导学生开展数学探究

问题是激发学生学习兴趣的动力,因此,在高中数学课堂教学中,教师通常以问题为教学的出发点,引导学生开展必要的数学探究活动. 随着问题的解决,新知识的讲授也就开始了. 在解决问题的同时,学生也加深了对数学的理解. 现在,以问题情境导入教学这一方法,在高中数学教学中日益普及.

例如,在"古典概型"的教学中,掷 1 枚均匀的硬币,可能出现的结果有 2 个,即正面朝上或反面朝上;掷 2 枚均匀的硬币,可能出现的结果有多少个? 掷 1 颗均匀的骰子,可能出现的点数有多少个? 上面实验的共同特征是什么? 在问题提出之后,教师作为课堂的引导者,带领学生进行数学活动,在学生有疑问的地方适当指导,这样的教学增加了学生的参与,促使学生数学地探究问题,加深了学生的理解.

中国高中数学教学受到很多因素的影响,从新课程改革的角度来看,上述的几个特点未必都有利于学生的数学学习. 然而,从数学教学实践来看,这是高中数学教学中比较突出的特征. 我们还应该注意到一个事实,那就是高中一、二年级的教学尝试新的教学模式比较多,但是高三年级的教学就是以解题和解题方法为主,这是中国的国情需要高考升学所决定的.

5. 中国数学课堂教学的发展

21 世纪,中国在政治、经济上都有着新的发展,因此对教育也提出新的要求与挑战,数学课程与教学也不例外. 它需要接受挑战,更需要创新. 挑战来自对人才的新要求,21 世纪培养的应该是既有扎实基础又有解决复杂问题的综合能力的人才,因此数学课堂教学也从注重"双基"教育,拓展为注重培养学生的数学应用能力、数学建模能力、现代信息技术能力等

的多维教育.中国的数学教师正在尝试课堂教学的改革,以适应这种人才观的需要.其中如何将现代信息技术融入数学课堂教学,如何让学生在数学课堂上亲身体验探究过程,如何让学生直接参与数学建模活动等,成为理论与实践研究的热点,并且初见成效.

5.1 信息技术与数学课堂教学

5.1.1 现代信息技术应用于数学教学中的现状

目前,在小学数学课堂教学中,中国数学教师主要使用普通软件制作的课件,如 PowerPoint 课件、Flash 数学课件、Authorware 数学课件;在中学数学课堂教学中,中国数学教师主要使用 PowerPoint 课件、Flash 数学课件.另外,还应用数学教育软(硬)件如几何画板(Geometer's Sketchpad)、Z + Z 数学智能教育平台以及图形计算器(Graphing Calculator)等,或由这些教育软件二次开发的数学课件.

在实际数学课堂中,教师根据不同的教学目的、教学内容,不同程度地应用信息技术,归纳起来体现在下面 4 个方面.从信息技术的本身价值而言,前 2 个方面是信息技术的低水平应用,后 2 个方面是信息技术的高水平应用.

(1) 用课件展示例题、习题或其他教学信息,增大教学容量.

信息技术的这种应用是绝大多数教师,特别是中西部地区的数学教师惯用的.教师常常用课件展示例题、习题或其他教学信息,一方面,避免在课堂教学中黑板板书浪费时间;另一方面,扩大了教学容量,留给教师较多的时间进行其他教学活动.

(2) 创设多媒体教学情境,激发学生学习数学的兴趣、动机等.

信息技术的这种应用也是大多数教师惯用的.教师常常应用多媒体课件展示以往教学中难以呈现的教学内容,创设生动、形象的教学情境,激发学生兴趣、动机,调动学生情感等,促进学生参与学习过程.例如,在学习椭圆标准方程的课堂上,教师播放“嫦娥一号”卫星绕地运行和奔向月球的情境,这些情境是传统课堂难以想象的,它们既生动形象,又将数学与科技联系起来,可以激发学生的数学学习兴趣、动机和积极的情感投入,帮助学生感性认识椭圆的相关知识.

(3) 展示数学知识的形成过程,突出教学重点、突破教学难点.

信息技术的这种应用是大部分数学教师希望的.数学学习中有很多

抽象的、难以理解的知识点，但是它们又是重点，应用传统教学手段很难使学生理解，譬如函数的基本性质、立体几何的原理、截面的生成、解析几何对象的性质、轨迹生成、概率统计的不确定思维等．在教学中，教师常常使用现成课件展示数学知识的形成过程，凸现数学思维的来龙去脉，使抽象的数学思维变得具体可见，以便突出教学重点、突破教学难点，促进或方便学生理解数学．

譬如，投掷1个骰子，各点出现的概率是多少，这是传统教学手段难以直观表现的，教师使用如图3-10所示的投掷骰子的实验课件，通过模拟实验，帮助学生理解概率的实质．

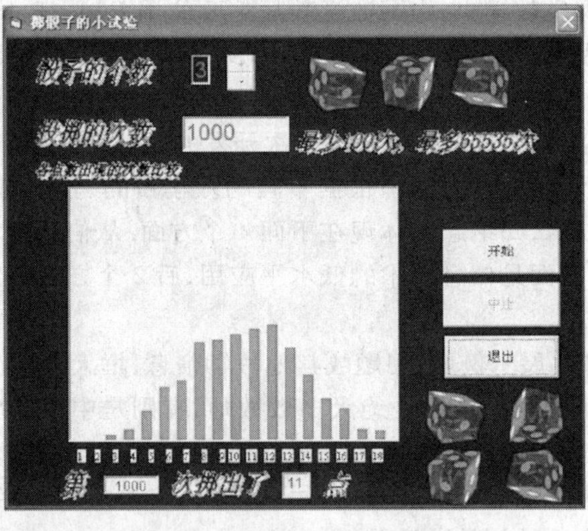

图 3-10　投掷骰子的模拟实验

再如，在学习指数函数 $y = a^x\,(a > 0,\ a \neq 1)$ 的图象和性质时，通常是用“描点法”作出几个特殊函数的图象，然后由学生观察图象，讨论并总结函数性质．这个过程是相对费时的，同时学生往往难以理解为什么底数 a 分为 $0 < a < 1$ 和 $a > 1$ 这2种情况讨论．这时教师常常应用几何画板，先引导学生随意地取 a 的值(不一定是2，3等典型数)，并在同一个坐标系内画出图象，接着动态改变参数 a 的值，引导学生观察函数图象随 a 值的变化而变化．在此过程中，教师应用几何画板的动态标记技术闪动特殊点(0，1)和 $a = 1$ 这条分界线，指引学生看出函数的定义域、值域、单调性等．这样可以突出教学重点、突破教学难点，学生对理解“为什么以 $a = 1$ 为分界点”、“为什么过定点(0, 1)”、“a 对函数单调性的影响”等都很自然了.

(4) 创新教学环境，尝试改善学生的学习方式.

信息技术的这种应用是少部分数学教师的尝试. 一般的数学课堂，学生的学习方式主要是接受式的，较少有自主探究的空间. 为了响应新课程提出的要求，教师通过创新传统的教学环境，提供一种真实的、体现数学研究过程的学习环境，开展数学实验、数学探究、数学建模等学习方式，引导学生自己发现数学，鼓励学生自己“做数学”，从而试图改善学生学习数学的学习方式.

譬如，在探究“正弦函数的图象和性质”时，教师一般是引导学生“做数学”. 首先，教师提出问题：$y=\sin x$ 的图象形状如何？这时，学生可以应用自己手中的图形计算器，根据传统的五点作图方法，计算特殊三角函数值、列表、描点. 接着教师提问：两点之间连成什么样的曲线呢？这时学生可能难以猜测出曲线的模样，大多数学生尽量多地取值、列表、描点，借助图形计算器显示 $y=\sin x$ 的描点、绘图的整个过程. 在此过程中，教师会告诉学生在精确度要求不高的情况下，只需作出常见的五点；但要发现图形特点，可以多做些点. 接下来，教师引导学生探讨函数 $y=\sin x$ 的性质(定义域、值域、周期性等)…… $y=\sin x$ 的周期性是个难点，图形计算器不能很好地突破它. 这时，教师应用几何画板作出单位圆，并动画生成 $y=\sin x$ 图象的周期性，生动直观地凸现正弦函数的周期性与圆上一点旋转 1 周的关系，从而突破周期性这个难点，帮助学生理解周期性.

从上面的(3)和(4)两个方面看出，信息技术的高水平应用对教师和学生提出了很高的要求. 对学生，学生要能买得起图形计算器，更加重要的是懂得应用图形计算器. 对教师，他们至少需要具有两种基本能力，即调控教学环境的能力和熟练应用信息技术的能力. 但大量研究表明，很多数学教师并不具有这些能力. 因此，信息技术的这种高水平应用只是很少数学教师的尝试，且主要局限于北京、上海、江苏、广东等发达地区的数学教师.

5.1.2 数学课堂中应用信息技术的基本情况

虽然很多数学教师认识到信息技术对学生学习有重要的意义与价值，但是在一般情况下，很少有教师将信息技术应用于自己的日常数学教学中，即使是硬件设备非常好的发达地区学校.

应用信息技术最多的是那些对信息技术非常有兴趣的数学教师，以及一些承担将信息技术整合于数学教学的研究任务的数学教师.

另外，在许多学校，公开课、比赛课、研讨课等必须应用信息技术已成为不成文的规定. 有的地方教育行政部门在评优、评课中，把“是否使用多媒体”作为是否符合课程改革理念的一个标准，甚至将其视为教师教学能力评价的隐性指标. 事实上，这种做法难以显示信息技术在数学教学中的价值.

5.1.3 影响信息技术应用于数学教学的因素

影响数学教师应用信息技术的主要因素有两个，即环境因素和教师本身因素. 环境因素可能是没有必要的硬件设备、软件资源、清晰的指导反馈、适当的教学评价等. 个人因素可能是教师缺乏必要的信息技术应用素养、没有很好地把握信息技术背景下的数学本质、不清楚信息技术如何支持数学学习等. 更重要的是，很多教师失去了应用信息技术的内在动力. 譬如，有些教师在应用信息技术的过程中耗费了大量时间与精力，但并没有看到信息技术给他们的数学教学带来多大价值等，因而没有足够的动力去应用信息技术.

5.1.4 信息技术应用于中国数学课堂教学的问题

(1) 硬件问题：地域之间的数字化鸿沟差异很大.

目前，硬件设备在地域之间存在极为严重的数字化鸿沟. 主要表现在：东部地区远优越于西部地区，城市远优越于城镇和农村. 譬如，西部地区的县级中学(城镇中学)平均不到 2 间多媒体教室，而且多媒体教室是独立设计，没有配置粉笔和黑板. 一方面，这不便于教师发挥教学水平；另一方面，由于每次上课都要关上门窗，教学环境昏暗，不适合学生学习，因而达不到应有的学习效果. 而在一些城镇中学，多媒体教室处于闲置状态.

(2) 软件与课程资源问题：分享程度不高.

对于数学教育软件或课件，数学教师应用最多的是 PowerPoint 课件，其次是几何画板课件. 在实际上课时教师常常将这两者结合应用，主要原因是前者简单易学，后者能够表现数学学科特点；另外还有一个重要原因是，这些软件或课件都较易于得到.

其实中国具有功能和应用价值远胜于几何画板的 Z＋Z 数学智能教育平台，以及丰富的网络课程资源，但这些软件或课件市场化了，分享程度不高，普通学校、数学教师不很乐意去购买.

另外,各种数学教材编写组织也推出了与教材配套的课程资源,但这些资源不具有普遍性,很多资源不太适合普通城乡中学的数学课堂.

(3) 教师整合素养的问题:高层次专业引领缺失.

将信息技术有效整合于(融入)数学课堂教学中的关键因素是教师的基本素质,即数学教师需要同时具备较高的数学教学素养和信息技术应用素养.目前,具备这些素养的数学教师极度缺乏,绝大多数情况是数学教师的教学素养具备了,但信息应用素养不够,或反之.结果在将信息技术整合于数学教学的实践中,经常出现"过分追求技术含量而忽视先进教学理念,过分夸大信息技术的效果而淡忘传统手段的价值,过度看重形式应用而忽略实际效果"等情况.

可以看出,如何提升数学教师的基本素质问题对数学教师专业发展与培训提出了重大挑战.当前,无论是提升数学教师的信息素养还是数学教学素养,一直都是教师专业发展与培训的主题.而在教师培训中存在的问题是,培训重心是强调技术的培训,而不是将数学和信息技术有机整合起来的培训.因为对这些数学教师来说,即使他们掌握了技术,如何有效地将信息技术整合于自己的教学中仍然是一件令人十分困惑的事情.所以,如何通过高层次的专业引领,使得教师在教学素养和信息素养两个方面同时成长和发展以提升数学教师的整合素养,将是一个严峻的问题.

5.2 数学课堂教学与"基本数学经验"积累

在《全日制义务教育数学课程标准(实验稿)》的修订过程中,史宁中提出,在注重"基础知识"和"基本技能"的同时,要积累"基本数学经验"和发展"基本数学思想方法"[史宁中,2007].这是数学教育研究上的一个重要进展,尤其是"基本数学经验"的提出,对中国数学教育发展是一个挑战.张奠宙等对"基本数学经验"的界定则为我们把握数学课程目标提供指南,他指出,"基本数学经验"是指"在数学目标的指引下,通过对具体事物进行实际操作、考察和思考,从感性向理性飞跃时所形成的认识"[张奠宙,竺仕芬,林永伟,2008, pp. 4—7].为使积累"基本数学经验"课程目标得到落实,需要重新思考数学教学的设计与实践.

案例 3-4 积累"基本数学经验"的教学案例设计

(1) 积累"基本数学经验"教学设计的可能步骤.

这里我们结合在上海市爱国学校实施的"寻找生活中的一次函数"案

例,说明积累“基本数学经验”教学设计的可能步骤.

① 教师围绕相关的数学概念或目标提出学生可操作、可探索的活动建议,例如:杆秤或者弹簧秤原理体现哪些函数问题?出租车计价器是如何计算费用的?水、电以及煤气费是如何计算的?商场打折隐含着哪些函数问题?

② 学生分组根据各自的兴趣和能力选择学习活动,或者提出自己想探索的活动.

③ 师生共同商谈从事学习活动可能涉及的数学知识,如一次函数、正比例函数、反比例函数、分段函数、常值函数、对应关系等,同时商定可能的活动方式以及预期提交的学习活动成果.在本案例中,对学习成果的要求是:一方面,要发现杆秤、弹簧秤、计价器、商场打折等日常情景中的函数关系;另一方面,根据函数知识制作出实物或者解决实际问题,同时用函数知识精确地说明这些实物的作用原理或解决问题的途径.

④ 学生分组进行学习活动,通过制作杆秤、探索计价器原理或者比较商场中的不同打折方案,体验函数的意义和功能.

⑤ 学生展示多元的学习成果,包括所用到的各种数学知识或技能,让他们认识到数学活动可以源于日常生活,但是高于日常生活.

(2) 案例的实施及其成果.

① 实施过程.

上海市爱国学校教师在实施这个数学学习活动时,严格按照上述设计要素.学生被分为5组,分别从杆秤、弹簧秤、出租车计价器、水(电、煤)费用单、商场打折等角度,寻找其中所蕴涵的函数问题,并应用相应的函数知识和技能制作实物或解决问题.在这个过程中,学生需要经历收集数据、寻找资料、查阅参考文献、观察或测量实物、发现数学模型、绘制图表、进行书面或口头报告等过程.因此,学生除了规定的3课时外,需要有较充足的课外时间进行学习活动.

② 主要学习成果.

在第三个课时上,各组学生在课堂上展示了一次函数学习活动的成果.下面列举其中的3例.

第一组探索杆秤与函数的关系.通过观察现实中的杆秤,学生们发现当物体质量增加时,从杆秤上读出的刻度值也随之增大.(图3-11)他们凭借自己所学的物理知识,发现了蕴涵在杆秤中的一次函数关系.

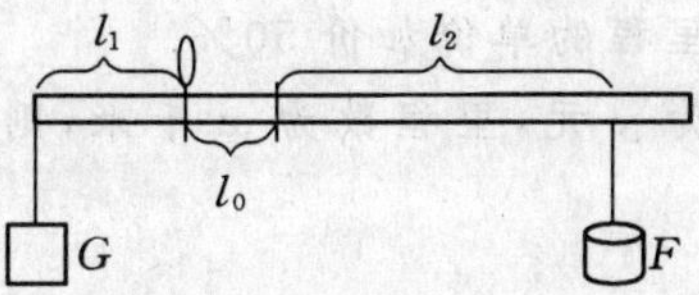

图 3-11 杆秤示意图

学生们将杆秤分为两种情况：

当杆秤上刻度 0 位置不在提钮位置时，有 $Gl_1 = F(l_0 + l_2)$，其中 F 表示秤砣的重量，G 表示所称物体的重量. 在这个式子里，物体的重量 G 和刻度 l_2 是变量，并且 l_2 是随着 G 的变化而变化的. 我们可以设 G 为 x，l_2 为 y，则有 $y = kx + c$，其中 $k = \frac{l_1}{F}$，$c = -l_0$.

当杆秤的刻度 0 在提钮位置时，此时 $l_0 = 0$，即 $c = 0$，则有 $y = kx$. 这里还应该考虑到 x 的值是非负数，同时 x 的值不能使得 y 值大于杆秤的最大刻度值. 这里为理解函数的定义域和值域提供现实情景.

学生们最终还根据杠杆原理以及一次函数知识，制作出两把杆秤，即提钮在刻度 0 的位置和提钮不在刻度 0 的位置的两种杆秤. 另外同学们说明了市场上短斤少两现象背后所隐藏的知识，例如有的不法商贩在秤砣上做手脚，将它换成较轻的秤砣，即 F 变小，使得 k 变大，从而使得 y 变大. 同样一个物体在做了手脚的杆秤上秤的重量显然比在正常杆秤称出的重量重.

第三组探索出租车计费与函数的关系. 他们提出的问题是"我该付给司机多少钱". 在现实生活中，学生出行时会乘坐出租车. 在看到出租车司机给的发票时，学生们总会时不时冒出"到底出租车是如何计费的"这样的困惑. 学生们研究多张出租车发票后，根据了解到的票价信息，发现了一些情况.

白天一般情况下车价和里程数存在如下关系：

车价 = 起步价(里程数 $\leqslant 3$)；

车价 = 起步价 +(里程数 − 起步里程数) × 每千米单价(3 < 里程数 < 10)；

车价 = 起步价 +(远程里程标准 − 起步里程数) × 每千米单价 +(里程数 − 远程里程标准) × 远程每千米单价(里程数 $\geqslant 10$).

在上海白天小型出租车的起步价为 11 元，起步里程是 3 千米，超过起步里程的单价为 2.1 元/千米. 载客运距超过 10 千米(不含 10 千米)，超过部分按超过起步里程的单价加价 50%.

因此我们令车价为 y 元，里程数为 x 千米，则得到车价和里程数的一个分段函数

$$y=\begin{cases}11, & 0\leqslant x\leqslant 3,\\ 11+2.1(x-3), & 3<x<10,\\ 11+2.1(10-3)+2.1(1+50\%)(x-10), & x\geqslant 10.\end{cases}$$

即

$$y=\begin{cases}11, & 0\leqslant x\leqslant 3,\\ 2.1x+4.7, & 3<x<10,\\ 3.15x-5.8, & x\geqslant 10.\end{cases}$$

而这其实就是一个关于里程数和车价的一个一次函数. 学生还提到，当司机碰到红灯或者堵车时计价情况满足另外一个函数，司机晚上出车时情况又不同，但是同学们没能找到具体的函数关系式.

第五组则从商场促销现象出发探索函数. 学生们发现在商场经常可以见到打折的广告. 在这些以打折名义进行的各种促销活动中，如何选择最实惠的商品是大多数人的困惑. 该组学生给出了两个商场促销的实例：商场甲打出满 199 送 100 的口号，而商场乙打出 6 折的口号. 如果想买一件价格在 200—300 元的衣服，应该去哪家商场购买花费少？学生们列出了相应的函数关系式.

设衣服价格为 x 元，参加促销活动后的花费为 y 元，则

商场甲：$y=x-100(200<x<300)$；

商场乙：$y=0.6x(200<x<300)$.

那么当 $x-100<0.6x$ 即 $x<250$ 时，选择去甲商场买衣服价钱便宜；反之，当 $x>250$ 时去乙商场价钱便宜；当衣服价格为 250 元时，两个商场都一样.

学生们认识到，函数知识有助于人们理性消费. 他们又给出例子：现在想去买一件衣服，只要价格在 300 元以内都可以接受. 为了使花费最少，应该去哪家购买？

学生们给出了如下函数：

商场甲：$y=\begin{cases}x, & 0<x<199,\\ x-100, & 199\leqslant x<300.\end{cases}$

商场乙：$y=0.6x(0\leqslant x<300)$.

显然，当衣服价格在199元以下的时候，选择去商场乙购买；当衣服价格不低于199元且小于300元时，又回到上面的那个问题了.

(3) 对积累"基本数学经验"的一些思考.

尽管我们还没有对学生进行访谈，但是观察学生的学习过程可以发现，在这次数学活动中，学生们体会到数学学习并不仅仅是操练习题，而且是学会从数学视角分析现实问题，揭示并理解实现问题. 例如：在探索杆秤原理以及制作杆秤过程中，揭露了不法商贩的欺诈手段；在分析各种表的计费原理中，理解了国家出台复杂的计费方法是为了敦促人们节约能源；在分析"促销"现象时，深刻地感受到了理性消费的意义.

同学们在这些数学活动中也暴露出他们对于一次函数概念的理解尚未巩固等问题，例如同学们尽管在使用一次函数或者正比例函数等概念名词，但是他们并没有注意到这些概念的一些本质，比如一次项前面的系数、函数的定义域或者值域等学生就没有关注到. 另外，函数图象的绘制技能比较薄弱.

5.3 数学课堂教学中的建模活动

中国高中数学课程改革极力倡导培养学生的数学建模能力，尤其强调让学生在"动手做数学"中体验对原始问题的分析、假设、抽象的数学加工过程，进而训练学生的数学科学研究方法，培养学生的数学应用意识、数学思维和数学品质等.

数学建模是数学学习的一种新的方式，它为学生提供了自主学习的空间，有助于学生体验数学在解决实际问题中的价值和作用，体验数学与日常生活和其他学科的联系，体验综合运用知识和方法解决实际问题的过程，增强应用意识；有助于激发学生学习数学的兴趣，发展学生的创新意识和实践能力. [中华人民共和国教育部，2003，pp. 148—158]

数学建模过程可以分为如下步骤：

(1) 理解现实问题情境.

(2) 简化并结构化所描述的情景.

(3) 将被简化的现实情景翻译为数学问题.

(4) 用数学手段解决所提出的数学问题.

(5) 根据具体的现实情景解读并检验数学结果.

这些数学教学思想正逐渐在中学数学课堂教学中得以体现.例如,北京的一些学校开展系统的数学建模教学活动,让学生在解决诸如打包问题、磁带问题、测高问题和人口问题中体验数学建模过程.

案例 3-5 高度的测量[张思明,白永潇,2003, pp. 148—158]

(1) 教师在课堂上描述原始问题.

如何测量校园中"高不可测"的建筑,例如学校的教学楼,或者学校的旗杆? 如何测量学校墙外的一座不可及但在学校操场上可以看得见的高大写字楼? 要分别写出测量方法、计算过程和计算的数据结果.

(2) 学生各抒己见,在真正去户外测量前提出各种可能的测量方法.

例如:用几何方法,通过比例线、相似形等知识来测量;用三角方法;可以用物理方法,如气压随高度改变的原理、自由落体的计时、几何光学的双镜法等.

(这个问题能够引发学生各种创意性的想法,在这过程中,教师应该与学生平等对话,也将自己的方法与学生分享.针对学生各种可能的方法建议,教师提出系列问题,以便学生真正把握测量的原理)

生:要测量仰角来计算高度.

师:怎么测? 用什么工具测? (提醒学生事先设计一个实用的测量仰角的仪器)

生:利用太阳的影子来测量楼或旗杆的高度.

师:几点钟测量比较好? 测量楼的影子长和参照物时,是同时测量好,还是先后测量好?

生:用照相机拍一张测量对象和参照物(如一个已知身高的人)在一起的照片,就可以通过参照物的高度按比例算出楼的高度.

师:参照物应该放在哪里? 楼前某处,还是紧贴着楼? ……

(这种讨论的目的是为了培养学生的一种良好的思维习惯和科研习惯,事先认真思考可以减少实践过程中的盲目、低效和失误.同时也让学生们意识到看似简单的问题中,也有不少需要认真思考的东西)

(3) 限定学生要用两种不同的方法测量同一个对象,学生分组,明确目标,然后组织户外测量.

学生分组户外测量,及时记录好测量数据,并参照如下格式,完成高度测量报告表(表 3-2):

表 3-2　高度测量报告表

1. 课题组的成员与分工		
成员姓名	分工	主要工作与贡献
2. 课题组选择的测量对象是		
3. 测量方法的原理是(请说明测量的原理、合理性、创意或创新点、得意之处等)		
4. 测量数据(可以用表)和计算结果,减少误差的想法和做法		
5. 选做:我们提出的新的测量课题、问题		
6. 选做:用简单的语言,描述你们在研究中的感受		

学生展示并比较各自的测量报告,包括交流测量结果、测量过程、测量方法、缩小误差的方法等.下面是某组的记录.

记录测角法

步骤:① 如图 3-12,用大量角器,上面用细线坠一钥匙,将一边对准大厦的顶部,算出角度为 $\alpha = 67°$. ②退后 10 米,按上述方法再算角度,为 $\beta = 52°$. ③计算出结论.

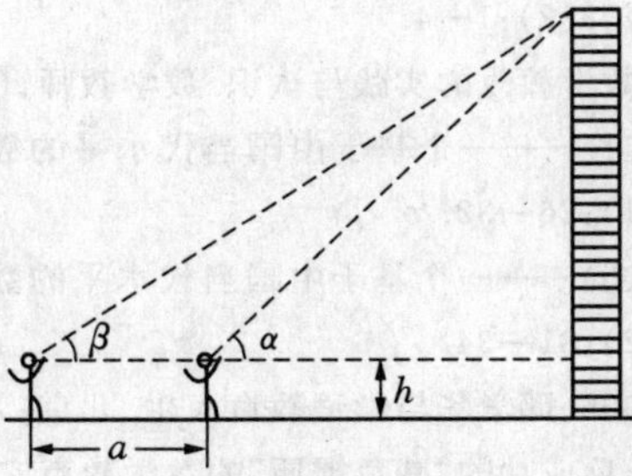

图 3-12

计算公式如下：楼高 $x=\dfrac{a\tan\alpha\tan\beta}{\tan\alpha-\tan\beta}+h$.

数据计算：相对距离为 25 米，身高 1.5 米. 经过计算器计算，结果为 71.5 米（近似值）.

误差分析：误差与期望值（70 米 $<x<$ 80 米）相差不大. 误差的原因是铅笔在纸板上画出度数时不够精确. 减少误差的方法是几个人分别测高度及度数，再求平均值，误差才能更小.

这一教学形式在中国常规的高中数学课堂教学中是很少见的，因为高中学生以及高中教师为了准备对人生有重要意义的高考，只能全力以赴在数学解题的训练上. 而这一"测量"教学活动既生动地展现出高中学生对"动手做数学"的热情，也展现出数学建模活动与常规数学训练活动之间的可协调性.

显然在教师设计的问题的驱动下，学生们热烈地探讨，寻找自己的推测，并尝试从数学角度加以论证，亲自体验对原始问题的分析、假设、抽象的数学加工过程. 这一类数学建模教学正逐渐走进中国的数学课堂教学. 其实，受到挑战最大的还是一线的数学教师.

我们努力寻找数学常规教学与数学创新教学之间的平衡，让我们擅长的基础知识与基本技能的教学保持下去，但同时又要为学生创设各种机会，去感受、体验、参与数学探究活动、实验活动以及建模活动.

参考文献

1. 陈重穆，曾崇燊，宋乃庆. 1994. 减轻负担，提高质量——"GX"（提高课堂效益）实验简介. 数学教育学报，3(2)：1—4.
2. 顾泠沅. 1994. 青浦县数学教改的实践与认识. 数学教师，(1)：1—8.
3. 顾泠沅. 1997a. 青浦实验——一个基于中国当代水平的数学教育改革报告（上）. 课程·教材·教法，(1)：26—32.
4. 顾泠沅. 1997b. 青浦实验——一个基于中国当代水平的数学教育改革报告（下）. 课程·教材·教法，(2)：31—34.
5. 教育部师范教育司. 2006. 邱学华与尝试教育人生. 北京：北京师范大学出版社.
6. 李忠如，魏林. 1999. 一项成功的"减负提质"的数学教育实验——"GX"实验. 中学数学教学参考，(3)：13—14.

7. 吕传汉,汪秉彝.2001.论中小学"数学情境与提出问题"的数学学习.数学教育学报,10(4):9—14.
8. 吕传汉,汪秉彝.2002.再论中小学"数学情境与提出问题"的数学学习.数学教育学报,11(4):72—74.
9. 吕传汉,汪秉彝.2006.论中小学"数学情境与提出问题"的教学.数学教育学报,15(2):74—79.
10. 邱学华.1988.尝试教学法.福州:福建教育出版社.
11. 史宁中.2007.《数学课程标准》的若干思考.数学通报,(5).
12. 魏林,朱乃明.1998.中学数学教育改革新探索——"GX"实验.学科教育,(2):10—12.
13. 姚静,吕传汉.2005.走进"情境—问题"教学(SPBI)——从两则案例谈起.数学教育学报,14(4):86—90.
14. 张奠宙,宋乃庆.2009.数学教育概论(第二版).北京:高等教育出版社.
15. 张奠宙,竺仕芬,林永伟.2008."基本数学经验"的界定与分类.数学通报,(5):4—7.
16. 张思明,白永潇.2003.数学课题学习的实践与探索.北京:高等教育出版社.
17. 中华人民共和国教育部.2001.全日制义务教育数学课程标准(实验稿).北京:北京师范大学出版社.
18. 中华人民共和国教育部.2003.普通高中数学课程标准(实验).北京:人民教育出版社.

第4章

问题解决的中国特色

执笔: 鲍建生①

摘要 问题解决是中国数学教与学中的核心活动.中国的数学问题解决活动有以下的行为特征:第一,推理水平高,往往涉及多步的、复杂的数学形式推理.第二,知识综合程度高,一般的数学问题都会涉及多个知识点.第三,运算要求高,需要较高的符号演算能力.第四,背景简单,比较侧重于数学内部的联系.第五,解法多样,解题技巧高.问题解决的上述特征,一方面受到了考试和课程的影响,另一方面也对课堂教学产生了影响,如强调变式教学、题型训练和化归方法等.进入21世纪以后,由于数学新课程的影响,中国的数学问题解决也出现了一些新的动向,如提倡开放性问题及"综合与实践"活动,期望在保持"双基"优势的同时,提高中国学生的创新和探究能力.

关键词 问题解决,变式教学,基于定理的课程,数学方法论,开放题

1. 引子

下面是2007年苏州市初中毕业暨升学考试试卷中的第28题(总共29题):

如图4-1,BC是$\odot O$的直径,点A在圆上,且$AB = AC =$

① 华东师范大学数学系,教授,博士生导师.

4. M 为 AB 上一点，过 M 作 $ME \perp AB$，分别交 BC，OA 于点 E，F.

(1) 设 $AM=1$，求 $\triangle OEF$ 的面积.

(2) 设 $AM=a$ $(0<a<2)$，$\triangle AMF$，$\triangle OEF$ 的面积分别记为 S_1，S_2.

① 若 $S_1=S_2$，求 a 的值；

② 若 $S=S_1+S_2$，是否存在一个实数 a，使 $S<\frac{\sqrt{15}}{3}$？若存在，求出一个 a 的值；若不存在，说明理由.

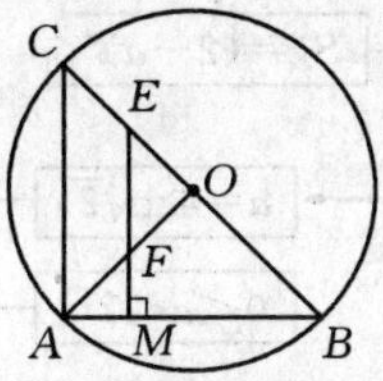

图 4-1

根据命题方提供的标准答案，我们可以画出解题过程的逻辑结构图. 第(1)小题和第(2)小题的逻辑结构图分别如图 4-2 和图 4-3 所示.

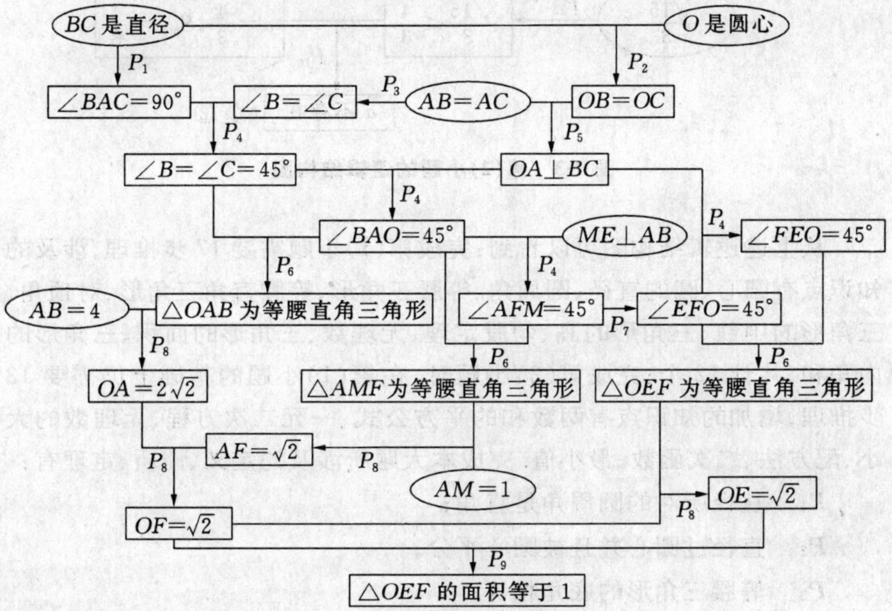

图 4-2 第(1)小题的逻辑结构图

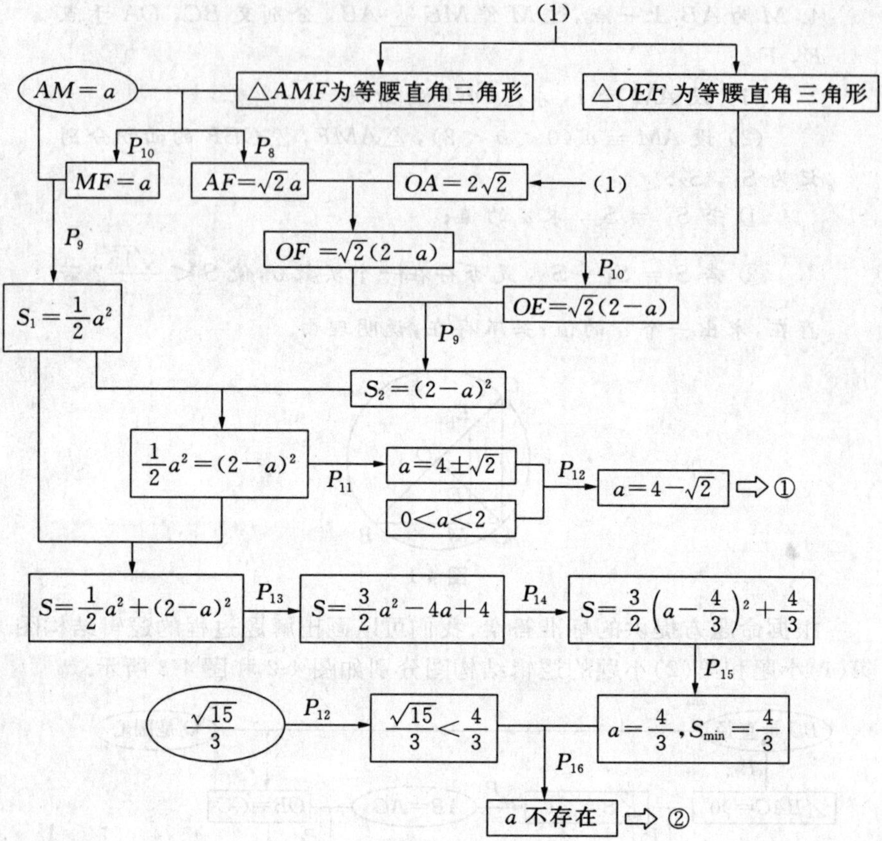

图 4-3　第(2)小题的逻辑结构图

从上述逻辑结构图可以看到:完成第(1)小题需要 17 步推理,涉及的知识点有圆心、圆的直径、圆周角、等腰三角形、等腰直角三角形、对顶角、三角形的中线、三角形的高、勾股定理、无理数、三角形的面积、三角形的内角和,共计 12 个;完成第(2)小题时,在第(1)小题的基础上仍需要 13 步推理,增加的知识点有两数和的平方公式、一元二次方程、无理数的大小、配方法、二次函数、最小值. 完成本大题所涉及的定义、性质、定理有:

P_1　直径所对的圆周角是直角;

P_2　直径过圆心并且被圆心平分;

P_3　等腰三角形的底角相等;

P_4　三角形的内角和等于180°;

P_5 等腰三角形底边上的中线垂直于底边；

P_6 有两个角相等的三角形是等腰三角形；

P_7 对顶角相等；

P_8 勾股定理；

P_9 三角形的面积公式；

P_{10} 等腰三角形的两条边相等；

P_{11} 一元二次方程求根公式；

P_{12} 无理数比较大小；

P_{13} 乘法公式；

P_{14} 配方法；

P_{15} 二次函数最值的判定；

P_{16} 二次函数最值的定义.

根据苏州市教研室的“2007 年苏州市初中毕业暨升学考试试卷数学学科自评报告”，本题两小题的得分率分别为 0.62 和 0.37. 因此，该题总体上属于中等偏易的题目.

作为参照，我们来看 TIMSS 1995 的几道难度系数相仿的题目：

Q7. 已知 $p=lw$，如果 $p=12$，$l=3$，那么 w 等于(　　)

A. $\frac{3}{4}$　　B. 3　　C. 4　　D. 12　　E. 36

M6. 某班有 28 名学生，男女生的比例是 4∶3，其中有多少女生？

答：＿＿＿＿＿＿＿＿＿＿.

K8. 如果如图 4-4 中的两个三角形全等，那么 x 的值是(　　)

A. 52　　B. 55　　C. 65　　D. 73　　E. 75

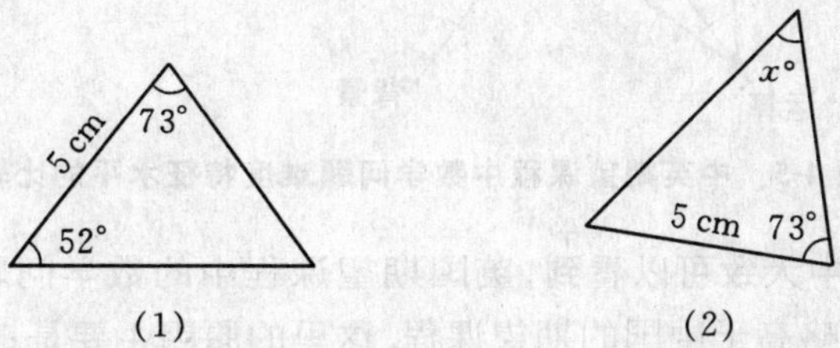

图 4-4

其中,$Q7$ 的国际平均正确率是 0.63, $M6$ 和 $K8$ 的国际平均正确率分别是 0.37 和 0.35[TIMSS, 1995]. 可以看出,解答 $Q7$ 只需要简单的公式变形,$M6$ 涉及 1 步比例推理,而 $K8$ 也只需 2 步推理,涉及"三角形全等"与"三角形内角和"两条性质.

从上面的中国中考题与 TIMSS 题目的比较中可以看到,虽然两组题目的得分率相当,但是无论是推理的步数、所涉及的知识点的个数,还是需要的相关定义、性质、定理的个数,中国苏州的中考题都远远超过了 TIMSS 的题目. 这在一定程度上反映了中国数学问题解决的特点.

2. 数学问题解决的行为特征

鲍建生[2002b]利用他所建立的综合难度模型[2002a]对中英两国 8 年级数学期望课程中的数学问题的难度特征进行了比较研究. 其中,中国期望课程的样本是九年义务教育三年制初级中学课本《代数(第二册)》[人民教育出版社中学数学室,2001a]与《几何(第二册)》[人民教育出版社中学数学室,2001b],英国期望课程的样本是英国内务部在 2001 年颁发的《七、八、九年级数学教学框架》(Framework for Teaching Mathematics: Years 7, 8 and 9). 比较的初步结果如图 4-5 所示.

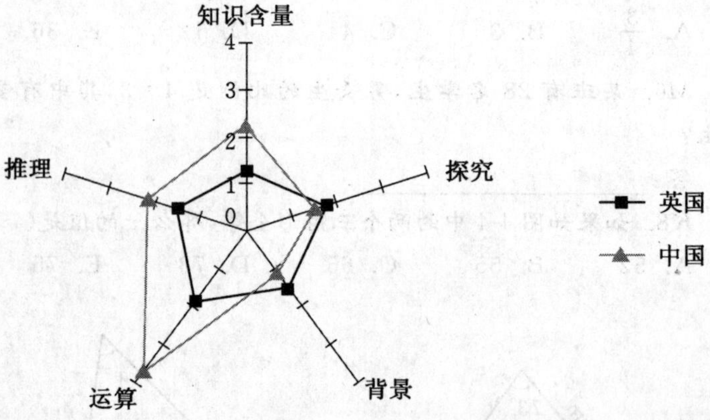

图 4-5 中英期望课程中数学问题难度特征水平的比较

从图 4-5 中大致可以看到,英国期望课程中的数学问题在"探究"和"背景"水平上略高于中国的期望课程. 这里的原因主要是:在"探究"水平上,英国课程中比较多地包含了没有标准答案的开放性问题、需要进行调查和实验的问题以及没有常规思路的探索性问题,而中国课程中则主要是答案唯一、有路可循、侧重于基本数学方法的传统数学题. 在"背景"水平上,英国期望课程中较多地含有与学生"个人生活"相关的应用题(约20%),中国则不到1%. 属于"职业与公共常识"层次的应用题,英国有13%,也超过了中国的7%.

然而,在"运算"、"推理"和"知识含量"水平上,中国的期望课程则远远高于英国的期望课程. 其中,在"运算"水平上,英国期望课程中"无运算"或者只包含"数值运算"的习题所占的百分比显著高于中国的课本,两项相加达到了86%;而在"简单符号运算"和"复杂符号运算"两个水平上的百分比则显著低于中国的课本,其中特别地,中国课本中属于"复杂符号运算"的题目高达38%,而英国却没有一题属于这一水平. 在"推理"水平上,含有"简单推理"(1—2步的推理)的数学问题,中英两国的期望课程大体相当,分别占37%和48%,但是中国的期望课程含有18%的需要"复杂推理"(3步以上的推理)的题目,英国则不到1%. 在"知识含量"上,英国期望课程中的大多数数学题只含有单个知识点(75%),而中国期望课程中则有40%的数学题都综合了"3个以上知识点". 可见,中国的数学课程更强调数学内部的联系,而英国的数学课程则较为关注背景的变化.

根据中国数学课程中问题的难度特征,我们可以用下面的模型来表示中国学生解决数学问题的一般逻辑流程(图4-6):

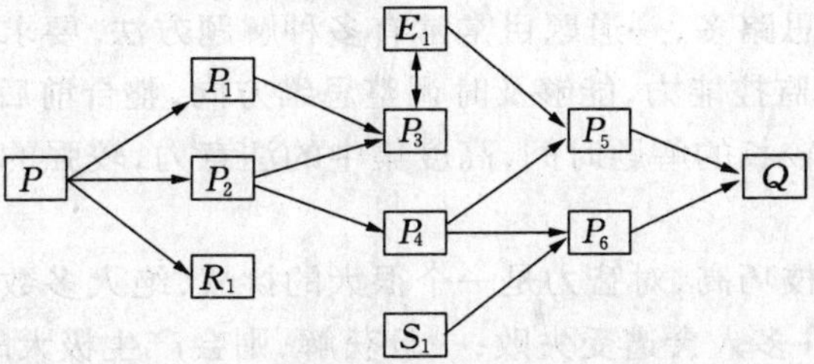

图4-6　中国学生解题过程的逻辑行为图

其中,原始问题具有清晰的逻辑结构 $P \to Q$, P 和 Q 可以分解为若干个明确的数学简单命题. 在解题过程,学生需要由题设 P 推出一系列的中间结果,这些中间结果中,有一些(P_i, $i = 1, 2, 3, \cdots$)是后继推理所需要的,另一些(如 R_1)对本题的解答是没有意义的,它们往往会起到干扰的作用;同时,学生常常还需要自己去"挖掘"一些所谓的"隐含条件"

(如 S_1),或者转换为等价命题(如 P_3 等价于 E_1). 这样,最终形成的解题路径可以是 $P \to P_1 \to P_3 \to E_1 \to P_5 \to Q$, 可以是 $P \to P_2 \to P_3 \to E_1 \to P_5 \to Q$, 或者 $P \to P_2 \to P_4 + S_1 \to P_6 \to Q$.

上述模型简要地说明了中国学生解决数学问题的以下行为特征[鲍建生,2002a]:

(1) 涉及连续的、环环相扣的数学推理. 为了完成这种连续的、环环相扣的推理,学生不仅要熟练掌握"双基"(乃至达到自动化的程度),而且还需要积累一定数量的典型例题作为化归的基础和台阶,从而把注意力集中在寻找解题策略上.

(2) 采用演绎的、形式化的思维方式,需要学生拥有扎实的知识基础,强调各种数学知识之间的联系. 相比之下,对数学问题的背景与实际意义不是很重视.

(3) 需要主动地挖掘隐含的信息,这些信息中包括作为推理依据的定理(性质)、已经解决的命题、隐含在题设中的信息等.

(4) 知识的综合程度高,如上例中涉及的数学知识和思想方法包括圆的基本性质、等腰三角形的性质与判定、勾股定理、一元二次方程的求根公式、配方法、二次函数的最值判定等.

(5) 可以分解为一系列的基本命题的组合,也可以通过局部调整产生各种新的变式题. 因此,题型的积累与相应的解题经验非常重要.

(6) 要求解题者熟练掌握有关的基本概念、基本命题及基本技能.

(7) 解题思路多,一道题目常常有多种解题方法. 要求在解题过程中有较强的自我监控能力,能够及时调整思维方向,整合前后的信息.

(8) 需要较长的解题时间,高度集中的注意力,较强的意志力和较高的自信心.

(9) 解题技巧高,对智力是一个很大的挑战,绝大多数解题者都会遇到各种困难,许多人会遭受失败;一旦获解,则会产生极大的满足感.

从上述行为特征可以看到,中国学生比较习惯的是传统的数学问题解决,比较欠缺的是与数学猜想、建模、探究、实际应用等方面的活动.

3. 数学问题解决的课程特征

形成数学问题解决的上述中国特色的因素当然是很多的,其中包括传统文化、民族的思维习惯、学习方式、社会与经济环境等. 这里,我们侧重分析数学课程的影响.

首先,我们来比较中英两国 8 年级数学课程所包含的课题.(表 4-1)

表 4-1　中英 8 年级数学课程的章节内容安排②

英国教材		中国老教材	中国新教材
8 年级(A)	8 年级(B)	代数(第二册)	11. 平移与旋转
1. 数学流程图	11. 角、方位与地图	8. 因式分解	12. 平行四边形
2. 因数	12. 公式	9. 分式	13. 一元一次不等式
3. 毕达哥拉斯定理	13. 钱币与时间	10. 数的开方	14. 整式的乘法
4. 近似值与估计	14. 直线图	11. 二次根式	15. 频率与机会
5. 数据分析	15. 多边形		16. 数的开方
6. 网格与表面积	16. 圆与圆柱	几何(第二册)	17. 函数及其图象
7. 比与比例	17. 测量单位	3. 三角形	18. 图形的相似
8. 代数:括号	18. 速度、距离与时间	4. 四边形	19. 解直角三角形
9. 算术:分数与百分数	19. 相似形	5. 相似形	20. 数据的整理与初步处理
10. 概率:两个事件	20. 问卷调查及其分析		

从表 4-1 中可以看到,两国 8 年级数学课程有两个明显的差异:第一,英国课程所包含的课题数多达 20 个,远远超过了中国的课程.第二,英国课程中章节前后之间没有明显的联系,而中国的课程则有两条清晰的主线,章节的发展也有一个承前启后、逐步加深和扩展的过程,其中,特别是老课程,每一章节都要用到前面章节的大量知识的积累.新课程虽然不再分科,将代数、几何和数据处理 3 块内容穿插编排,但是其中线索仍然是十分清晰的,前后知识的联系也十分密切.由此,我们可以初步得出中国的数学课程有以下的基本特征(图 4-7):

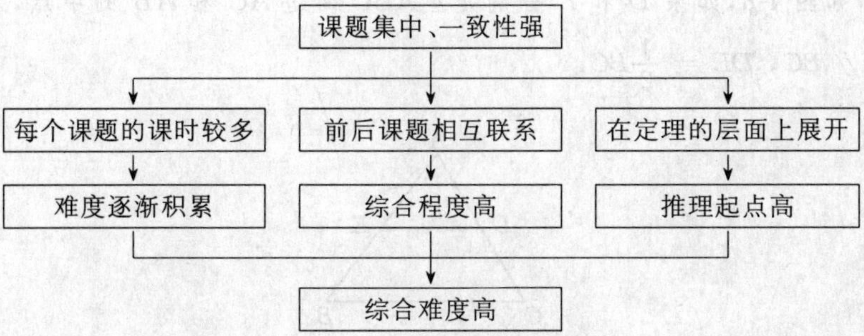

图 4-7　中国数学课程的基本特征

② 此处 3 套教材分别是:[MEP 8 年级],[人民教育出版社中学数学室,2001a,2001b],[王建磐,2001a,2001b].

可以看到,与西方课程的"一英里宽,一英寸厚"不同,中国数学课程的课题相对比较集中,而且相互之间有密切的联系,由此衍生出课程的3个基本特征[鲍建生,2002a]:

(1) 由于课题较少,花在每个课题上的课时较多,能够从容地组织相对完整的知识体系,加大了理论的深度,从而使数学题的难度逐渐积累.

(2) 课程内容的一致性高,前后课题的联系密切,环环相扣,从而使数学题的综合性增强,在解题时往往需要用到多个知识点.

(3) 包含较多的规则、性质、定理,属于"在定理的层面上展开的课程".这些规则、性质、定理在提供问题解决的工具的同时,也提高了演绎的起点和推理的技巧性.

4. 数学问题解决的教学特征

受到课程、高考等因素的影响,中国的数学问题解决教学显现出以下几个方面的特点.

4.1 强调变式练习

变式练习的目的是要求学生做到举一反三、触类旁通.变式练习的途径主要有3种,即一题多解、一法多用和一题多变,合起来被称为"解题三部曲".下面是一个简单的课例.

案例4-1 "三角形中位线定理"的教学

如图4-8,如果 D 和 E 分别是 $\triangle ABC$ 两边 AC 和 AB 的中点,那么 $DE \parallel BC$, $DE = \frac{1}{2}BC$.

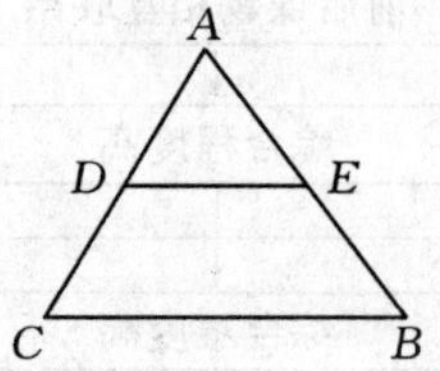

图4-8

上述命题是教师利用几何画板和学生一起发现的,然后教师指出:虽然由几何画板我们猜想出了上述结果,但是这不能算是证明.随后,教师要求学生独立地、尽可能多地探讨证明的方法. 3 分钟后,陆续有学生举手表示已经有了思路,教师便让学生把想到的不同证明方法写到黑板上.

方法 1:如图 4-9,延长 DE 到点 E',使得 $EE'=DE$,求证 $\triangle ADE \cong \triangle BE'E$,由此得出四边形 $DCBE'$ 是平行四边形,所以 $DE' \parallel BC$, $DE'=BC$. 原命题得证.

方法 2:如图 4-10,将$\triangle ADE$ 以点 E 为中心顺时针旋转 180°,到达$\triangle BE'E$ 的位置,求证 D, E, E' 三点共线. 由此得出四边形 $DCBE'$ 是平行四边形.

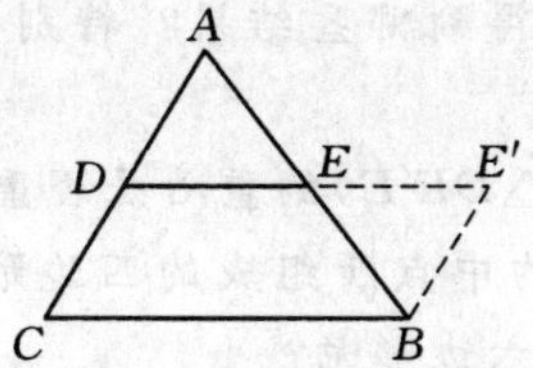

图 4-9

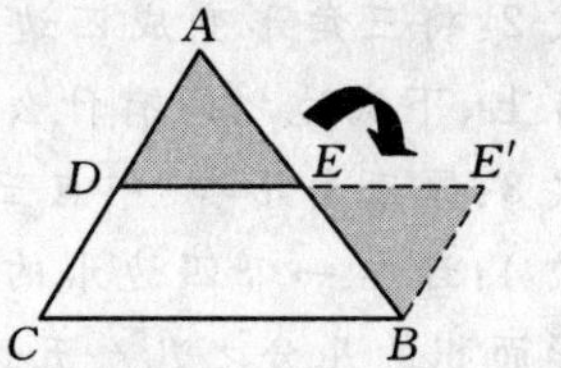

图 4-10

方法 3:如图 4-11,延长 DE 到点 E',使得 $EE'=DE$,连结 AE', BD,四边形 $DBE'A$ 的对角线互相平分,所以,四边形 $DBE'A$ 是平行四边形,所以 $DCBE'$ 也是平行四边形.

方法 4:如图 4-12,取 BC 中点 E',可求得$\triangle DCE'$ 的面积是$\triangle ABC$ 面积的四分之一,同理可得$\triangle EE'B$ 和$\triangle ADE$ 的面积也是$\triangle$ABC 面积的四分之一,所以,4 个小三角形面积相等,由此推得 $DE \parallel CE'$,进而推得 $DE=CE'$. 原命题得证.

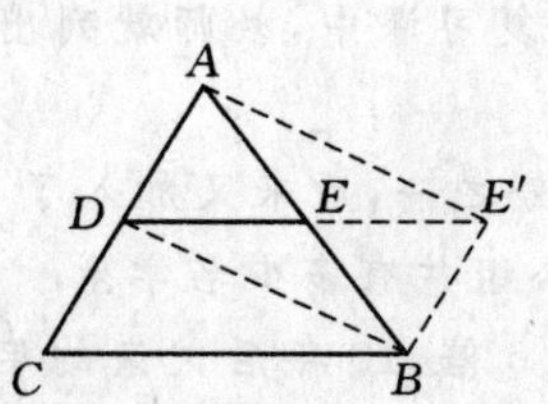

图 4-11

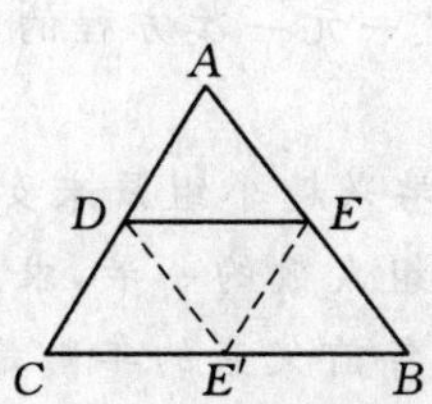

图 4-12

在得到了多种证明方法后,教师进一步提问:上面这些方法以前你们见过吗? 可以用来证明哪些问题?

学生经过讨论后提出:方法 1 和方法 4 可用于推导三角形的面积公

式;方法2的图形在讨论平面的旋转时见过;方法3是一个平面基本图形,在处理三角形的中线问题时,一般都可以考虑通过延长中线将之补成一个平行四边形;此外,由方法4可知,三角形的3条中位线将原三角形分成了4个全等的小三角形.

接着,教师又抛出1个变式问题:通过改变原始命题的条件或结论,你能得出哪些变式问题?

在教师的启发下,学生相继提出了以下一些变式问题.

变式1:将两边上的中点改成三等分点、四等分点……可以得到什么结果?

变式2:将三角形变成四边形,可以得到哪些结果?特别的,梯形的中位线与上、下底边之间有什么关系?

变式3:原三角形和“中点三角形”($\triangle DE'E$)的重心是否重合?

变式4:连结一个四边形的4条边的中点所组成的四边形的面积是原四边形面积的几分之几?五边形呢?六边形呢?

通过上面这种变式练习,一方面使学生对三角形的中位线定理掌握得更为牢固,另一方面也把一批相关的命题及相关的解题方法组合在一起,形成了一个题组.

4.2 强调题型训练

由于在中考和高考中,要求学生能够快速地找到正确的解题方法,因此,在日常的教学中,许多教师会要求学生熟练掌握一些基本题型的基本解法.

案例4-2 “一元一次方程的应用”复习课

在一堂“一元一次方程的应用”的复习课中,教师就列出了以下7种题型.

(1) 数学兴趣小组原来女生占三分之一,后来又加入了4名女生,现在女生占全组人数的一半,求原来该小组共有多少名学生.

(2) 10年前父亲的年龄是儿子的6倍,10年后父亲的年龄是儿子的2倍,问:今年父亲和儿子各多少岁?

(3) 一船航行于甲、乙两个码头之间,顺水航行需要3小时,逆水航行需要5小时,已知水流速度是4千米/时,求船在静水中航行的速度.

(4) 轮船在静水中的速度为20千米/时,水流速度为4千米/时,已知从甲码头顺流航行到乙码头,再返回到甲码头,共用5小时(不计停留的时间)，求甲、乙两码头之间的距离.

(5) 小明把 160 分成 4 个数，有趣的是这 4 个数中，分别将第一个数加上 3，第二个数减去 3，第三个数乘以 3，第四个数除以 3，所得的结果都相同，你会分吗？

(6) 某年级 8 个班进行足球友谊赛，比赛采用单循环赛制，胜 1 场记 3 分，平 1 场记 1 分，负 1 场记 0 分，已知某班积 17 分，并以不败战绩获得冠军，那么该班共胜了几场比赛？

(7) 甲、乙两个超市为了促销一种定价相同的商品，甲超市连续 2 次降价 10%，乙超市一次性降价 20%，问：在哪家超市购买这种商品比较合算？为什么？

从这堂课的实际教学效果看，虽然容量很大，但是学生并没有感到困难. 这说明，这几类题型在平时的教学中已经经过了反复的训练.

4.3 强调化归方法

由于受到苏联数学教育学的影响，中国的数学问题解决比较关注逻辑的方法，如分析法、综合法、同一法、反证法等，同时，把化归看做是数学问题解决的一条基本思路——“将未知的问题化归为已知的问题，将复杂的问题化归为简单的问题”[费里德曼，等，1985](图 4-13).

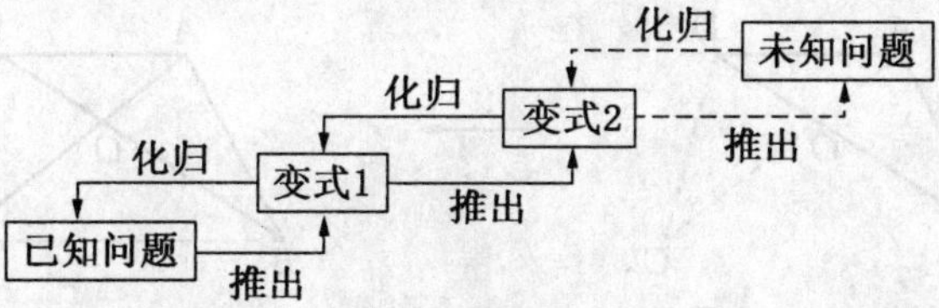

图 4-13 数学问题解决的化归思想

为了培养学生的化归思想，在日常的问题解决教学中，教师往往要求学生做到以下 3 点：第一，熟练掌握一些典型例题，把它们作为化归的归宿，在遇到新的数学问题时，尽可能地往这些典型例题上靠. 第二，通过变式练习，使学生熟悉典型例题的一些基本变式，将这些变式作为化归的台阶. 第三，掌握一些基本的化归策略.

案例 4-3 一道例题的求解[鲍建生，黄荣金，易凌峰，顾泠沅，2003]

已知：如图 4-14，在梯形 $ABCD$ 中，$BC \parallel AD$，$\triangle AOD$，$\triangle BOC$ 的

面积分别是 S_1 和 S_2. 求证：梯形 $ABCD$ 的面积 $S = S_1 + 2\sqrt{S_1 S_2} + S_2$.

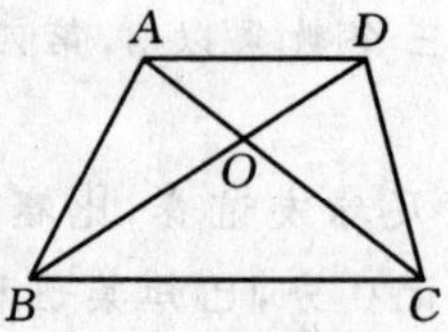

图 4-14

要解决这个问题，必须找到梯形面积与 2 个已知三角形面积之间的关系. 由于梯形可以分割为 4 个三角形，因此，问题又转化为寻找 $\triangle AOB$，$\triangle COD$ 的面积与已知的 2 个三角形的面积 S_1 和 S_2 的关系. 这样，解题的关键就是找到有关已知与未知三角形面积的变式问题. 在这里，对图形构造作如图 4-15 的变式分析[顾泠沅，1981]，可为该问题的解决提供合适的铺垫：

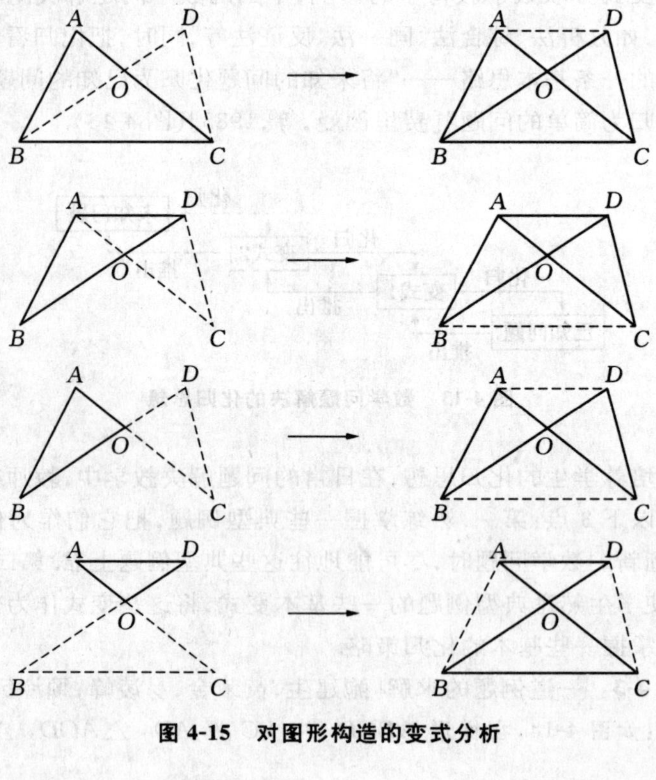

图 4-15　对图形构造的变式分析

实验表明,通过对问题进行多层次的变式构造,使学生对问题解决过程及问题本身的结构有一个清晰的认识,是学生积累活动经验、提高问题解决能力的一条有效途径[顾泠沅,1994].

4.4 强调教师引导下的数学探究

"启发式教学"是中国传统教育思想中的精华.《学记》中提出了"道而弗牵,强而弗抑,开而弗达"3 条教学原则,要求教师进行适当的引导但不要牵着学生走,要给学生适当的压力但不能使他们失去信心,要提供适当的启发但不要和盘托出,使学生达到"心求通而未得,口欲言而未能"的"愤悱"状态.因此,在中国的数学问题解决教学中,比较少的是小组形式的学生自主探究活动,比较多的是教师引导下的师生互动探究.

案例 4-4 "正弦定理"的教学

本案例取自上海浦东的一堂公开课.

上课后,教师首先和学生一起复习 Rt$\triangle ABC$(如图 4-16)中的三角比,并在教师的启发下,得到下面的关系式:

$$\sin A = \frac{a}{c},\ \sin B = \frac{b}{c}.$$

然后,教师以师生问答的形式引导学生探究正弦定理.

师:我们可以把上面两个式子写成连等的形式吗?

生:可以,通过公式变形可以得到

$$\frac{a}{\sin A} = \frac{b}{\sin B} = c.$$

师:很好! 等式的前两个分式都是边与其所对角的正弦的比,只是第三个看起来不对称.有没有改进的方法?

生 1:可以啊,因为$\angle C$是 90°,$\sin C = 1$,所以上面的等式可以写成

$$\frac{a}{\sin A} = \frac{b}{\sin B} = \frac{c}{\sin C}.$$

师:太好啦.多漂亮的等式啊! 我们能把它推广到一般的三角形吗?(教师在黑板上画一个一般的三角形,如图 4-17)

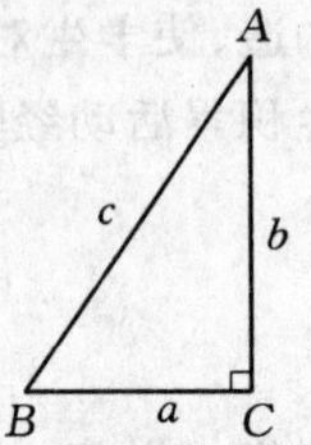

图 4-16

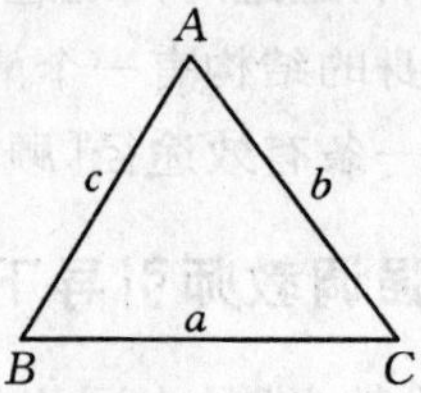

图 4-17

有几个学生回答:可以!

师:是吗?! 那你能够证明吗? 大家先想想,怎么证明?

(学生在下面独立思考,看上去有点困难)

师:我们还是应该回到原来的直角三角形中去找思路,因为三角比是通过直角三角形来定义的. 问题是,我们能找到一个直角三角形吗?

生 2:可以的,作 BC 边上的高 AD(图 4-18),就可以得到 2 个直角三角形. 可以得到

$$AD = c\sin B = b\sin C,$$

$$\frac{b}{\sin B} = \frac{c}{\sin C}.$$

这样,就可以推出上面的等式.

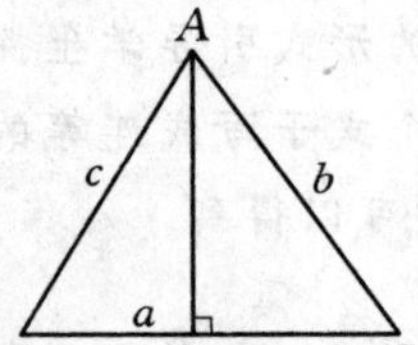

图 4-18

师:很好! 生 2 的想法是从一般的三角形中构造出直角三角形来. 这是一种化归的思想. 那么,还有没有其他的想法呢?

(同学们一时没有反应)

师:我们实际上要证明的是上面的这些比值是一个常数. 那么,大家想一想,三角形中什么东西是一个常数?

(过了 1 分钟左右)

生 3:面积.

师：对.给定三角形后，面积是不变的.那么，你能够利用面积来证明上面的这个等式吗？

几个学生回答：可以.其中包括生3，于是，教师让他上台板演.生3在黑板上写道：

因为 $S_{\triangle ABC}=\frac{1}{2}ac\sin B=\frac{1}{2}ab\sin C$，

所以 $ac\sin B=ab\sin C$，

所以 $\frac{b}{\sin B}=\frac{c}{\sin C}$.

师：非常好！这也是一条常用的思路.就是要在变化中找到不变量.还有没有别的方法？

（看到学生有困难，教师提示）

师：我们还是再回到直角三角形.大家想想，这里的直角边 c 有什么几何意义吗？

（学生在下面七嘴八舌地议论，教师听到有学生说“外接圆直径”，马上接过话头）

师：对啊，外接圆直径.那你可以利用这个来证明吗？（看到学生点头）来，你上来写一下.

[生4上台，在黑板上板演证明过程（如图4-19）]：

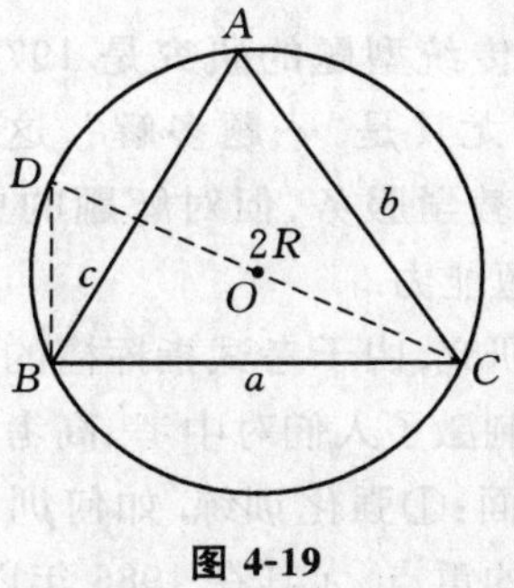

图 4-19

生4：因为 CD 是外接圆的直径，所以 $\triangle BCD$ 是直角三角形. $\angle BDC=\angle A$，所以 $a=2R\sin A$，所以 $2R=\frac{a}{\sin A}$.同理可得 $2R=\frac{a}{\sin A}=\frac{b}{\sin B}=\frac{c}{\sin C}$.

随后,教师对3种证明方法进行了小结,并要求学生自己去考虑哪种证明方法对任意的三角形都成立,哪种需要分情况考虑.在接下来的教学中,师生一起讨论了可用正弦定理解三角形的几种情况,举例后让学生自己练习.

上面的课例在一定程度上反映了中国数学问题解决教学的特点,即教师引导下的学生探究.与学生自主探究相比,这种教学方式有较高的教学效率,学生可以从中获取许多不同的思考方法.但是同时,这种方法对教师也有很高的要求.

5. 关于数学问题解决的研究

关于数学问题解决的研究大体上可以分4个方面:对数学题的研究,对解题过程的研究,对解题者的研究,对问题解决教学的研究.在这4个方面,我国的学者都做了不少的工作.当然,与西方学者比较关注心理过程和实证研究相比,我国的研究大都集中在前2个方面.

5.1 关于数学问题的研究

恢复高考以后,关于各种数学问题的研究便成了中小学数学教学研究的一个特色.根据李善良[2000, pp.76—80]的梳理,大体上包括以下几个方面.

(1) 传统型题研究.传统型题的研究是1978—1984年的中心,其侧重点是具体的解题特技,尤其是"一题多解".这方面的研究至今仍在进行.其优点是能够直接为教学服务,但对解题的更深层次意义认识不足,不利于真正培养学生解题能力.

(2) 中考题、高考题研究.由于考试指挥棒的作用,升学率逐步成为评价学校的重要标准,由此刺激了人们对中考、高考数学试题的研究,且愈演愈烈.其主要表现有两方面:①强化训练.如何训练可使学生解题流畅、考试得高分,这一直是研究的重点,尤其在1986年以后试卷中客观题比重逐年增大的情形下更是如此.为了达到快速正确的目标,各种训练题、练习册、杂志专刊铺天盖地,学生负担超重.②教学探索.教学中围绕考试,对试卷中所含知识点、覆盖率作认真分析,以便寻求适应于考试的教学.同时对以往试卷作深入研究,寻找试卷的出题规律以及解题思想,预测考试的命题趋向.可以说,教师为考而教,学生为考而学,解题研究也是为考而研究.

(3) 竞赛题研究.基于诸多原因(例如竞赛培训可以提高解题能力,有助于升学成绩提高),对数学竞赛的热情在20世纪90年代初较为高涨.数学奥校如雨后春笋,全国出现一大批竞赛教练员,出版了相当多的奥校教材与竞赛教程.实际上,有关竞赛题的研究还是侧重于解题方面的研究,许多著作就是出自长期从事解题实践与研究的专家之手,是他们个人解题经验的总结.

(4) 应用题、探究题等的研究.经过张奠宙等的呼吁及社会各方面的努力,1994年高考数学试题中开始出现应用题.从此,应用题在中学逐步受到重视,较有代表性的是《中学数学问题集》[张奠宙,戴再平,1996]一书的出版.同时,数学建模活动也在大、中学得到开展.为了扩展学生思维,开放题、探究题等问题逐步进入中学教学.在20世纪90年代中期的中考试卷中,可以见到由传统题改编的开放题.在人民教育出版社出版的义务教育初中数学教材上也有探索题.有关解决探究题的实验、调查报告每年都有发表.

5.2 关于数学问题解决过程的研究

西方的数学问题解决研究一般包括以下几个方面:

(1) 问题解决的过程模型,侧重于分析问题解决的心理过程.

(2) 影响问题解决的因素,按照匈菲尔德的研究[Schoenfeld,1985],这些因素主要包括知识基础、解题策略、元认知、情感与态度.

(3) 问题解决的错误与障碍分析.

相比之下,我国的研究则主要集中在解题方法、思想和策略上.具体包括以下几个方面[李善良,2000,pp.76—80]:

(1) 解题技巧的研究.这方面的研究最为广泛,尤其是在教学第一线的教师钻研得更深.这种研究的优点很多,其成果可直接运用到每一堂课上,具体到每一类题目上.尤其是一题多解、一题多变,对于开拓学生思路是有益的.

(2) 解题通法的研究.解题特技无论多么优美,都只有特殊的适应性.要真正提高解题能力,还必须研究解题通法,这是因为通法有利于对学生解题作一般性的指导.对此研究,近20年的文献相对较少.一方面,通法往往被特技取代;另一方面,通法往往又被视做数学方法论的一个部分.

(3) 解题方法论的研究.波利亚著作的广泛传播与研究以及徐利治等人的努力,激起了数学方法论的研究热情,取得了很大的成绩(例如:出版了大量的丛书、专著,出现一大批的研究专家学者,招收相关方向的研究生,等等).这些研究中,有相当数量的研究属解题方法的研究.许多著作,例如《中学数学方法指导》[赵振威,1988]、《中学数学方法论》[刘兆明,1987]、《中学数学方法论》[李翼忠,1986]等,均是以中学为对象进行的解题方法研究.解题方法研究随着数学方法论的研究日趋系统化.例如赵振威详细论述的15种数学方法中,大多数就是解题方法.数学方法论与解题方法论如何有机联系并相互区别,目前的研究似乎并未注意到.同时,许多解题方法研究,还是限于"解法"层面上,没有上升到解题的"方法论"层面上.

(4) 解题理论的研究.较早比较系统地阐述数学解题理论的是戴再平的《数学习题理论》[戴再平,1996].该书对数学习题的分类、功能、科学性、编制、解题策略、解题错误等作了深入细致的研究.罗增儒在《数学解题学引论》[罗增儒,1997]中对解题研究作了开拓性、总结性工作.该书对解题观点、解题过程、解题方法、解题策略等作了有价值的探索.

从20世纪90年代开始,西方的一些数学问题解决的研究观点、方法和成果逐步被介绍到国内,使得国内的相关研究呈现出百花齐放的态势.但是总体而言,目前处于核心地位的仍然是数学问题和数学解题思想方法的研究.有关中国学生数学问题解决心理特点和差异方面的实证研究,相对还比较少.

6. 发展趋势

一些国际比较研究[Cai, 1995; Cai, 1998, pp. 37—50; Cai, 2000a, pp. 309—340; Cai, 2000b; Cai & Hwang, 2002; Ma, 1999]表明,中国学生在解决常规数学问题方面具有较大的优势,而在数学探究和创新能力方面则有待于进一步的提高.因此,如何提高中国学生的高层次的数学认知能力,已经成为数学课程改革和教学研究的热点课题.

6.1 中国的数学开放题教学研究

数学开放题(Open-ended problem)最早是由日本学者岛田茂等人提出的,他们的工作[泽田利夫,1980]在1980年被介绍到中国后,很快引起了中国学者的注意.在戴再平、张奠宙等人的推动下,数学开放题目前已经成为中小学数学教学的一个研究热点.其主要表现是[戴再

平,2002, pp. 23—26]:

(1) 在引进国外的数学开放题的基础上,编制出了一大批具有中国特色的数学开放题.

(2) 开放题不仅在20世纪90年代就进入了中小学数学教材,进入了数学中考试题和高考试题,而且在新的课程标准中又得到了进一步的肯定.如《全日制义务教育数学课程标准(实验稿)》[中华人民共和国教育部,2001, p. 93]在教材编写建议中写道:教材应该"提供一些开放性(在问题的条件、结论、解题策略或应用等方面具有一定的开放程度)的问题,使学生在探索的过程中进一步理解所学的知识".此外,《全日制义务教育数学课程标准(修改稿)》③还在"综合与实践"部分给出了较多的开放题案例(见后).

(3) 数学开放题的研究成果大量涌现,研究队伍不断扩大.由戴再平主持的"开放题——数学教学的新模式"立项为全国教育科学"九五"规划重点课题.课题组发表了超过250篇的研究论文和教学专著(图4-20).

(1) (2)

图4-20 有关数学开放题教学的部分论著

(4) 数学开放题的教学实验广泛进行,遍及浙江、上海、北京等大部分的省、直辖市、自治区,形成了一批优秀的教学设计.

近年来,中国的数学开放题研究与实践已经引起了国际同行的注意,1998年和2003年在中国召开了2届"数学开放题教学国际研讨会",张奠宙和戴再平还在ICME-10上作了题为"'*Two Basics*' *Mathematics Teaching Approach and* '*Open Ended Problem Solving*' *in China*"的常

③ 参见第5章中有关修改《全日制义务教育数学课程标准(实验稿)》的内容.

规报告.

正如张奠宙和戴再平在ICME-10上的报告中所指出的那样,数学开放题的引入与推广可以在一定程度上解决中国学生"双基"扎实而创新能力不足的问题.

6.2 新课程中的"综合与实践"

进入21世纪以来,中国在全国范围内推广实施了数学新课程.新课程在保留传统优势的同时,也有了一些新的变化,其中包括:

(1) 强调数学探究和实际应用.

(2) 降低解题技巧,强调通性通法.

(3) 强调数学学习的情感与态度.

(4) 强调跨学科的联系.

(5) 强调信息技术的运用.

数学新课程的上述变化反映到数学问题解决上,除了降低问题难度和技巧性等以外,一个突出的地方就是在教材中增加了"综合与实践"的活动.

《全日制义务教育数学课程标准(修改稿)》对之界定如下:"综合与实践"是一类以问题为载体、师生共同参与的学习活动,是帮助学生积累数学活动经验、培养学生应用意识与创新意识的重要途径.针对问题情境,学生综合所学的知识和生活经验,独立思考或与他人合作,经历发现和提出问题、分析和解决问题的全过程,感悟数学各部分内容之间、数学与生活实际之间、数学与其他学科之间的联系,加深对所学数学内容的理解.

下面,我们来看《全日制义务教育数学课程标准(修改稿)》提供的几个案例:

例21 上学时间.让学生记录自己在1个星期内每天上学所需要的时间,并从这些数据中发现有用的信息.(1—3年级)

[说明]这个活动有利于培养学生的数据分析意识:知道在现实生活中,有许多问题可以先调查数据,通过对于数据的分析得到结论;如果把记录时间精确到分,可能学生每天上学的时间是不一样的,可以让学生感悟数据的随机性;更进一步,让学生感悟数据虽然是随机的,但是数据较多时具有某种稳定性,可以从中得到很多信息.

例40 绘制学校平面图.按照确定的比例和方位,绘制校

园的平面图,包括围墙、主要建筑、主要活动场所、道路等.(4—6年级)

[说明]本活动适用于4—6年级,目的是通过实际操作,让学生更好地理解位置、方向和比例等基础知识,掌握测量的方法.因为整个操作比较复杂,建议采用小组活动的形式,既有利于培养学生统筹规划的实践能力,又有利于学生体验团结协作、获得成功的快乐.

例80 从年历中想到的.观察几个年份的年历、月历,思考下面几个问题:

(1) 在一年的月历中,哪些月份的"月历表"是基本一致的?

(2) 有一种计算机病毒叫"黑色星期五",当计算机的日期既是13日又是星期五时,这种病毒就发作.请找出最近的5个使"黑色星期五"发作的年、月、日.

(3) 许多人都认为,"办喜事"最好的日子应该是"6月6日又是星期六",可是有人说"这样的日子是千载难逢",你同意这种说法吗?你能找出几个"6月6日又是星期六"的具体年、月、日吗?

(4) 印刷厂需要印刷整张的年历,不写标题的年号的整张被称为"年历模板".设想,只需要多少种不同的年历模板,就能保证不管是哪一年,都能找到一个对应的模板,添上年号后就可以印刷年历了?(不考虑农历)

(5) 我们用大写字母表示一个3×3的数表,比如

$$\mathbf{A}=\begin{bmatrix} a & b & c \\ d & e & f \\ g & h & l \end{bmatrix},$$

称这样的数表为"三阶方阵",那么,在一个月历表里可以得到几个三阶方阵?用$T(\mathbf{A})$表示$\mathbf{A}$中9个数的和,并称之为三阶方阵的"特征数".请在今年的月历表里找出使得特征数最大的、最小的三阶方阵.有人说:"由月历表生成的三阶方阵的特征数完全由$\mathbf{A}$所包含的某一个数(如a或者e)唯一确定",你同意这种说法吗?如果同意,请给出理由;如果不同意,请举出反例.

[说明]这是一个通过对日常生活观察、发现某些规律的开

放性问题,可以根据学生的学习情况,提出不同层次的问题.每一个问题的设计,都是为了让学生学会观察、思考和质疑,从而提高学生学习数学的兴趣,体会模型思想.

从上面的例子可以看到,“综合与实践”是一种与传统解题有所不同的问题解决活动.在这种活动中,学生需要根据实际情况,提出猜想、建立数学模型,需要与他人合作、建立跨学科的联系.在这种活动中,过程往往比结果更为重要,而结果也常常不只是一个唯一正确的答案.

在新课程中,“综合与实践”是与“数与代数”、“图形与几何”、“统计与概率”并列的4块内容标准之一,由此可以看出它在新课程中的地位.虽然目前关于“综合与实践”中问题的形式、活动的方式和教学的途径仍有待于进一步的开发,但是可以预见,它可以在一定程度上改进中国学生解题能力超强而合作创新能力稍弱的现象.

参考文献

1. 鲍建生.2002a.中英两国初中数学课程综合难度的比较研究.华东师范大学博士学位论文.
2. 鲍建生.2002b.中英两国初中数学期望课程综合难度的比较.全球教育展望,(9).
3. 鲍建生,黄荣金,易凌峰,顾泠沅.2003.变式教学研究.数学教学,(1)—(3).
4. 戴再平.1996.数学习题理论.上海:上海教育出版社.
5. 戴再平.2002.开放题——数学教学的新模式.上海:上海教育出版社.
6. 费里德曼,等.1985.怎样学会解数学题.迟志敏,等,译.长春:吉林教育出版社.
7. 顾泠沅.1981.演变图形在几何教学中的直观效果和心理意义.上海市数学会年会论文.
8. 顾泠沅.1994.教学实验论——青浦实验的方法与教学原理研究.北京:教育科学出版社.
9. 李善良.2000.我国近二十年数学解题研究评述.上海师范大学学报(教育版),29(5):76—80.
10. 李翼忠.1986.中学数学方法论.广州:广东教育出版社.
11. 刘兼.1997.面向21世纪的中小学数学课程改革——使大众数学成为现实.教育研究,(8).

12. 刘兆明. 1987. 中学数学方法论. 武汉:湖北教育出版社.
13. 罗增儒. 1997. 数学解题学引论. 西安:陕西师范大学出版社.
14. 马复. 2002. 义务教育课程标准实验教科书　数学. 北京:北京师范大学出版社.
15. 人民教育出版社中学数学室. 2000. 九年义务教育全日制初级中学数学教学大纲(试用修订版). 北京:人民教育出版社.
16. 人民教育出版社中学数学室. 2001a. 代数(第二册). 北京:人民教育出版社.
17. 人民教育出版社中学数学室. 2001b. 几何(第二册). 北京:人民教育出版社.
18. 王建磐. 2002a. 义务教育课程标准实验教科书　数学　初中二年级(8 年级)(上). 上海:华东师范大学出版社.
19. 王建磐. 2002b. 义务教育课程标准实验教科书　数学　初中二年级(8 年级)(下). 上海:华东师范大学出版社.
20. 泽田利夫. 1980. 从"未完结问题"提出的算术、数学课的教学的方案. 外国教育,(4).
21. 张奠宙,戴再平. 1996. 中学数学问题集. 上海:华东师范大学出版社.
22. 赵振威. 1988. 中学数学方法指导. 北京:科学出版社.
23. 中华人民共和国教育部. 2001. 全日制义务教育数学课程标准(实验稿). 北京:北京师范大学出版社.
24. 中华人民共和国教育部. 2002. 全日制义务教育数学课程标准(实验稿)解读. 北京:北京师范大学出版社.
25. Cai, J. 1995. A Cognitive Analysis of U. S. and Chinese Students' Mathematical Performance on Tasks Involving Computation, Simple Problem Solving, and Complex Problem Solving. *Journal for Research in Mathematics Education Monograph Series 7*, National Council of Teachers of Mathematics, Reston, VA.
26. Cai, J. 1998. An Investigation of U. S. and Chinese Students' Mathematical Problem Posing and Problem Solving. *Mathematics Education Research Journal*, (10):37—50.
27. Cai, J. 2000a. Mathematical Thinking Involved in U. S. and Chinese Students' Solving Process-constrained and Process-open problems. *Mathematical Thinking and Learning: An International Journal*, (2):309—340.
28. Cai, J. 2000b. The Development of U. S. and Chinese Students' Mathematical Thinking in Problem Solving: Influence of the Learning Opportunity of Algebraic Concepts, Paper presented at the annual meeting of the American Educational Research Association, New Orleans, LA; April 24—28, 2000.
29. Cai, J. 2001. Improving Mathematics Learning: Lessons from Cross-national Studies of U. S. and Chinese Students. *Phi Delta Kappa*, (82):400—405.
30. Cai, J & Hwang, S. 2002. U. S. and Chinese Students' Generalized and Generative Thinking in Mathematical Problem Solving and Problem Posing. *Journal of*

Mathematical Behavior.

31. Ma, L. 1999. *Knowing and Teaching Elementary Mathematics: Teachers' Understanding of Fundamental Mathematics in China and the United States*, Erlbaum, Hillsdale, NJ.
32. Schoenfeld, A. 1985. *Mathematical Problem Solving*. Academic Press, INC.
33. TIMSS. 1995. TIMSS Mathematics Items: Released Set for Population 2 (Seventh and Eighth Grades), http://timss.bc.edu/timss1995i/TIMSSPDF/BMItems.pdf.

第 5 章

中国基础教育数学课程改革

执笔: 马云鹏[①] 王尚志[②] 张 丹[③] 刘晓玫[④] 郭玉峰[⑤]

摘 要 世纪之交中国进行了一次重要的基础教育数学课程改革. 本次基础教育数学课程改革是在全面分析国内外改革现状的基础上,为适应素质教育需要的背景下进行的,并对义务教育数学课程和普通高中数学课程的目标与内容作了较大修改. 基础教育数学课程的实施取得了成效,也遇到了一些问题. 在对义务教育数学课程讨论的基础上,对其内容又作了调整.

关键词 基础教育,数学课程,课程改革

1. 引言

中国数学教育有着悠久的历史和传统,基础教育阶段的数学教育也经历了漫长的发展过程. 从 20 世纪初开始,中国逐步形成较为系统的基础教育数学课程体系. 1949 年中华人民共和国成立后的相当长的时间内,基础教育数学课程在探索和发展的曲折过程中不思改革. 本章重点介绍 21 世纪之交的新一轮基础教育数学改革的历程.

① 东北师范大学教育科学学院,教授,博士生导师.
② 首都师范大学数学系,教授,博士生导师.
③ 北京教育学院数学系,副教授.
④ 首都师范大学数学系,教授.
⑤ 北京师范大学数学科学学院,讲师.

2. 基础教育数学课程改革的背景

从1999年开始,中国新一轮基础教育课程改革启动.经过理论研究和实践探索,分别于2001年和2003年颁布了《全日制义务教育数学课程标准(实验稿)》[中华人民共和国教育部,2001c](本章以下简称《义教标准(实验)》)、《普通高中数学课程标准(实验)》[中华人民共和国教育部,2003](本章以下简称《高中标准(实验)》).此次课程改革不仅仅是课程内容的变化,还包括课程理念、课程目标、课程实施以及评价等方面一系列的改革,突出了以人为本的教育理念,提出了面向全体学生的整体发展目标.到2005年,义务教育阶段课程已在全国实施;到2008年,有21个省(直辖市、自治区)实施了高中新课程.了解这次课程改革中的数学改革,首先需要了解其提出的背景.本次课程改革是在对20世纪90年代中国基础教育状况特别是数学教育状况的分析基础上,以及国际数学课程改革的大背景下提出来的.

2.1 中国基础教育现状分析

中国基础教育在长期发展中取得了可喜的成就,并在某些方面积累了有益的经验.然而,数学课程仍然存在着很多问题,尤其是随着时代的发展,数学课程的很多方面有待于改进.20世纪90年代以前,中国基础教育课程发展表现出以下主要特征[马云鹏,2005]:

(1) 课程发展体制以统一的模式为主,全国使用统一的课程标准和统一的教材.

(2) 以学科课程为基础建立课程体系,特别是数学等学科所占比例偏大,课程内容系统.

(3) 重视学生的基础知识与技能的培养,学生基础知识掌握得比较扎实,常规计算等基本技能比较熟练.对“三大能力”的培养也形成了自己的认识和做法.

(4) 教师在课程的实施中敬业精神强,但课堂教学以教师的讲授为主,缺乏学生的主动参与.

(5) 国家设有各级教研机构,指导、规范教师的教学和研究活动,从而保证了各地区数学教育的整齐水平.

(6) 过分强调评价的甄别与选择功能,忽视评价的激励等功能.

数学课程与教学同样存在一些突出的问题,主要包括以下几个方面.

(1) 忽视数学课程的教育价值,课程设置单一. 这表现在课程的设置、目标、内容以及课程的评价方式等方面. 例如:课程缺乏选择性;课程目标更多地关注了基本知识和基本技能的掌握,而忽视了学生的感悟和思考过程;忽视了对数学的科学价值、应用价值和文化价值的揭示;忽视了对学生学习兴趣、信心的激发和培育;课程内容缺少与学生的生活经验、社会实际以及与其他学科的联系,没有很好地体现数学的背景和应用,没有很好地体现时代发展和科技进步与数学之间的自然联系,出现"掐头去尾烧中段"的现象.

(2) 忽视学生创新意识的培养,过分强调数学题目的演练,忽视对数学本质的理解和认识,忽视对数学意义的理解,忽视对数学知识形成过程的体验.

(3) 课程内容设置偏难、偏深、偏旧,过分注重形式化,脱离学生实际,忽视对学生学习兴趣的关注.

教育部于 1996 年 7 月至 1997 年年底,组织课程专家,对当时的义务教育课程的实施状况进行了调研. 总计调查了全国 9 个省(直辖市)城镇和农村的 16 000 名学生、2 000 名校长以及教师和社会各界的有关人士. 有关校长、教师对课程目标、课程内容的看法(图 5-1 和表 5-1)[刘兼,黄翔,张丹,2003,pp. 53—54]:

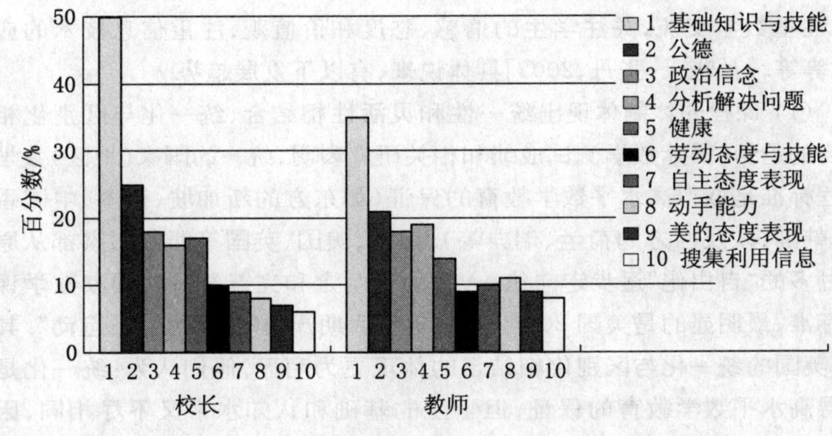

图 5-1 校长、教师对课程目标实现状况的看法

表 5-1 校长、教师对课程内容的看法

人员 \ 看法	对教材所选内容的看法			对课程内容难易程度的意见		
	偏少	适当	偏多	偏易	恰当	偏难
校长	12%	31%	57%	7%	40%	53%
教师	11%	43%	46%	8%	32%	60%

从上面的图表中可以看出,校长和教师认为在教学中体现最好的是基础知识和基本技能,而学生的动手能力、自主态度和搜集利用信息的能力等体现很少.教材所选内容偏多、偏难也是校长和教师的普遍认识.这些问题的存在和课程设计与实施有直接的关系.

从20世纪90年代以来,教育行政部门和教育研究者开始注重基础教育改革问题,并采取了一些改革措施,包括开始实行"一纲多本"、提倡素质教育和创新教育等.这些虽然取得了初步成效,但是与素质教育的要求和社会对教育改革的需求还有很大距离.

2.2 20世纪90年代以来国际数学课程发展趋势分析

20世纪90年代末,教育部组织教育理论工作者进行了广泛的国际比较研究,了解了英、美、加、德、日、澳、韩、泰、俄、瑞典、芬兰、新西兰、印度、巴西、埃及等国,以及我国的台湾和香港地区的课程改革经验和策略.从20世纪90年代以来国际数学课程的发展趋势来看,各个国家和地区在数学课程的建设上注重适应现代信息社会科技发展和数学科学发展的要求,注重面向全体学生,尊重学生的个性要求,注重问题解决和数学应用,注重数学交流,关注学生的情感、态度和价值观,注重信息技术的应用,等等.[孙晓天,张丹,2002]具体说来,有以下发展趋势.

(1) 课程的体制体现出统一性和灵活性相结合、统一化与区别化相结合的趋势.国际数学测试成绩和相关研究表明,统一的国家(地区)数学课程标准是取得高水平数学教育的保证(如东方的新加坡、日本、中国香港、韩国,以及西方的荷兰、瑞典等).因此,美国、英国等西方国家都从原先过多的"自由化"逐步走向统一,致力于制定和完善统一的国家数学课程标准,最明显的是美国20世纪80年代后期开始的"课程标准运动".其中,英国的统一化与区别化相结合的体现更为明显,他们认为:统一化是取得高水平数学教育的保证,但学生的基础和认知水平又不尽相同,因此,区别化又是实现高水平数学教育的途径.日本、俄罗斯等国则由原来统得过死而转为注重一定的灵活性和区别化.

(2) 课程的目标注重面向全体学生,提高人的整体素质.面向全体学生,人人都应受到高水平的数学教育;从现代信息社会科技发展和数学科学发展对人才的需求出发,建立核心的中学数学.这两点在数学教育界已经成为比较认同的观点.因此,数学为大众,面向全体学生,提高人的整体素质,建立可持续发展的数学课程,是国际数学课程目标发展的一个共同趋势.

(3) 课程的内容体现科技、数学和社会发展对数学课程的要求,关注区别化、选择性,增强弹性.各国在重视打好数学基础的同时,注重渗透现代数学的思想,注重内容的选择性和人才培养的区别化,注重课程的弹性,注重教育技术的合理运用.课程内容实施过程中,各国普遍关注学生的活动,尤其是探究活动、学习过程,注重提高学生的理解力和创造力等.

(4) 课程的评价强调多元化,注重过程性评价.数学课程的评价不只由教师和学校进行,也可以由学生进行自我评价,以及学生间的互评.提倡评价目标的多元化和评价方法的多样化,除纸笔测试外,结合讨论、口头回答、观察、作业或专题研究等进行评价,对学生数学学习过程中的状况随时评价等.各国都在积极探索科学有效的评价体系和评价方法,以便科学、有效、客观地评价学生的数学学习,充分体现过程性评价等.

2.3 社会进步和科学技术发展对数学课程的要求

20 世纪末,世界进入了一个高速发展时期,社会、经济、科学技术迅猛发展,这样的变化对教育及其人才的培养提出了新的、更高的要求.

教育部组织的 1996 年全国范围内的调查研究,为基础教育课程改革和课程标准研制奠定了前期准备.而适应和促进社会发展、提高公民素质是新一轮数学课程改革提出的根本动力.教育改革是永恒的主题,数学教育需要随着社会的发展和进步而不断调整和改革.

(1) 社会的进步和科技的发展离不开数学.数学对整个科学技术(尤其是高新技术)水平的提高,对科技人才的培养,对经济建设的繁荣,对全体人民的科学思维和文化素质的哺育等方面发挥着巨大作用,这些都是其他学科所不能比拟的.尤其进入 20 世纪后期,计算机日益普及,计算机的使用、软件的研制以及计算机的设计都需要良好的数学素养,很多行业需要受过足够数学训练的人,更多的人应该掌握数学,这是一种社会的需要.

(2) 普通大众在生活、工作中需要数学. 数学已经不仅仅用于某些专门领域,现实生活处处充满数学. 例如,商场、医院的收银员要会微机操作,医院的报销结账处需要微机操作,教育研究人员也要懂得统计知识、会编程、用统计的工具帮助分析问题,等等;又如,每日天气预报中用到的降水概率、正数、负数以及表示空气污染程度的百分数,个人和家庭在购物、购房、购股票、参加保险等项活动中所采用的具体方案策略,外出旅游中的路线选择,房屋的装修设计和费用的估算,还有新闻媒介带给人们的各种各样信息的分析——这些都与数学有着密切的联系.

(3) 数学素养是一种基本的文化素养. 时代发展了,数学得到更广泛的应用,数学素养应该成为现代社会公民的一种基本文化素养,数学教育大众化是时代的要求. 数学可以培养人的思维能力、发展智力,数学思维不仅有生动活泼的探究过程,其中包括想象、类比、联想、直觉、顿悟等方面,而且也有严谨理性的证明过程. 数学学习不仅有利于培养学生的逻辑思维能力,而且在学习数学知识和运用数学知识、思维和方法解决问题的过程中,也有利于培养学生的辩证唯物主义世界观和实事求是、严谨认真、勇于创新等良好个性品质.

面向 21 世纪,我国经济的快速发展需要创新,培养创新人才是国家重要的发展战略. 在学生自主发展基础上培养创新能力,是 21 世纪对中国数学教育的挑战.

3. 义务教育阶段数学课程的目标与内容

2001 年公布并实施的《义教标准(实验)》全面阐述了义务教育阶段数学课程的理念、目标、内容与实施建议,它体现了几十年来中国数学课程与教学改革的成果,突出了数学课程改革与发展的基本理念. 这里重点介绍义务教育阶段数学课程的目标与内容.

3.1 义务教育数学课程的目标体系与总体目标

《义教标准(实验)》规定了义务教育阶段数学课程的总目标. 在总体目标下,从横向和纵向两个维度规定了分学段目标和分领域目标,构成了

一个比较完整的数学课程目标体系.(图 5-2)

图 5-2 数学课程目标体系

总体目标是整个义务教育阶段学生应该达到的要求,是对学生数学素养的总体描述.

九年义务教育阶段数学课程分为 3 个学段,即第一学段(1—3 年级)、第二学段(4—6 年级)、第三学段(7—9 年级).每个学段确定了与总体目标相一致的学段目标,体现了对不同学段学生的层次上的要求.

《义教标准(实验)》安排了“数与代数”、“空间与图形”、“统计与概率”、“实践与综合应用”4 个学习领域,每个学习领域确定了与该领域相关的具体目标,是总体目标和分学段目标在各个领域内容上的具体表现.

《义教标准(实验)》的总体目标是:

> 通过义务教育阶段的数学学习,学生能够:
>
> ● 获得适应未来社会生活和进一步发展所必需的重要数学知识(包括数学事实、数学活动经验)以及基本的数学思想方法和必要的应用技能.
>
> ● 初步学会运用数学的思维方式去观察、分析现实社会,去解决日常生活中和其他学科学习中的问题,增强应用数学的意识.
>
> ● 体会数学与自然及人类社会的密切联系,了解数学的价值,增进对数学的理解和学好数学的信心.
>
> ● 具有初步的创新精神和实践能力,在情感态度和一般能力方面都能得到充分发展.[中华人民共和国教育部,2001c, p. 6]

上述目标又从知识与技能、数学思考、解决问题、情感与态度这 4 个方面进行具体阐述,如表 5-2 所示.[中华人民共和国教育部,2001c, pp. 6—7]

表 5-2 各领域的具体目标

知识与技能	● 经历将一些实际问题抽象为数与代数问题的过程，掌握数与代数的基础知识和基本技能，并能解决简单的问题 ● 经历探究物体与图形的形状、大小、位置关系和变换的过程，掌握空间与图形的基础知识和基本技能，并能解决简单的问题 ● 经历提出问题、收集和处理数据、作出决策和预测的过程，掌握统计与概率的基础知识和基本技能，并能解决简单的问题
数学思考	● 经历运用数学符号和图形描述现实世界的过程，建立初步的数感和符号感，发展抽象思维 ● 丰富对现实空间及图形的认识，建立初步的空间观念，发展形象思维 ● 经历运用数据描述信息、作出推断的过程，发展统计观念 ● 经历观察、实验、猜想、证明等数学活动过程，发展合情推理能力和初步的演绎推理能力，能有条理地、清晰地阐述自己的观点
解决问题	● 逐步学会从数学的角度提出问题、理解问题，并能综合运用所学的知识和技能解决问题，发展应用意识 ● 形成解决问题的一些基本策略，体验解决问题策略的多样性，发展实践能力与创新精神 ● 学会与人合作，并能与他人交流思维的过程和结果 ● 逐步形成评价与反思的意识
情感与态度	● 能积极参与数学学习活动，对数学有好奇心与求知欲 ● 在数学学习活动中获得成功的体验，锻炼克服困难的意志，建立自信心 ● 初步认识数学与人类生活的密切联系及对人类历史发展的作用，体验数学活动充满着探索与创造，感受数学的严谨性以及数学结论的确定性 ● 形成实事求是的态度以及进行质疑和独立思考的习惯

以上 4 个课程目标领域并不是分割的，而是密切联系的，它们都是课程总体目标的具体体现. 正如《义教标准(实验)》所提出的："以上 4 个方面的目标是一个密切联系的有机整体，对人的发展具有十分重要的作用."

3.2 课程目标的特征

义务教育阶段的数学课程目标，以促进学生全面发展并使每一个学生都受到良好的数学教育为指导. 它吸收了多年来国内外数学教育改革的经验，反映了数学课程与教学改革的最新成果. 总体说来，它具有以下几个方面的特征.

3.2.1 把促进学生全面发展放在首位

《义教标准(实验)》试图建立一个旨在促进学生全面发展的义务教育数学课程体系，除了知识与技能以外，《义教标准(实验)》明确将"数学思考、解决问题、情感与态度"列入课程目标领域，使课程目标具备更为丰富的内涵、更为合理的结构. 义务教育阶段的数学课程，其基本出发点是促进学生全面、持续、和谐的发展. 数学课程的目标除了让学生获得必要的数学知识、技能外，还应当包括帮助学生学会数学地思考，具备提出问题和解决问题的能力，通过数学学习获得良好的情感与态度.

3.2.2　设立了过程性目标

《义教标准(实验)》设立了过程性目标，使用了经历、体验、探索等表述. 在知识技能层面，要求学生掌握基本的知识和技能的同时，强调了获取知识技能的过程同样是重要的课程目标. 数学知识技能不仅仅包括客观性的数学事实，还强调了学生数学活动经验的重要性. 学生的数学活动经验反映了他们对数学的真实理解，形成于学生的自我数学活动过程之中，伴随着学生的数学学习而发展. 在数学思考、解决问题、情感与态度层面，数学活动过程也成为实现目标的主要途径.

3.2.3　注重了数学思考、解决问题、情感与态度等多方面的发展

数学思考以初步学会运用数学的思维方式为核心，揭示了数感、符号感、抽象思维、形象思维、合情推理、演绎推理、统计观念等数学思考的丰富内涵.《义教标准(实验)》提出解决问题的能力、应用意识、实践能力、创新精神、合作、反思等，并且对解决问题的过程及学生在此过程中的发展进行了具体描述，使得这一重要的能力得以落实. 对于情感与态度目标，涉及学生数学学习的好奇心、求知欲、自信心、不怕困难的意志、对数学价值的认识、实事求是的态度、质疑与独立思考的习惯等丰富内涵. 特别是，它首次将建立对数学比较全面、客观的认识作为学生数学学习的重要目标，促进了学生价值观的发展.

3.2.4　使学生获得必需的数学知识、技能与思想方法

具有扎实的数学基础知识和基本技能是中国数学教育的优秀传统，也是中国的数学教育工作者引以为荣的一个重要方面. 数学课程的改革并不是简单地削弱基础知识和技能的培养，关键的问题是在新的时代背景下如何理解知识和技能. 在进入 21 世纪的今天，对数学基础知识和技能的理解也在发生变化. 例如，对于数的计算，有了计算器，没有必要再花过多的时间和精力熟练地掌握大数目的笔算，但估算的技能、适当选择算法的能力、对运算结果的解释等能力就变得更为重要. 因此，《义教标准(实验)》指出，

使学生“获得适应未来社会生活和进一步发展所必需的重要数学知识(包括数学事实、数学活动经验)以及基本的思想方法和必要的应用技能”.

3.3 课程的内容结构

在各个学段中,《义教标准(实验)》安排了“数与代数”、“空间与图形”、“统计与概率”、“实践与综合应用”4 个方面的学习内容. 其中,“统计与概率”、“实践与综合应用”为新增加的 2 个学习领域. 虽然以往的数学大纲中有统计方面的知识,但是内容并不多.《义教标准(实验)》引入了概率的内容,增加了统计方面的内容,并将“统计与概率”作为一个学习领域加以设计. “实践与综合应用”是新增加的学习领域,它的设计突出学习实践能力的培养,以及综合运用所学知识解决问题的能力. 具体地,各学段的学习内容如表 5-3 所示.

表 5-3 各学段的学习内容

学 段	第一学段 (1—3 年级)	第二学段 (4—6 年级)	第三学段 (7—9 年级)
数与代数	● 数的认识 ● 数的运算 ● 常见的量 ● 探索规律	● 数的认识 ● 数的运算 ● 常见的量 ● 探索规律	● 数与式 ● 方程与不等式 ● 函数
空间与图形	● 图形的认识 ● 测量 ● 图形与变换 ● 图形与位置	● 图形的认识 ● 测量 ● 图形与变换 ● 图形与位置	● 图形的认识 ● 图形与变换 ● 图形与坐标 ● 图形与证明
统计与概率	● 数据统计活动初步 ● 不确定现象	● 简单数据统计过程 ● 可能性	● 统计 ● 概率
实践与综合应用	● 实践活动	● 综合应用	● 课题学习

3.4 课程内容的特征

相对以往课程来说,《义教标准(实验)》对课程内容作了较大的调整,整体设计 1—9 年级的课程内容,将内容划分为 3 个学段,4 个领域的内容也作了一些充实、删减、归类和整合. 这样处理后,一方面,使内容更能反映近年来数学课程的发展;另一方面,使课程内容具有一定的灵活性,使教材编写者在教材设计和教师教学过程中有更多的选择与设计的空间.

3.4.1 从整体上对课程内容进行了调整

在总结几十年中国数学课程改革的经验和教训的基础上,相应加强和削弱了各学段与各领域的内容.

在第一、二学段(1—6 年级)主要增加或加强的内容有:可能性,确定位置,平移与旋转,中位数,众数,大数的认识,负数的认识,等等.提倡数学运算多样化,准许适度使用计算器,加强了估算.

在第三学段(7—9 年级)增加或加强的内容有:可能性的大小,平移与旋转,重视通过观察、操作、推理、交流等活动发展学生有条理的思考,注重引导学生体会证明的必要性,了解证明的基本过程和基本方法,等等.强调联系学生的日常生活实际,注意数学建模活动.

删减或调整的主要内容有:关于"乘数"、"被乘数"的规定,一些方法死板的算术应用题,因式分解的专门技巧训练,等等.降低了数的计算的要求,以及混合运算和几何证明等.

3.4.2 "数与代数"领域丰富了学习内容,重视数感和估算

"数与代数"学习领域历来是中国数学课程较为重视的内容.特别在数的认识与计算方面,中国学生有很好的基础.本次课程改革丰富了学习内容,对有关的要求作了调整.

(1) 向学生提供丰富多样的数学学习内容.

《义教标准(实验)》提出向学生提供现实的、有趣的、富有挑战性的数学学习内容,这些内容成为学生主动地从事观察、实验、猜测、验证、推理与交流等数学活动的基本素材.新课程内容领域将学习内容分为"数与代数"、"空间与图形"、"统计与概率"、"实践与综合应用"4 个领域,增加了"统计与概率"、"实践与综合运用",强调了课程的实践性、综合性、联系性.

(2) 对基本的运算技能给出明确要求.

中国数学课程一直将数的运算作为小学数学的主要内容,重视培养学生的运算技能,并且取得了很多优秀的成绩和宝贵的经验.《义教标准(实验)》充分体现了这一特征,并对部分运算提出明确要求.例如,《义教标准(实验)》规定了口算和笔算的内容和速度要求(表 5-4).

表 5-4 口算和笔算的内容与速度要求

学 习 内 容	速度要求/分钟
20 以内的加减法和表内乘除法口算	8—10 题
三位数以内的加减法	2—3 题
两位数乘两位数	1—2 题
除数是一位数、被除数不超过三位数的除法	1—2 题

在第三学段，《义教标准(实验)》对整式运算、分式运算、因式分解、解方程和不等式等都有明确的要求.

另外，由于计算器和计算机等现代信息技术的飞速发展，《义教标准(实验)》也对运算的繁杂程度进行了控制. 例如，明确指出整数笔算只要求“三位数乘两位数”、“三位数除以两位数”，有理数的加、减、乘、除、乘方的混合运算强调“以三步为主”.

(3) 重视大数的估计、估算等内容，发展学生的数感.

为了发展学生的数感，《义教标准(实验)》安排了大数的估计、估算等内容. 例如，对于自然数的学习，它要求学生能结合具体情境感受大数的意义，并能进行估计；又如，在数的运算、方程的解等内容中，都安排了估算的内容，使学生体会到估算的必要性，鼓励学生运用自己对数及其关系的理解就运算结果进行把握，并尝试根据问题需要运用不同的方法进行估算.

(4) 鼓励运算方法的多样化.

与传统数学课程不同的是，新课程不仅仅关注运算结构，还注重鼓励学生运算方法的多样化，鼓励学生与他人交流自己的方法. 例如，对于 $15-9$ 这个问题，如果放手让学生解决，他们会出现许多方法：有的学生从 15 开始一个一个地减；有的学生把 15 分成 10 和 5，$10-9=1$，$1+5=6$；有的学生把 9 分成 5 和 4，$15-5=10$，$10-4=6$；有的学生想到 $9+6=15$，所以 $15-9=6$. 对于不同的方法，都应给予适当认可，因为它们都包含了一定程度的理解和掌握，如第一种方法虽然看起来“笨拙”，但它却表明了学生对逐一计数和减法意义的理解. 教师不必急于评判不同做法的好坏，而应相信通过互相交流，学生完全能够自主选择适合自己的方法.

(5) 引入计算器，利用计算器解决实际问题和探索规律.

《义教标准(实验)》重视运用现代技术手段，特别是要充分考虑计算器和计算机对数学学习的影响，把现代技术作为学生学习数学和解决问题的强有力工具，将学生从大量繁杂、重复的运算中解放出来，把更多的精力投入到现实的、探索性的数学活动中去.《义教标准(实验)》在第二学段引入计算器，计算器的作用不仅在于能够进行复杂的运算，更重要的是借助计算器学生可以解决更为实际的问题，探索更加富有挑战性的规律.

3.4.3 “空间与图形”领域拓展了学习内容，降低了几何证明的难度

(1) 拓展空间与图形的学习内容，发展学生的空间观念.

为了发展学生的空间观念,《义教标准(实验)》中“空间与图形”的学习从过去的主要强调图形的度量和证明,发展为围绕“图形的认识”、“图形的测量”、“图形与变换”、“图形与坐标”、“图形与证明”等多个方面展开.《义教标准(实验)》提供了较为明确的目标和丰富的内容.从图形的认识和性质、图形的变换、图形的坐标、平面图形基本性质等多个角度刻画图形,发展空间观念和推理能力.

(2) 增加了“图形与变换”、“图形与位置”的内容.

《义教标准(实验)》新增了图形与变换、图形与位置的内容,并分别阐述了它们的具体内容和要求.总的说来,认识平移、旋转、轴对称的现象,探索这些现象的基本性质,探索图形之间的变换关系,从变换的角度欣赏图形、设计图案,体验变换在现实生活中的广泛应用,是本部分内容学习的主要目标.这对于学生认识丰富多彩的现实世界,形成初步的空间观念,了解图形之间的联系,以及感受与欣赏图形美,都是重要的.

图形与位置的主要内容是了解刻画物体或图形位置的方法.确定位置的内容,与学生的生活经验紧密联系,同时也为学生提供了一个观察空间的新视角.这部分内容的主要目标是使学生了解确定图形或物体位置的方法,灵活运用不同的方式确定物体的位置,并感受图形变换与相应坐标变化之间的关系.

(3) 降低了几何证明的难度.

《义教标准(实验)》拓展了空间与图形的内容,与此同时,作了以下处理:降低对几何证明难度的要求,去掉了有关图形相似、圆的证明,三角形、四边形也只要求证明一些基本性质;保持了对平面几何证明的基本要求,从几个基本的事实出发,证明一些有关三角形、四边形的基本性质;强调应注意将合情推理与演绎推理结合起来,全面发展学生的推理能力;认为不应当追求证明的技巧、速度和题目的难度,而应服从于使学生养成“说理有据”的态度、尊重客观事实的精神和质疑的习惯,形成证明的意识,理解证明的必要性和意义,体会证明的思想和过程,掌握证明的基本方法;等等.

3.4.4 “统计与概率”领域强调数据处理能力和与现实的联系

(1) 统计学习强调经历数据处理的过程,发展学生的统计观念.

使学生接受统计特有的观念,有效的方法是让他们真正投入到数据处理的过程——收集数据、整理数据、分析数据.为此,《义教标准(实验)》

在各个学段的首要目标就是统计过程目标,分别是“对数据的收集、整理、描述和分析过程有所体验”、“经历简单的收集、整理、描述和分析数据的过程”、“从事收集、整理、描述和分析数据的活动”.

(2) 注重统计与概率和现实世界的密切联系.

统计与概率的内容具有非常丰富的实际背景,在现实世界中有着广泛的应用.为此,《义教标准(实验)》强调:通过选择现实情景中的数据,使学生理解概念、原理的实际意义;着重于对现实问题的探索,解决一些实际问题,使学生认识到统计与概率在日常生活及各学科领域中的广泛应用,以提高将统计与概率方法作为制定决策时有力手段的能力.与此同时,《义教标准(实验)》淡化了脱离实际问题的统计量的计算和统计图表的绘制.

3.4.5 “实践与综合应用”领域强调综合与实践能力的培养

将“实践与综合应用”作为数学课程的一个重要领域,突出特征是强调数学知识的实践性、综合性和联系性.

实践性要求学生亲身参与调查、操作、实验、推理等活动,在密切联系学生经验、有挑战性的活动中,获得综合运用所学知识解决简单实际问题的活动经验和方法,获得成功体验和自信心、克服困难的意志,体会数学的作用.

综合性强调学生在分析和解决问题过程中的综合应用,应用不同的数学知识、方法、活动经验、思维方式等解决实际问题或探索数学规律.

同时,课程强调数学与外部世界的联系、数学内容之间的内在联系.数学与外部世界的联系是指数学与学生生活经验的联系、与社会实践的联系、与其他学科的联系等;数学内容之间的内在联系包括不同领域数学知识(数与代数、空间与图形、统计与概率等)之间的联系和不同数学概念与表达方式等(数、式、表格、图形、图象等)之间的联系.

4. 普通高中阶段数学课程的目标与内容

2003 年公布并于 2004 年开始实施的《高中标准(实验)》在数学课程的设置、目标、内容和实施方法等方面都有较大的改革.这里重点介绍普通高中数学课程的目标和内容.

4.1 普通高中数学课程的目标

《高中标准(实验)》按照普通高中的性质与定位,根据学生发展水平和未来学习与发展的需要，以及数学学科的特点，确定了高中阶段学生数学学习的总体目标和具体目标.

4.1.1 课程目标的结构

普通高中数学课程目标包括数学课程的总体目标和具体目标. 总体目标是对高中阶段学生数学学习的总体要求，具体目标是将这些总体要求分解为基于具体要求的以学生可以达到的行为目标表述.

《高中标准(实验)》确定的高中数学课程总目标是："使学生在九年义务教育数学课程的基础上，进一步提高作为未来公民所必要的数学素养，以满足个人发展与社会进步的需要."

高中数学课程总体目标既是社会、数学、教育的发展对数学教育的要求的反映，也是对高中数学教学和对学生学习提出的明确要求.

总体目标不仅有对学生个体在九年义务教育数学课程的基础上进一步提高数学素养的要求，而且把学生的发展与社会发展的需要联系在一起，是一种面对更多人的素质教育. 这从教育的本质上明确了数学教育的目标，揭示了数学教育的本质.

《高中标准(实验)》有6条基本目标[中华人民共和国教育部，2003，p.11]：

(1) 获得必要的数学基础知识和基本技能，理解基本的数学概念、数学结论的本质，了解概念、结论等产生的背景、应用，体会其中所蕴涵的数学思想和方法，以及它们在后续学习中的作用. 通过不同形式的自主学习、探究活动，体验数学发现和创造的历程.

(2) 提高空间想象、抽象概括、推理论证、运算求解、数据处理等基本能力.

(3) 提高数学地提出、分析和解决问题(包括简单的实际问题)的能力，数学表达和交流能力，以及独立获取数学知识的能力.

(4) 发展数学应用意识和创新意识，力求对现实世界中蕴涵的一些数学模式进行思考和作出判断.

(5) 提高学习数学的兴趣，树立学好数学的信心，形成锲而不舍的钻研精神和科学态度.

(6) 具有一定的数学视野，逐步认识数学的科学价值、应用价值和文化价值,形成批判性的思维习惯,崇尚数学的理性精神,体会数学的美学意义,从而进一步树立辩证唯物主义和历史唯物主义世界观.

上述6个基本目标可以分为3个维度,第一个维度是"知识与技能",第二个维度是"过程与方法",第三个维度是"情感、态度与价值观".

这些目标之间是互相联系、互相融合的一个整体,体现了过程与结果的有机结合. 方法的把握、能力的形成必须有知识作为载体,以技能作为基础,而知识的学习和技能的形成又依赖于方法的把握和具备的各种能力;在发展能力的过程中,逐渐形成意识,在参与数学活动的过程中,提高学习兴趣,提高学习数学的信心,形成积极的学习态度,认识数学的价值和数学教育的价值,崇尚理性精神,培养良好的个性品质,进一步树立辩证唯物主义和历史唯物主义的世界观.

4.1.2 普通高中数学课程目标的特点

《高中标准(实验)》规定的数学课程目标体现出如下的特点.

(1) 明确提出三维目标.

将"知识与技能"、"过程与方法"以及"情感、态度与价值观"三维目标并列加以明确,是此次课程改革的一个标志性主张. 尤其是其中将"过程"作为目标的提出,是三维目标中的关键一点,是一个突出的变化,是实现其他目标的保证和基础.

(2) 以发展的观点认识"双基".

目标中关于"双基"的要求与定位体现了与时俱进的精神,使"双基"的内涵更为丰富、更为深刻. 目标中强调了"双基"的形成过程,强调了对结论本质的认识,使学生在过程中理解和认识所学内容的真谛. 比如,明确提出了要了解概念、结论产生的背景、应用,通过不同形式的自主学习、探究活动,体验数学发现和创造的历程,希望通过数学知识、数学结论的形成过程,更好地理解数学概念和结论的本质.

(3) 更加注重各种能力的培养.

目标中提出空间想象、抽象概括、推理论证、运算求解、数据处理等基本能力的培养,体现对数学能力的基本要求. 并且,其中还提出了培养学生提出问题、分析问题和解决问题的能力,数学表达和交流能力,以及独立获取数学知识的能力.

(4) 全面阐释推理论证能力及其要求.

推理论证能力的要求既包括演绎推理(或逻辑推理)，还包括数学发现、创造过程中的合情推理，如归纳、类比等.这对全面发展学生的推理能力尤其是培养学生的创新意识和创造能力等，都是十分重要的.

(5) 重视发展学生数学应用意识和创新意识.

目标中要求学生力求对现实世界中蕴涵的一些数学模式进行思考和作出判断，是《高中标准(实验)》对应用意识和创新意识的具体化和明确化.

4.2　普通高中数学课程内容的结构

高中数学课程突出了选择性，它不再划分"几何"、"代数"等科目，而是直接由模块构成.这些模块又划分成必修和选修两部分.其中，必修课程由 5 个模块构成，选修课程分成 4 个系列，各个系列由模块或专题构成.(图 5-3)

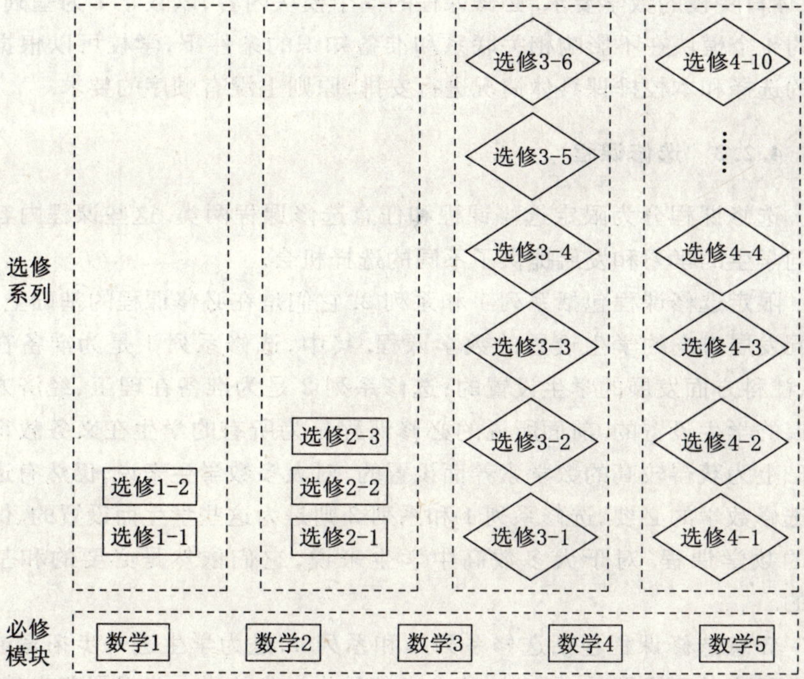

图 5-3　高中数学课程设置

4.2.1 内容结构的变化

《高中标准(实验)》的最大特点是以模块作为学习的基本单元,另外,以4个选修系列更好地体现了选择性,这样方便了课程安排与管理;更重要的是,这样处理为不同发展需要的学生提供了不同的课程内容,以更好地促进每一个人的发展.

4.2.2 必修课程

必修内容是每一个高中学生都要学习的,分为5个模块,即数学1—5.

学生在进入高中以后,在数学领域,应当首先学习必修课程的5个模块,这是学生毕业时应该掌握的最基本的数学内容,是学习其他选修课程的基础.同时,这一必修课程也是学生高中毕业后直接进入社会或报考艺术、体育院校的数学要求.必修课程的5个模块内容,以数学1为基础,其余的4个模块在不影响相关联系和准备知识的条件下,学校可以根据学生的选择和本校排课具体情况进行安排,原则上没有顺序的要求.

4.2.3 选修课程

选修课程分为限定选修课程和任意选修课程两类.这些课程内容为不同学生的学习和发展提供了不同的选择机会.

限定选修课程包括系列1和系列2.它们是在必修课程的基础上,为不同发展方向的学生设置的数学课程.其中,选修系列1是为准备在人文、社科方面发展的学生设置的;选修系列2是为准备在理工、经济方面发展的学生设置的.前面所说的必修课程是为所有的学生在义务教育的基础上为获得较高的数学素养而设置的.对大多数学生来说,仍然有进一步选修数学的必要,选修系列1和系列2则是为这些学生而设置的、供选择的数学课程.对于大多数高中学生来说,它们依然是必要的和基础性的.

任意选修课程包括选修系列3和系列4,是为学生进一步拓宽或提高数学素养而设置的.所有这些内容都是为学生的进一步发展奠定基础,这样安排是更加方便学生按照自己的意愿来规划个人的进一步发展,为不同发展方向的学生提供不同的基础.

4.2.4 数学探究和数学建模

为了给学生创造更多的进行问题的发现、分析和解决的机会,发展学生的各种能力,《高中标准(实验)》提出了高中学习期间每人要经历1次数学探究和数学建模的学习与活动.数学探究学习的课题主要是面向课内的学习内容,数学建模中的问题主要来自于学生的日常生活、现实世界、其他学科等多方面.通过数学探究和数学建模活动,为学生创设一个学数学、用数学的环境,为学生提供自主地学习、自主地探索、自主地提出问题、自主地解决问题的机会.

4.3 普通高中数学课程的具体内容

4.3.1 选择内容的原则

课程内容选择的依据是课程的目标.为了实现课程的目标,内容的取舍和定位主要遵循了以下的3个原则.

(1) 时代性.内容的选择要体现时代性,适合时代发展对学生的要求.

(2) 基础性.选择为学生未来学习、工作和发展所必需的基础性内容.

(3) 选择性.内容的选取和设置应能保证实现不同的学生学习不同的数学.

4.3.2 必修课程内容

必修课程的内容包括5个模块,具体内容如下.

数学1:集合、函数概念与基本初等函数Ⅰ(指数函数、对数函数、幂函数)

数学2:立体几何初步、平面解析几何初步

数学3:算法初步、统计、概率

数学4:基本初等函数Ⅱ(三角函数)、平面上的向量、三角恒等变换

数学5:解三角形、数列、不等式

以上内容中除了算法是新增加的,向量、统计和概率是近些年来不断加强的内容之外,其他内容基本上都是以往高中数学课程的传统基础内

容,当然有些内容在目标、重点、处理方式上发生了变化.一方面,这些内容对于学生进一步了解现实世界中数量变化之间的关系、把握空间图形的位置关系、通过收集和处理数据分析事物发展变化的规律、计算和解决生活或工作中的一些实际问题,是非常必需的;另一方面,这些内容对于所有的高中学生来说,无论是毕业后直接进入社会,还是进一步学习有关的职业技术,或是继续深造,都是非常必要的基础.

《高中标准(实验)》在安排这些必修内容时,强调了使学生了解这些知识产生和发展的背景,以及它们在现实世界中的应用.

(1) 函数的内容,主要是作为描述客观世界变化规律的重要数学模型来介绍给学生的,《高中标准(实验)》要求学生要联系生活中的具体实例,着重理解如何运用函数来刻画现实世界中变量之间相互依赖的关系,其中函数的思想方法将贯穿高中数学课程的始终.

(2) 立体几何初步的内容,主要是引导学生从现实空间几何体的整体观察入手,认识空间图形,理解空间点、线、面的位置关系,并在直观认识和理解空间点、线、面的位置关系的定义、公理和定理的基础上,学会证明一些空间位置关系的简单命题.

(3) 统计和概率的内容,主要是引导学生经历数据收集和处理的全过程,获得从数据中提取有价值的信息进行合理决策的能力,体会数学中统计思维与确定性思维的差异与联系.

(4) 增加算法初步这一内容,是为了提高学生有条理地处理和解决问题的能力,并能理解计算机的某些基本语言中的算法成分,体现了信息时代对具有较高数学素养公民的要求.

4.3.3 选修课程内容

选修课程内容分为限定选修课程和任意选修课程.

限定选修课程包括选修系列 1 和系列 2 的内容,分别由 2 个模块和 3 个模块构成.

系列 1(由 2 个模块组成)

选修 1-1:常用逻辑用语、圆锥曲线与方程、导数及其应用

选修 1-2:统计案例、推理与证明、数系的扩充与复数的引入、框图

系列 2(由 3 个模块组成)

选修 2-1：常用逻辑用语、圆锥曲线与方程、空间中的向量与立体几何

选修 2-2：导数及其应用、推理与证明、数系的扩充与复数的引入

选修 2-3：计数原理、统计案例、概率

在选修系列 1 和系列 2 中，有些内容是相同的，如常用逻辑用语、数系的扩充与复数的引入；有些内容从标题来看是相同的，但是在内容的要求上有所区别，如圆锥曲线与方程、导数及其应用、统计案例、推理与证明；还有一些内容分别安排在不同的系列中，如框图只在选修系列 1 中才有，空间中的向量与立体几何、计数原理、概率只在选修系列 2 中才有. 这种区别主要是考虑到选修系列 1 是为希望在人文、社会科学等方面发展的学生设置的，选修系列 2 是为希望在理工、经济等方面发展的学生设置的.

选修系列 1 和系列 2 应当在学生学完高中数学必修课程的基础上开设，同时要求学生在两者中作出选择. 在学生学习必修课程时，学校就应当向学生介绍选修课程的情况，这是大部分高中学生作出选择的重要一步. 可能只有(高中毕业后直接进入社会或报考艺术、体育院校的)少数学生只选择学习高中数学的必修课程，大部分学生都会在选修系列 1 或系列 2 中选择 1 种.

任意选修课程包括选修系列 3 和系列 4，分别由 6 个专题和 10 个专题构成.

系列 3(由 6 个专题组成)

专题 3-1：数学史选讲

专题 3-2：信息安全与密码

专题 3-3：球面上的几何

专题 3-4：对称与群

专题 3-5：欧拉公式与闭曲面分类

专题 3-6：三等分角与数域扩充

系列 4(由 10 个专题组成)

专题 4-1：几何证明选讲

专题 4-2：矩阵与变换

专题 4-3：数列与差分

专题 4-4:坐标系与参数方程

专题 4-5:不等式选讲

专题 4-6:初等数论初步

专题 4-7:优选法与试验设计初步

专题 4-8:统筹法与图论初步

专题 4-9:风险与决策

专题 4-10:开关电路与布尔代数

选修系列 3 和系列 4 的内容,有些看起来很深奥,以往只有上大学才能够学到,例如球面上的几何、对称与群、矩阵与变换、欧拉公式与闭曲面分类、三等分角与数域扩充等. 现在把它们引入高中数学课程,并不是要把这些内容简化下放,而是想抓住这些数学内容的主要精髓,把它们的基本思想介绍给高中学生. 另外有些内容,例如数学史选讲、几何证明选讲、数列与差分、坐标系与参数方程、不等式选讲、初等数论初步等,是想让学生在已学数学内容的基础上,进一步加深对已学知识和相关知识的了解和认识. 还有一些内容,例如信息安全与密码、优选法与试验设计初步、统筹法与图论初步、风险与决策、开关电路与布尔代数等,它们反映了数学与现实世界的紧密联系与广泛应用,通过介绍这些数学知识,可以加深学生对数学的力量、数学应用价值的认识. 这些内容的教材编写和教学,并不要求很严格的系统性,但是又不是像有些通俗介绍那样只是简单地讲讲故事,而是想让学生对它们的基本内容和基本思想方法有一个初步的了解.

选修系列 3 和系列 4 这两个系列,在教学要求上是有所区别的. 选修系列 3 的专题,主要是以通俗易懂的语言,深入浅出地介绍各专题的基本数学内容及其基本思想,以开阔学生视野,从数学的发展或从一个具体的数学分支角度,来认识数学的魅力和价值. 选修系列 3 的专题学习结束后,都要完成 1 个学习报告,概括一下本专题的基本内容,总结自己学习后的体会. 选修系列 3 的评价,可以采用定性与定量相结合的方式进行,但不列入高等院校招生考试的命题范围. 选修系列 4 的专题,虽然也是要深入浅出地介绍各个专题的主要内容,但是还要求学生能够运用其中的数学知识,计算、证明或处理一些问题. 选修系列 4 的专题学习结束后,除了要写学习报告之外,还应能够运用所学知识解答一些简单的问题,高等院校的招生考试,也可以根据招收专业的需要,选择选修系列 4 中某个专题的内容来命题.

由于选修系列 3 和系列 4 是为对数学有特殊兴趣并希望在数学方面进一步提高素养的学生而设置的,它们涉及的范围很广泛,内容触及该专题特有的基本概念和思想,因此,在教学方式上应深入浅出,不可过度地形式化,不追求非常严格的系统性. 学生在选修时,可以不必考虑专题的逻辑顺序. 一般来讲,有的专题从学生上高中一年级时就可以学习. 在学生学习必修课程时,学校就应当介绍这些专题的内容,鼓励学生在自己有兴趣、有精力的情况下,尽可能地多学一些内容. 比如,在高中一年级时就可以先学一些有趣的、相对容易的、不需要太多预备知识的专题. 然后,随着年级的升高和数学知识的增加,再继续选修另外一些感兴趣的专题.

必修课程和选修课程的各个系列全都划分成模块或专题,是为了方便学生选择课程内容、制订学习计划. 其中,必修课程、选修系列 1 和系列 2 的每一个模块,都安排了 36 课时(约半个学期)的学习内容,选修系列 3 和系列 4 的每一个专题,都安排了 18 课时的学习内容. 每个学生在学期开始时,可以根据自己的学习基础和发展方向,选择不同模块的内容,制订各自不同的学习计划;还可以在学习一个阶段之后,根据自己的学习情况,调整、变更学习计划. 这样就为不同学生的发展打好不同的基础,从而提供了充分的选择性.

4.3.4 数学探究与数学建模

为了促进学生更加主动地钻研数学,培养学生提出问题、分析问题和解决问题的能力,养成应用数学的意识和习惯,体会数学的科学价值、应用价值和人文价值,《高中标准(实验)》明确提出了数学探究、数学建模和数学文化等新的学习内容和学习方式,并对其教学提出了具体的要求. 这些内容不但可以结合有关数学内容设计成相对集中的课题研究、建模活动或数学文化研究活动,而且还应注意到,这些新的学习方式应当贯穿于整个高中数学课程,渗透在各个模块的教学过程中. 例如,在教学新内容时,就可以联系学生已有的基础,引导学生经历主动探究、归纳发现、抽象概括的过程,来获取新知识. 在教学某个数学知识时,就可以联系知识发生发展的背景,研究有关的数学文化.

4.4 普通高中数学课程内容的主要特征

《高中标准(实验)》选定的学习内容,是根据时代发展的要求,对以往内容增加和削减的结果,并对一些内容的定位和要求进行了适当的调整.

4.4.1 根据需要对内容进行了增减

相对以往课程来说，《高中标准（实验）》适当增加时代发展所需要的、体现现代数学思想方法的内容；同时，对有些传统的内容作了删减，或在要求和侧重点方面有所调整.

增加的内容有算法初步、推理与证明、框图、向量这样的新内容，对于统计思想及其应用和随机概念有所加强.

削弱或减少的内容有：削弱了三角恒等变换的证明；不等式中减少了不等式证明的要求，而侧重介绍不等关系中优化的思想；立体几何中减少综合证明的内容，重在对于图形的把握，以及发展空间观念，并增加了运用向量方法解决计算问题的内容.

4.4.2 调整了一些内容的要求和定位

对已有的内容根据需要进行定位和要求的调整. 例如：微积分初步中不再系统地讲解极限概念，只通过瞬时变化率的描述，着重理解微分的基本思想及其应用；先讲概率，后讲计数，淡化古典概型；将以前的逻辑基础调整为常用逻辑用语，不作更多形式化的逻辑知识方面的要求等.

这样的调整，将使得学生把精力更多地放在理解数学的思想和本质方面，更加注意数学与现实世界的联系和应用，重在发展学生的数学思维能力，发展学生的数学应用意识，提高学生自觉运用数学分析问题、解决问题的能力，为学生日后的进一步学习或在工作、生活中的应用打下更好的基础.

5. 基于课程标准编写的数学教材

本次基础教育课程改革的一个重要特点就是提倡教材多样化，数学学科也同样有多种版本的教材出现. 虽然 20 世纪 90 年代已经开始试行“一纲多本”，但是除人民教育出版社教材外，其他教材实际上被选用的很少，并逐渐退出市场. 新课程实施之初，教育部提倡大学和教育研究机构按照《义教标准（实验）》和《高中标准（实验）》编写新的教材，经全国中小学教材审定委员会审查后供实验区选用.

目前，全国有 21 套（小学 6 套、初中 9 套、高中 6 套）新课标数学教材，这些教材分别由多家出版社出版发行. 具体的，根据教育部网站公布

的《2009 年基础教育课程标准实验教学用书目录》,如表 5-5 所示⑥:

表 5-5　新课程数学教材

学段	主　编	出版社	备注
小学	卢江、杨刚	人民教育出版社	第 1—12 册
	刘坚、孔企平	北京师范大学出版社	第 1—12 册
	孙丽谷、王林	江苏教育出版社	第 1—12 册
	宋乃庆	西南师范大学出版社	第 1—12 册
	赵杏梅	河北教育出版社	第 1—12 册
	展　涛	青岛出版社	第 1—12 册
初中	林　群	人民教育出版社	第 1—6 册
	张孝达、吴之季	上海科学技术出版社	第 1—6 册
	马　复	北京师范大学出版社	第 1—6 册
	王建磐	华东师范大学出版社	第 1—6 册
	杨裕前、董林伟	江苏科技出版社	第 1—6 册
	杨俊英	河北教育出版社	第 1—6 册
	展　涛	青岛出版社	第 1—6 册
	范良火	浙江教育出版社	第 1—6 册
	严士健	湖南教育出版社	第 1—6 册
高中	刘绍学	人民教育出版社(A 版)	通过 20 本
	高存明	人民教育出版社(B 版)	通过 20 本
	严士健、王尚志	北京师范大学出版社	通过 19 本
	单　墫	江苏教育出版社	通过 21 本
	齐民友	湖北教育出版社	通过 20 本
	张景中	湖南教育出版社	通过 22 本

不同版本教材的出版,为地方和学校提供了选择性. 教育部和地方教育行政部门也制订了相应的教材选用制度,让人们按照一定的程序选择本地区或学校使用的教材,这在某种程度上实现了教材多样化. 当然,在

⑥ 个别五四学制的义务教育课标教材,如展涛、徐云鸿主编的青岛出版社出版的小学数学教材,林群主编的人民教育出版社出版的初中数学教材,以及马复主编的山东教育出版社出版的初中数学教材,未列入其中. 参见 http://www.moe.edu.cn/edoas/website18/02/info1225181390197102.htm.

教材选用的过程中,也出现一些问题,需要进一步完善.虽然每一套教材都是按《义教标准(实验)》或者《高中标准(实验)》来编写的,但是编写者的设计理念、素材选择、内容呈现以及习题安排等都体现了不同的风格和特点.使用不同版本教材的学校,也相应表现出教学的不同特色.

6. 义务教育阶段数学课程的实施

课程改革能否取得成效往往在于实施.在实施的过程中,通过多种有效的措施和各方面人员的努力,使数学课程标准中确定的目标、内容与方法得到落实.义务教育阶段的数学课程从 2001 年实施以来,各级教育行政部门和广大中小学教师对之给予了极大的关注,投入了大量的精力,采取了各种有效的措施,使数学课程的实施取得了成效.同时,由于课程实施是一个复杂的过程,受各种因素的影响,在实施过程中也存在一些困难和障碍.

6.1 实施的基本进程

2001 年 6 月教育部公布了《基础教育课程改革纲要(试行)》[中华人民共和国教育部,2001a]和义务教育阶段的各科课程标准,包括《义教标准(实验)》.从 2001 年 9 月开始,义务教育阶段数学课程正式进入实验区.事实上,在数学新课程正式进入实验之前,已经采取一系列措施开始为课程的实施作准备.

6.1.1 实施的准备与过渡

在课程改革方案正式实施之前,教育部开始组织力量对当时实行的教学大纲和教材进行修改,作为正式实施课程改革的准备与过渡."基础教育课程改革是一项系统工程,需要有一个周期",应当始终贯彻"积极进取、稳妥推进、先立后破、先实验后推广"的工作方针.[中华人民共和国教育部,2001b]教育部组织力量修订了教学大纲、教材,积极推进教学改革,为过渡到新课程体系作好充分准备.在新课程正式进行实验前,先行对其进行有限的调整,使课程改革的一些理念与方法能尽快在全国范围内体现出来.在修改数学教学大纲时,增加了每学期 1 次综合实践活动的要求.同时,用最短的时间对相应的教材进行了修改.这种过渡性的调整,对于新课程的实施起到了一定的准备作用.

6.1.2 国家级实验区的启动与推进

2001 年 9 月,义务教育阶段的新课程在 42 个国家级实验区开始实验.为此,进行了前期的培训等准备工作.国家级培训采用集中参与式的方式进行,针对实验区的教师、校长、教研人员和教育管理者,进行不同层次、不同类型的培训.例如,教师与课程改革的培训,实验区的教师代表参加,由直接参与课程改革的专家学者进行培训.在这一阶段,每一个省最多有两个实验区,试图由较少的学校首先实验一轮,以期较早发现、思考和研究一些具体问题,为以后的推广提供经验.各省用较大的气力组织和实施了这一阶段的实验.

6.1.3 省级实验区的启动与运行

从 2002 年到 2003 年,按照教育部的部署和各省、直辖市、自治区的安排,省级实验区启动.2002 年启动 520 多个实验区,占全国县级行政区数的近 18%,实验的面比前一年有较大的扩展,但平均每个省仍不到 20 个实验区,在省一级可以有比较好的培训与指导.2003 年又启动 910 多个实验区,占全国县级行政区数的 32%.这样,两年共启动 1 400 多个省级实验区,占全国县级行政区数的 50%左右.

6.1.4 大面积快速推进

2004—2005 年是新课程全面推进的阶段.到 2004 年,全国有 90%的县级行政区的小学、初中的起始年级使用新课程.2005 年全部起始年级使用新课程,意味着本次课程改革进入全面实施阶段.

2001—2005 年课程实验区推进进度如图 5-4 所示.

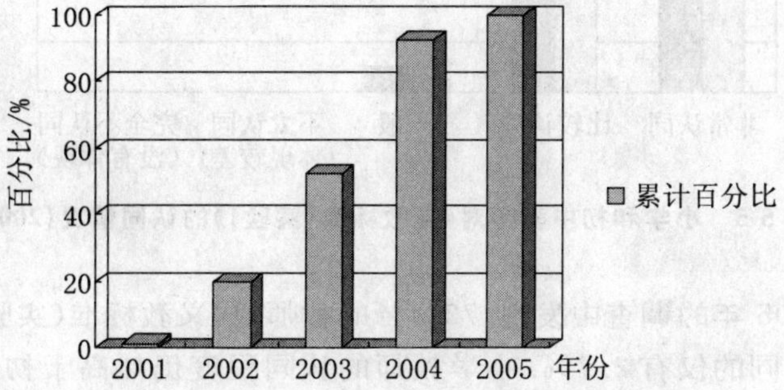

图 5-4 2001—2005 年课程实验区推进示意图

从2002年启动省级实验区到2005年全面实施课程改革,实验区数量每年都在快速增加.这些实验区大都需要省级或省级以下的指导,况且不同时间进入实验的县区所遇到的情况有很大的区别,问题十分复杂,需要大量个别化的指导.省级和省级以下的教育行政部门和教研部门为此付出了很大的努力,从而保证了课程改革比较平稳地推进.

6.2 实施取得的成效

数学新课程实施过程中,通过专门组织的调研评估和有关实验区反映的实施状况,了解到教师对数学新课程实施的态度和实施过程中发生的变化.

6.2.1 教师对数学课程改革有较高的认同感

有关人员在2003年和2005年分别对数学课程的实施情况与有关数学课程改革问题进行问卷调查,调查结果显示,中小学教师对数学课程改革有较高的认同感.

2003年经调查发现,小学教师和初中教师对《义教标准(实验)》的理念与设计非常认同和比较认同的合起来超过90%,不太认同的非常少(图5-5),小学教师认同情况要高于初中教师.

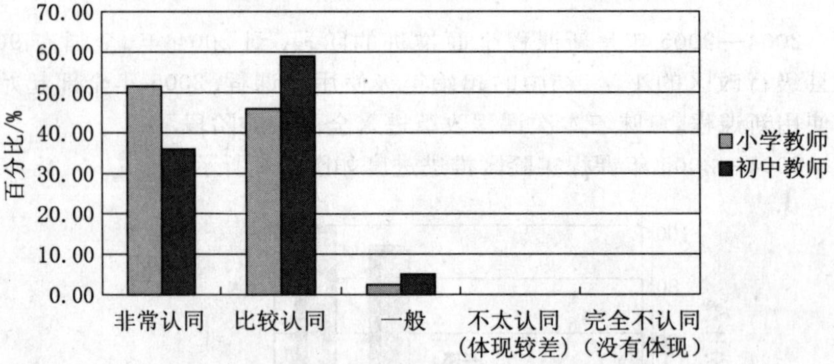

图5-5 小学和初中教师对《义教标准(实验)》的认同情况(2003)

在2005年的调查中发现,72.4%的教师对《义教标准(实验)》表示认同,不太认同的仅有2.7%.小学教师的认同程度仍然高于初中教师(图5-6).虽然整体上认同度比较高,但是与2003年相比,有所下降.

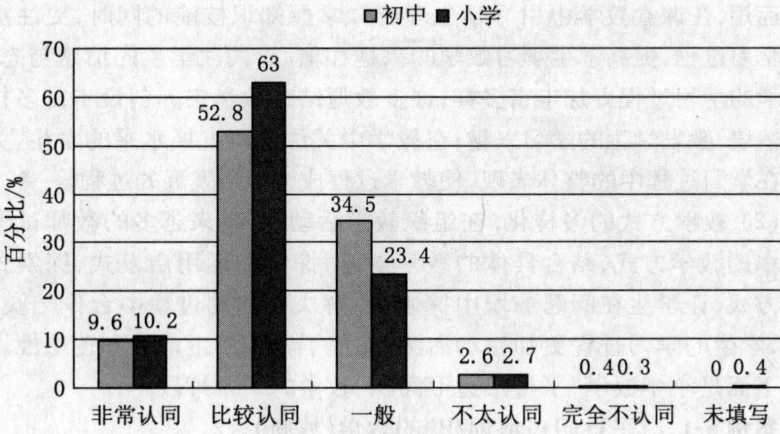

图 5-6　初中、小学教师对《义教标准(实验)》的认同度(2005)

教师在问卷开放题中这样描述现在的《义教标准(实验)》和课程改革：

新的课程思想好.

《义教标准(实验)》的基本理念较新，较实用化.

《义教标准(实验)》和教材知识点突出；课后作业适中，减轻了学生的负担；数学新教材有了很大的突破；学生主动学习的方法非常好.

学生的创新思维能力和兴趣得到了改善.

6.2.2　实施过程中发生的主要变化

义务教育阶段的数学课程改革方案经过几年的实施，取得了较为明显的成效，如教师的观念、课堂教学的方式、学生数学学习的兴趣等都符合新课程的理念. 其中，比较突出地表现在以下几个方面.

(1) 教师教育观念的改变和实践.《义教标准(实验)》实施的过程，实际上既是数学教育改革实践的过程，也是广大数学教师转变教育观念和行为的过程. 课程改革提倡面向全体学生，使每个学生都受到良好的数学教育. 这个理念被越来越多的教师接受，并在自己的教育实践中体现出来. 教师更关注学生的发展，从整体上提高学生的数学素养. 例如：对三维目标的理解和运用，在课堂教学中引导学生理解和掌握知识技能的同时，更注重学生的学习过程，提高学生学习数学的兴趣和信心，关注学生的情感与态度，使数学的学习过程更加丰富多样；许多教师结合教学实际创设丰富多样的教学情境，激发学生的学习兴趣；在教学中关注不同发展水平的学生，关注学生在学习过程中的整体表现，使教学过程成为学生发展的过程.

(2) 教学方式的多样化.在组织教学活动时，越来越多的教师试图改变单一的教学方式，结合具体的教学内容，探索和运用启发式、探索式等教学方式，让学生在问题情境中探索，在解决问题的过程中合作与交流.从而，学生的学习过程更加生动活泼，发挥了学生的主动性和创造性.

下面是小学数学“平行四边形面积”教学的一个片段.

案例 5-1 “平行四边形面积”的教学(片断)

① 实验探究.

让学生拿出统一规格的平行四边形纸片和小剪刀、刻度尺等学具.

师：你能用准备的工具和已经学过的知识想办法求出手中的平行四边形面积吗？

[要求学生自己动手操作，尝试计算平行四边形面积，填写实验报告单(表 5-6)，教师巡视，个别指导]

表 5-6 数学实验报告单

实验项目	推导平行四边形面积计算公式
实验工具	平行四边形纸片、小剪刀、刻度尺
实验步骤	1. ______ 2. ______ 3. ______ 4. ______
实验结果	1. ______ 2. ______ 3. ______ 4. ______
实验人	
实验日期	

② 反馈交流，提出质疑.

师：没有利用剪刀就求出面积的同学是怎么想的？

生：我是用直尺量了平行四边形的底和高，相乘得来的.

生：我是用直尺量了平行四边形的底和旁边的一条边的长度，相乘得来的.

师：为什么形状大小一样的平行四边形会出现不同的答案呢？

生：我们是用剪刀从角的顶点沿着平行四边形的高剪开，然后拼成一个长方形，量出长和宽，再求出它的面积的.

生：我们沿着平行四边形的任意一条高剪开，得到两个梯形，再拼成一个长方形.

师：为什么一定要把平行四边形变成一个长方形呢？有没有不是变成长方形的呢？

生：不变成长方形，求不出面积.

生：我是把平行四边形剪成了两个三角形，又拼成了一个平行四边形，还是不知道怎么求面积.

……

师：下面我们来检验大家的结论是不是正确的.

③ 检验结果，探求规律.

检验1：电脑演示(图5-7)：

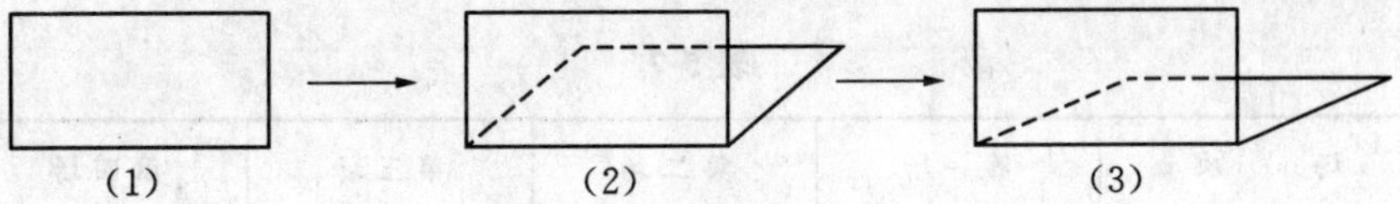

图5-7

师：通过刚才的演示你想说什么？

生：把长方形变成了平行四边形，形状变了，面积也变了，越拉面积越小.

生：平行四边形面积不能用底与邻边相乘.

检验2：电脑演示(图5-8)：

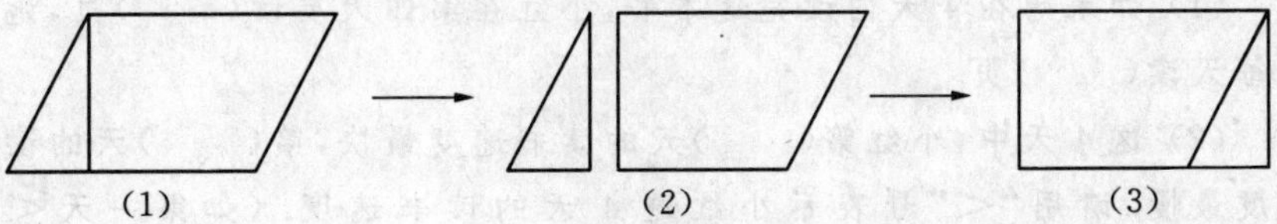

图5-8

师:从刚才的演示中,你们发现了什么?

(学生分小组讨论,每组推荐1名代表向全班汇报)

生:把平行四边形变成了长方形.

生:形状变了,面积没有变.

生:拼成的长方形的长和宽分别与平行四边形的底和高相等.

(同学们总结出平行四边形的面积等于底乘以高)

(3) 开始尝试运用多元的评价方法. 以往的以甄别和选拔为主要目的的评价方式正在逐步改变. 许多教师在尝试运用课堂观察、成长记录等方式,评价学生的学习过程,了解学生在数学学习过程中表现出的创造性、思维能力和情感态度. 同时,对传统的纸笔测验也进行了改造,测验题目的选择注重实际和问题情境,也增加了具有一定开放性的题目,使得评价更加灵活多样,与课程改革的多元目标相适应.

下面是小学数学3年级某份试卷中的部分试题.

案例5-2 小学3年级试卷(部分)

1. 下面是永乐电影院下午上演电影的时间表(表5-7),第四场电影开始的时间最有可能是(　　).

A. 17:30　　B. 18:00　　C. 18:30　　D. 20:00

表5-7

场　次	第一场	第二场	第三场	第四场
开演时间	下午2:00	下午3:30	下午5:00	?

2. 十二生肖依次是鼠、牛、虎、兔、龙、蛇、马、羊、猴、鸡、狗、猪. 小明今年11岁,属龙,小明的哥哥14岁,他应该属(　　).

A. 羊　　B. 牛　　C. 虎　　D. 马

3. 小红读一本300页的童话书,每天花2小时的时间读书,前3天每天读的页数如图5-9所示.

(1) 如果想在4天内读完这本书,小红在第四天要读(　　)页,她平均每天读(　　)页.

(2) 这4天中,小红第(　　)天的读书速度最快,第(　　)天的读书速度最慢. 请用"<"号表示小红这4天的读书速度.(如第一天<第二天……)

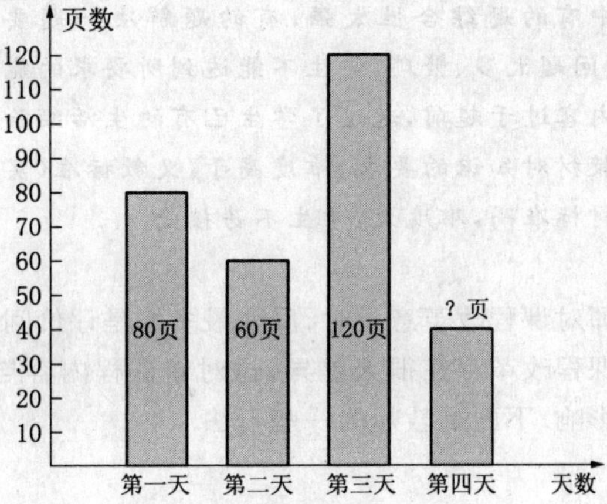

图 5-9

4. 文具店运来象棋 120 盒,运来的跳棋比象棋多 75 盒,运来的动物棋是跳棋的 3 倍,文具店运来动物棋多少盒?

6.3 实施过程中存在的问题

在实施过程中也遇到一些困难,主要的困难有两个方面:第一,教师感到课程内容有一定难度;第二,评价的改革与课程改革没有同步.

对于课程内容的难度问题,在 2003 年和 2005 年的 2 次调研中都有较多的教师感到实现这些内容有难度. 2 次调研中都有一半左右的教师认为新课程的内容过难或稍难,实施过程中存在一定的难度(图 5-10).

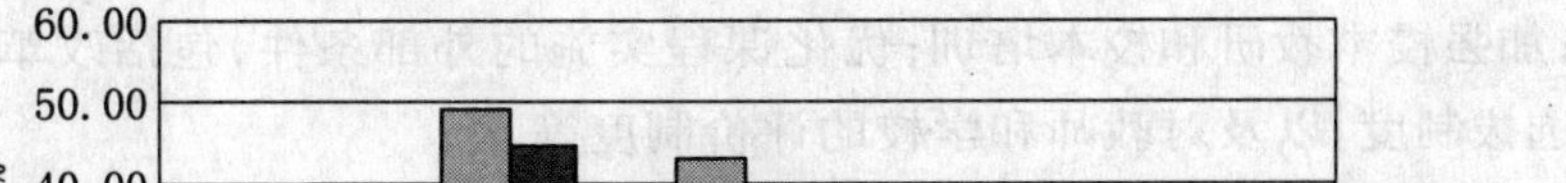

图 5-10 中小学教师对内容标准实现难度的看法

在调查中,教师也表示:

教材中有的题综合性太强，有的题解决一题要完成5—6步，还有的问题太多、繁琐，学生不能达到所要求的能力.

有些内容过于超前，超过了学生已有的生活经验.

数学教材对知识的要求，难度高于《义教标准(实验)》.

新教材标准高，难度大，学生不易接受.

在征求教师对课程改革意见时，反映最多的是评价问题. 原有的评价体系及方法与课程改革存在很大差异，这对新课程内容与方法的实施产生很大程度的影响. 下面是教师的一些看法.

《义教标准(实验)》中提出的学生动手操作、探索规律的过程，在考试的卷面中很难体现.

过程性评价不好操作.

评价方式多样化与实际不相符，评价方式只有终结性评价，其他只能流于形式.

新课程提倡培养孩子多方面的能力与考试的单一性之间存在矛盾.

面对数学课程实施所取得的成效和遇到的困难，需要采取一些有效的措施进一步推进数学课程实施. 这些措施包括：及时总结和推广实施过程中出现的经验和有效的方法；适时地调整《义教标准(实验)》及方案，使其更具可行性；进一步改革数学教材的编写，使其更具有引导性和可操作性；加强校本教研和校本培训；优化课程实施的外部条件，包括改革考试与选拔制度，以及对教师和学校的评价制度等.

7. 对《全日制义务教育数学课程标准(实验稿)》的修改

在数学新课程实施的进程中，课程改革方案和实施进程引起广泛的关注与讨论. 特别是随着课程改革推进的范围迅速扩大，人们对数学课程改革的一些具体问题和实施策略提出了许多建议. 这些讨论和建议也是对《义教标准(实验)》进行修改的动因之一.

7.1 关于义务教育阶段数学课程有关问题的讨论

数学课程改革方案公布和实施以后,人们对于相关问题引起了讨论.随着课程实施的推进,这些讨论越来越深入,越来越具体.有关讨论主要包括以下几个方面的问题.

7.1.1 关于数学课程价值与目标的讨论

义务教育阶段的课程强调普及性、基础性和发展性,主张数学教育不仅要为学生接受进一步的教育作准备,更重要的是要与每一个学生的生活和职业联系起来,要从数学的角度为学生提供成为一个好公民的价值观基础.

对于义务教育阶段数学课程定位的讨论有两种不同的观点.一种观点坚持大众数学,主张为每一个学生未来发展作准备."义务教育的基本精神是要求每个适龄儿童拥有平等的接受作为一个公民所必需的数学教育的权利,这种意义下的数学课程应当是对每一个人所必需的终身发展有价值的,并且是人人都能够实现的.""如果把数学教育比做一间房屋,大众数学就像这间房屋的地板,是地板上的数学.每个人都要先学会在地板上站立、站稳、站牢,都要掌握让自己'站得住'的数学.而地板到天花板之间还有一大块空间.不妨把天花板比做精英数学,只有在地板上站得结实,加之有愿望、有潜力、有天赋、有条件,才有可能跳起来触摸到天花板.大众数学实际是精英数学的沃土,基础是大众数学,然后才有精英数学.数学越大众,学数学的人越多,才越有可能有尖子冒出来.当然,大众数学与精英数学要和谐共进.现在大众数学的空间似乎已经拓展开了,精英数学的空间尚待拓展,需要在机制上加以调整".[孙晓天,2005]另一种观点认为,数学教育应为培养英才作准备,在中国教育体制里面,有一个很欠缺的地方,也许太过分强调普及,而对于精英的教育往往是欠缺的.栋梁之材没有栋梁的教材,也不能成为栋梁.所以教育的体制不应该"一刀切","中国要开始注意精英教育"[编辑部,2005, pp.1—13].要坚持数学学习的高标准.国外在课程内容改革中采取"一英里宽,一英寸厚"的做法,导致了数学教学质量严重滑坡的教训值得汲取,我们应当在数学内容的广度和深度上取得平衡.对于义务教育阶段数学课程性质的不同认识,导致对整个数学课程设计指导思想和基本目标的差异.义务教育是面对每一个学生的教育,义务教育阶段的数学当然一定要面对全体学生.而在面对全体学生的同时,如何处理学生的个别差异,如何让一部分潜力更好的学生发挥出来是一个值得重视和研究的问题.

7.1.2 关于数学课程内容的讨论

对于数学课程内容分为4个领域,以及课程内容的结构和取舍,都存在一些不同的观点.而在几何内容的处理上,是争论比较大的.《义教标准(实验)》中与几何内容相关的改成“空间与图形”学习领域.这改变了原来的几何推理体系,把合情推理与演绎推理相结合,对此引起一些讨论.在《义教标准(实验)》中,采取直观几何和推理几何并重的原则,其中直观几何小学低年级已有体现,同时推理几何的体系和内容有较大的调整.具体要求降低了,主要体现在两个方面:第一,对推理几何的难度要求有所限制;第二,大大弱化了圆的相关内容,并希望把其挪到高中去.这个思路,兼顾了数学基本功应当包括的各个方面.有的学者认为,中国的《义教标准(实验)》大概是世界上义务教育阶段欧氏几何味道最浓的标准了,仅关于推理证明的要求这一点,从国际比较角度看,在这个阶段我们已经世界“最高”了[孙晓天,2005].但对于这样的调整,一些学者认为,“《义教标准(实验)》全面否定了我国中等数学教育的优良传统,大大淡化了数学中的推理证明,甚至连‘平面几何’这个词都不见了,只说‘空间与图形’.不讲证明,数学课就失去了灵魂.新课程认为平面几何对初中生太难,如果初中不学平面几何,高中立体几何和更复杂的图形会出现,可学生还没有建立起正确的思维,理性概括能力、抽象能力、科学精神都不足”[姜伯驹,2005].“平面几何内容在培养学生的几何直观能力、逻辑推理能力中有不可替代的作用,因此应当作为中学数学课程的核心内容.这些内容虽然非常‘传统’,而且有一定的学习难度,但却是一切后续学习的基石,也是发展学生数学能力的不可替代的载体,这样的内容就不能舍弃.”[章建跃,2005, pp. 6—10]这些争论一方面反映了对数学课程内容的不同观点,对于全面理解数学课程内容是有益的;另一方面,也标志着有更多的人关心数学教育问题,关注数学课程与教学的改革.

7.1.3 关于数学教学方式的讨论

关于数学教学方式问题,课程改革提倡探究式学习方式.与传统的“听讲—记忆—练习—再现教师传授的知识”这一接受式学习模式很不相同,《义教标准(实验)》提倡以“问题情境—建立模型—解释应用—拓展反思”的探究式基本模式展开内容.提倡这种教学方式,对于改革学生不得过死、负担过重的现象会是重要的,特别是有助于培养学生的创新与实践能力.而新的教学方式在实施过程中出现了一些问题.有些一线教师反映,课堂气氛活跃了,学生学习数学的积极性调动起来了,但是教学的效果反而下降了,一节课下来,学生什么也没学会.学生动手多了,但动脑少了.课堂气氛活跃,学生参与到教学过程中来,只是表面现象,课堂教学中有相当一部分的同学不管懂与不懂只是凑热闹,没有或很少有实质性的智力活动参与到教学过程中.只要不考试,就没问题,一考就露真容了,学生什么都不会.有人甚至认为这样会导致数学成绩普遍下降[曹一鸣,2005, pp.14—16].教学方式的改革为数学课堂教学带来变化,教师给学生更多的思考与活动的空间,学生的学习主动性和积极性也有所提高.同时,这种改变对教师也是一个挑战.如何把握教学过程的进程,怎样处理学生参与学习过程,给学生更多的探索机会与保持一定的课堂教学效率、使学生掌握扎实的数学基础之间的关系,是课程改革进程中需要探索的问题.

7.2 《全日制义务教育数学课程标准(实验稿)》的修改过程

2001年义务教育数学课程实施以后,经过几年的研究与实践,积累了改革的经验,也反思了一些存在的问题.为此,教育部于2005年春开始组织《义教标准(实验)》的修改工作,并成立了以史宁中为组长的"义务教育数学课程标准修改组"(以下简称"修改组").修改组根据基础教育课程改革的总体方向,一方面针对实施过程中的经验和出现的问题,另一方面针对数学家、数学教育研究者、国家数学课程标准研制工作组成员、中小学数学教研员以及一线数学教师对数学课程的讨论与建议,对《义教标准(实验)》进行了修改.修改组进行了比较广泛的调查研究,听取了各方面的意见,对《义教标准(实验)》进行了较为深入的分析和研究.经过反复讨论形成修改征求意见稿后,再向有关专家学者征求意见.在肯定《义教标准(实验)》的大方向和基本保持其框架的基础上,形成了《全日制义务教育数学课程标准(修改稿)》(以下简称《义教标准(修改)》)⑦.

7.2.1 开展调查研究

调研工作包括实地考察和问卷调查两部分.2005年6月,对12个省(直辖市、自治区)的部分教师进行了问卷调查,回收问卷共3 768份,从

⑦ 此修改稿尚未正式颁布及出版,以下介绍仅供参考,将来以正式文本为准.

问卷调查中了解教师对《义教标准(实验)》和教材使用过程中的一些基本情况.后来,在修改的过程中,修改组成员还多次深入第一线听课,组织座谈会与中小学数学教师进行交流等,以充分掌握实验区第一手资料.

对3 700多份回收问卷的统计表明:教师在总体上对《义教标准(实验)》表示认同,对《义教标准(实验)》的基本理念、目标持肯定态度.72.4%的教师对《义教标准(实验)》表示认同,75%以上的教师对《义教标准(实验)》中的基本理念和设计思路持肯定态度,70%的教师认为《义教标准(实验)》中各学段目标的描述基本清楚.同时,有相当一部分教师认为《义教标准(实验)》中的部分内容偏难,教学起来有难度.有44.1%的教师认为"空间与图形"部分内容偏难,有39.9%的教师认为"实践与综合应用"内容偏难.

教师们还认为《义教标准(实验)》提倡的"问题情境—建立模型—解释应用—拓展反思"的探究式教学模式,以及成长记录袋、表现性评价等新的评价方法,实施起来有难度.

这些对一线教师的调查研究资料,可以使修改组更充分具体地了解一线中小学数学教师对义务教育数学课程的具体看法,对义务教育数学课程的调整具有非常重要的参考价值.

7.2.2 召开修改组讨论会

修改组共召开10次标准修改讨论会,其中8次全体成员讨论会,2次部分成员讨论会.每次会议都有侧重点地研究和讨论标准修改的相关问题.每次讨论会根据标准修改进程,确定具体的研讨主题和要重点解决的问题.从修改的基本思路和基本原则,到对《义教标准(实验)》的前言、基本理念、设计思路、课程目标、内容标准、实施建议等内容,大家都进行了认真深入的讨论,逐步形成《义教标准(修改)》的初稿和征求意见稿,并于2007年11月15日针对最后一次征求意见所提出的建议,在北京进行了全面梳理和重点修改,最终完成《义教标准(修改)》,并送教育部审定.

下面是2005年11月24—28日,修改组在重庆市召开第二次讨论会的情况,由此可见修改工作的基本状况.会议由组长史宁中主持,修改组的全体成员参加.会议重点讨论2005年7月吉林会议后按分工各自完成的修改内容,对前言、理念、设计思路、总体目标和学段目标等内容进行了认真、细致、热烈和充分的讨论,其中大部分问题达成共识,还有部分问题有待进一步修改后讨论.明确标准修改的若干重要问题,如对于设计思路的修改、关于学段的划分等,仍有一些不同意见,但因目前尚缺少改动的依据,故此次修改将不作调整,有待以后的实践研究.关于目标,表述改为如下形式:"知识技能目标的要求分4个层次:了解、理解、掌握、运用;过程性目标的要求分为3个层次:经历、体验、探索.要明确它们的具体含义."在设计思路中,增加对4个方面目标关系的阐述.关于学习内容,表述为"在各个学段都安排了4个方面内容".将"实践活动"、"综合应用"与"课题学习"统称为"综合与实践". 对4个方面的学习内容进行概述,例如,关于代数,包括以下几方面:(1)基本内容.(2)内容所反映的数学实质,所蕴涵的思想实质,数学能力.(3)达到的目标.(其余3个部分结构与代数相似)关于实施建议,暂时不作大的修改.待其他问题确定后,再讨论.遗留的问题是"6个核心词如何处理? 放在何处?".最后,会议确定了下一步工作目标、日程和分工.

7.2.3 多种渠道征求意见

《义教标准(修改)》的初稿形成后,通过书面、座谈会等方式向专家、学者和一线教师征求意见.

2007年7月,由教育部基础教育司将《义教标准(修改)》的征求意见稿发给全国10个省教研室、10个国家级和省级实验区,以及40名专家征求意见.同年9月,所有地区修改建议全部返回.基础教育司委托有关人员对修改建议进行全面整理,修改组在最后一次讨论中认真讨论并参考了修改意见和建议.

在2006年9月8日的座谈会上,北京大学姜伯驹院士、复旦大学李大潜院士、南开大学侯自新教授、吉林大学伍卓群教授、东北师范大学白志东教授等对《义教标准(实验)》的修改提出许多具体的意见和建议.

7.3 《全日制义务教育数学课程标准(修改稿)》中修改的主要内容

根据基础教育课程改革的总体方向和义务教育数学课程几年来实验总结的经验和发现的问题,在广泛征求各方面意见的基础上,通过充分认真的研究与讨论,完成了《义教标准(实验)》的修改工作.以下是《义教标准(修改)》修改的主要内容.

7.3.1 体例与结构

《义教标准(修改)》重新撰写了“前言”，将《义教标准(实验)》的“前言”部分改为“基本理念和设计思路”；“术语解释”与“案例汇总”作为附录1和附录2，统一放在正文后面，使正文更加简捷清晰，并对案例进行统一编号，比较容易找到；“实施建议”统一表述，3个学段统一撰写了教学建议、评价建议和教材编写建议.

7.3.2 基本理念和设计思路

《义教标准(修改)》整合和修改了《义教标准(实验)》的前言和设计思路的主要内容，进一步明确了数学课程的基本理念和设计思路，并对数学、数学教育、数学课程与教学等问题作了较为清晰的阐述，设计思路也作了比较明确的说明.

《义教标准(修改)》将数学表述为“数学是研究数量关系和空间形式的科学”，“数学作为对于客观现象抽象概括而逐渐形成的科学语言与工具，不仅是自然科学和技术科学的基础，而且在人文科学与社会科学中发挥着越来越大的作用. 数学是人类文化的重要组成部分，数学素养是现代社会每一个公民应该具备的基本素养”. 对数学准确的认识有助于理解数学的本质，并进一步在课程内容的设计和教学过程中准确地把握.

《义教标准(修改)》“前言”中明确了应以《中华人民共和国义务教育法》和全面推进素质教育、培养创新型人才等为依据；明确了标准的意义和功能，指出《义教标准(修改)》提出的数学课程理念和目标对义务教育阶段的数学课程与教学具有指导作用，所规定的课程目标和内容标准是每一个学生应当达到的基本要求.《义教标准(修改)》是教学、评估和考试命题、教材编写的依据，明确义务教育数学课程要坚持普及性和基础性.《义教标准(修改)》只是每个学生都应达到的最基本的要求，它并不排除学有余力的学生达到比《义教标准(修改)》规定的更高的要求. 并且，它明确数学教育要使“人人获得良好的数学教育，不同人在数学上得到不同的发展”. 这更加凸显了义务教育的特征和尊重学生的个别差异.

在设计思路中，《义教标准(修改)》明确了学生在九年义务教育阶段的学习时间划分为3个学段，即第一学段(1—3年级)、第二学段(4—6年级)、第三学段(7—9年级)，将数学学习活动的目标分为结果目标和过程目标，用了解、理解、掌握、运用等术语表述学习活动结果目标的不同水平,用经历、体验、探索等术语表述学习活动过程目标的不同程度,重点阐述了“数与代数”、“图形与几何”、“统计与概率”、“综合与实践”等4个方面课程内容的设计,明确了每一个方面学习的主要内容和涉及的关键概念.

(1)“数与代数”的主要内容有:数的认识,数的表示,数的大小,数的运算,数量的估计;字母表示数,代数式及其运算;方程,方程组,不等式,函数等.在“数与代数”的教学中,应帮助学生建立数感和符号意识,发展运算能力和推理能力,初步形成模型思想.

(2)“图形与几何”的主要内容有:空间和平面基本图形的认识,图形的性质、分类和度量;图形的平移、旋转、轴对称、相似和投影;平面图形基本性质的证明;运用坐标描述图形的位置和运动.在“图形与几何”的教学中,应帮助学生建立空间观念,注重培养学生的几何直观与推理能力.

(3)“统计与概率”的主要内容有:收集、整理和描述数据,包括简单抽样、整理调查数据、绘制统计图表等;处理数据,包括计算平均数、中位数、众数、极差、方差等;从数据中提取信息并进行简单的推断;简单随机事件及其发生的概率.在“统计与概率”中,应帮助学生逐渐建立起数据分析观念,了解随机现象.

(4)“综合与实践”是一类以问题为载体、以学生自主参与为主的学习活动.“综合与实践”的教学目标是帮助学生积累数学活动经验,培养学生的应用意识和创新意识.

7.3.3 数学课程目标

《义教标准(修改)》在“总体目标”中明确提出了“四基”——基础知识、基本技能、基本思想和基本活动经验,强调了培养学生“发现问题和提出问题”的能力.具体包括以下几个方面.

(1)明确提出“四基”.

《义教标准(修改)》在“总体目标”中明确提出了“四基”,要求使学生获得所必需的数学的基础知识、基本技能、基本思想和基本活动经验.从这个总体目标可以看出,在保留原有“双基”的基础上增加了“基本思想”和“基本活动经验”,这是强调“过程”与“结果”并重的体现.数学“基本思想”得到了突出,例如抽象、归纳、演绎、模型、等量替换等思想,是学习数学知识、理解数学本质、建立和运用数学模型的基础,必须在数学教学的过程中重视强调数学思想的教学.“基本活动经验”是在学生大量感受和体验数学情境与探索数学知识及方法的过程中逐步积累的,是学生进一步学习和发展的重要基础.基础知识、基本技能是必要的,是形成基本思想和基本活动经验的条件.数学教学要在促进学生理解数学的基础知识和训练学生掌握数学的基本技能的同时,启发学生领会数学的基本思想,积累数学活动的基本经验,并把"四基"的培养体现在整体数学教学活动之中.

(2) 强调培养发现问题和提出问题的能力.

《义教标准(修改)》提出要培养学生"发现和提出问题的能力、分析和解决问题的能力".首先是能够发现问题,把问题提出来,然后才是分析问题和解决问题."所谓发现问题是指能从貌似无关的情景或现象之中发现一些矛盾,发现一些不协调之处,并能提炼出相关的问题;提出问题是在已经发现问题的基础上,提出本学科的问题,或者用学科的语言描述相应的问题;分析问题和解决问题则是利用已有的概念、规律、模型和方法,化生为熟、化繁为简,进而获得问题的答案."[孔凡哲,2008, pp.56—62]数学上发现问题很难,发现之后能够用数学符号把它提出来、表达出来更难,而这对学生的数学发展才是最关键的.正如有的学者分析的:"从逻辑层次和难易程度的分析,在中小学教学过程中,分析问题与解决问题涉及的是已知,而发现问题和提出问题涉及的是未知."由此可见,《义教标准(修改)》的"问题解决"目标整体上是较高层次的要求.

(3) 提倡培养初步的创新意识和实事求是的科学态度.

《义教标准(修改)》提出学生应当"具有初步的创新意识和实事求是的科学态度".在基本知识和基本技能教学过程中体现创新意识和实事求是的科学态度的培养,具有现实的可能性.创新意识是创新能力的基础,是创新能力的初步表现.实事求是的科学态度是对学生学习的基本要求,也是学生将来从事学习和工作所必备的本质.

(4) 提出具有数学特色的情感、态度与价值观目标.

《义教标准(修改)》对于情感、态度与价值观目标提得更具有数学特色,更为实际,操作性更强.例如,"体会数学的特点,了解数学的价值;养成认真勤奋、独立思考、合作交流、反思质疑等学习习惯,形成实事求是的科学态度",这很好地将学生情感、态度和价值观的培养真正渗透到数学知识和技能的教学之中.

7.3.4 内容标准

在3个学段中,《义教标准(修改)》对"数与代数"、"图形与几何"、"统计与概率”和“综合与实践”等4个方面的内容及要求进行了适当的调整，并且使用《义教标准(修改)》规定的课程目标描述的术语，对一些课程目标的表述进行了修改.3个学段4个方面的内容都有修改，知识点的数量有增有减，但整体数量上没有明显变化.

(1) 关于“数与代数”的具体内容方面.《义教标准(修改)》在第一、二2个学段增加了一些内容，没有太多删减，第三学段变动比较大，增加了很多内容，也删除了很多内容.在第三学段吸收一些专家、学者及一线教师的意见，增加了一元二次方程的判别式、根与系数的关系等内容.

(2) “图形与几何”的具体内容方面.第一、二学段，内容结构没有变化；第三学段整合了《义教标准(实验)》中“图形的认识”与“图形与证明”两部分，合并为“图形的性质”.这样，由《义教标准(实验)》的4部分变为“图形的性质”、“图形的变化”、“图形与坐标”等3部分.具体内容也有一些增删.

(3) 关于“统计与概率”的具体内容方面.第一学段以感受统计为主，第二学段体会可能性、讨论实验概率，第三学段学习理论概率，即古典概率.《义教标准(修改)》试图从数据调查分析引出随机思想，从数据引入概率，使3个学段内容学习的层次性方面更加明确.

(4) 关于“综合与实践”内容方面.把3个学段的名称统称为“综合与实践”.明确指出：“‘综合与实践’是一类以问题为载体、以学生自主参与为主的学习活动.‘综合与实践’的教学目标是帮助学生积累数学活动经验，培养学生应用意识和创新意识.教学中应强调问题情境与学生所学的知识和生活经验相结合，鼓励学生独立思考、合作交流，自主设计解决问题的思路，经历发现和提出问题、分析和解决问题的全过程，感悟数学与生活实际、数学与其他学科、数学各部分内容之间的联系，加深对所学数学内容的理解.‘综合与实践’的教学活动应当保证每学期至少1次，可以在课堂上完成，也可以课内外相结合.”

7.3.5 实施建议与案例

《义教标准(修改)》的实施建议将原来的按3个学段分别表述改为整体表述，避免了不必要的重复.具体的变化表现在以下3个方面.

(1) 对教学建议的修改方面，提出了在教学中应当注意的几个关系：面向全体学生与关注学生个体差异的关系，合情推理与演绎推理的关系，使用现代信息技术与教学手段多样化的关系.强调了教学活动要注重课程目标的整体实现,应将知识技能、数学思考、问题解决、情感态度4个方面有机地结合起来."无论是设计、实施课堂教学方案,还是组织各类教学活动,不仅要重视学生获得知识技能,而且要激发学生的学习兴趣,通过独立思考或者合作交流感悟数学的基本思想,引导学生在参与数学活动的过程中积累基本经验,帮助学生形成认真勤奋、独立思考、合作交流、反思质疑等良好的学习习惯."提出好的教学活动应是学生主体地位和教师主导作用的和谐统一.一方面,学生主体地位的真正落实,依赖于教师主导作用的有效发挥;另一方面,有效发挥教师主导作用的标志,使学生能够真正成为学习的主体,得到全面的发展.

(2) 对评价建议的修改方面,增加了"参与数学活动情况的评价表"、"课堂观察表"等具体的评价案例,提高了评价建议的可操作性.专门阐述了如何合理设计与实施书面测试,对于书面测试的评价内容、试题的设计等给出了具体建议,肯定了书面测试的重要性.这些是对传统评价方式的改造和再利用.

(3) 对教材的编写建议方面,从整体上提出教材编写的基本原则:教材编写应体现科学性、整体性、过程性,贴近学生现实,体现一定的弹性、可读性.《义教标准(修改)》对每个原则进行了具体的阐述,提出教材科学性不仅仅是指符合数学的学科特征与要求,而且还表现在要全面体现理念和目标、要体现课程内容的数学实质、要准确把握内容标准的要求、要有一定的实验依据;提出教材应具备可读性,应易于学生接受,激发学生学习兴趣,为学生提供思考的空间;教材可读与否,对不同学段的学生具有不同的标准,因此教材的可读性应当在准确表达数学含义的前提下,符合学生年龄特征,从而有助于他们理解数学;提出"学生现实"的内涵既包括学生的生活现实,还包括学生的数学现实和其他学科现实,丰富了"生活化"的内涵.

中国的基础教育数学课程改革从1999年的启动开始,到现在经历了10年的改革历程.在设计、实验、实施、讨论和调整的过程中,对数学课程的许多问题有了明确的认识和深入的理解,许多改革的问题也逐渐形成共识.展望中国数学课程改革的发展,必将会有新的和更大的进步,在逐步解决问题的过程中达到新的水平.

参考文献

1. 编辑部. 2005. 2005 年中国数学会教育工作委员会扩大会议实录. 数学通报, 44(4): 1—13.
2. 曹一鸣. 2005. 义务教育数学课程改革及其争鸣问题. 数学通报,44(3):14—16.
3. 姜伯驹. 2005. 新课标让数学课失去了什么. 光明日报,2005 年 3 月 16 日.
4. 孔凡哲. 2008. 完善基础教育课程标准的若干思考——来自中小学教科书实验的启示. 教育研究,(4):56—62.
5. 刘兼,黄翔,张丹. 2003. 数学课程设计. 北京:高等教育出版社. 53—54.
6. 刘兼. 2002. 如何处理好数学课程改革中的几个重要问题——教育部基础教育课程教材发展中心课程处刘兼教授访谈录. 小学青年教师(数学版),(265):1—2.
7. 马云鹏. 2005. 中国基础教育课程改革的背景与目标. http://www1.open.edu.cn/file_post/display/read.php?FileID=29727.
8. 史宁中,柳海民. 2007. 素质教育的根本目的与实施路径. 教育研究,(8):10—15.
9. 孙晓天. 2005. 关于数学新课程的几个为什么——孙晓天教授访谈. 见:教育部北京师范大学基础教育课程研究中心数学课程工作室. “全国中小学数学教育论坛”会议资料. 2005 年 7 月.
10. 孙晓天,张丹. 2002. 新课程理念与初中数学课程改革. 长春:东北师范大学出版社.
11. 章建跃. 2003. 对数学教育改革的一些认识. 数学教育学报,12(3):35—38.
12. 章建跃. 2005. 数学教育改革中几个问题的思考. 数学通报,4(6):6—10.
13. 中华人民共和国教育部. 2001a. 基础教育课程改革纲要(试行). 中国教育报,2001 年 7 月 27 日. 参见 http://www.edu.cn/20010926/3002911.shtml.
14. 中华人民共和国教育部. 2001b. 基础教育课程改革基本策略. http://www.edu.cn/xiang_guan_zheng_ce_252/20060323/t20060323_20075.shtml.
15. 中华人民共和国教育部. 2001c. 全日制义务教育数学课程标准(实验稿). 北京:北京师范大学出版社.
16. 中华人民共和国教育部. 2003. 普通高中数学课程标准(实验). 北京:人民教育出版社.

第 6 章

中国教师教育与数学教师专业发展[①]

执笔: 杨玉东[②] 李 俊[③] 高 夯[④] 徐群飞[⑤]

摘 要 教师在中国历来有很高的社会地位."学高为师,身正为范"简明地概括了我们对教师的基本要求.本章的主题是报告中国是如何培养数学教师和支持数学教师的专业发展的,在简单回顾了中国近现代的教师教育发展情况之后,比较详细地介绍了建国以后我国的职前和职后教师教育情况,揭示了中小学数学教师职前培养的历史沿革轨迹与重知识轻实践的师范教育课程特点.教研制度是颇具中国特色的直达每个教师专业教育的一种形式,本章详细地介绍了教研活动的形态、内容和作用.最后归纳出保障和促进中国数学教师专业发展的一些主要方面,如从制度上保证中国师资队伍质量的教师资格证制度、职称评审制度、考核制度等,以及面向数学教师搭建的互动合作交流平台,如数学期刊、网站等.

关键词 师范生教育,教师教育,数学教师,教师专业发展,教研活动

1. 引言

中国古代没有相对独立的师范教育系统,学有成者均可为师,"尊师

① 上海市教育科学研究院顾泠沅带领杨玉东、李俊、高夯和张广祥组成"中国教师教育与数学教师专业发展"课题组,在ICME-11中国"国家展示"上作了展示.本文是在该课题组的工作基础上完成的.

② 上海市教育科学研究院,副教授.

③ 华东师范大学数学系,副教授.

④ 东北师范大学数学系,教授.

⑤ 浙江绍兴文理学院上虞分院,副教授.

重道”是中国代代相传的传统,因此对于“师”的认识总是和“道”联系在一起.例如,“师者,所以传道、授业、解惑也”,“无贵无贱,无长无少,道之所存,师之所存也”(韩愈,《师说》).此外,对于师生关系的认识,认为“弟子不必不如师,师不必贤于弟子”,“青,取之于蓝,而青于蓝;冰,水为之,而寒于水”.在中国5 000年文明的历史中,历代出现过许多名师,其中孔子被看做是教师中的最高典范,被后人一直尊为“万世师表”.本章首先对中国最近百年教师教育的发展情况作出回顾,然后对中华人民共和国成立以来数学教师培养的职前教育、在职教育作详细介绍,最后对支持数学教师专业发展的一些途径作出说明.

2. 教师教育百年回顾

中国近现代的教师教育始于半殖民地半封建社会的背景之下.最早的师范学校是清政府于1897年创立的上海南洋公学师范院,而1902年成立的京师大学堂(北京大学前身)师范馆是中国高等师范院校的雏形.同样是1902年,管学大臣张百熙拟订的《钦定学堂章程》中,规定设立属于中等教育的师范学堂和属于高等教育的师范馆,这就构成了中国现代最初的中等师范教育和高等师范教育体系,标志着中国现代独立的师范教育制度的开始.

辛亥革命推翻了清王朝后,中国结束了2 000多年的封建统治,进入一个新的历史纪元.中华民国临时政府教育部于1912年9月颁布了《师范教育令》,规定高等师范学校为国立、师范学校为省立.1915年,全国有10所高等师范学校,学生1 917人[张燕镜,1995, p. 70];1916年,全国有中等师范学校195所,学生24 959人[刘问岫,1984, p. 33].

“五四运动”后,中国教育从之前仿制日本开始转向取法美国.否定教师职业的专业性、否定师范教育独立存在的思潮泛起,教师教育处于低谷.1922年公布的《学制系统改革令》要求高中实行选科制,可设师范科,将高等师范学校升格为师范大学,但由于在思想上及做法上缺乏研究与准备,导致师范学校大幅减少,师范大学也仅有2所.废置独立师范教育体制的做法降低了基础教育师资的质量,据1930年对27个省中小学教师的统计,在651 633位教师中,受过教师职业训练的仅占27.7%[张燕镜,1995, p. 71].

在有识之士的呼吁下,教师教育制度逐渐恢复,但已经不是先前的独立师范教育制度.1928年，一些国立和私立大学开设教育学院、参与师资培养.1938年颁布了《师范学院章程》，规定师范学院既可以独立设置也可在大学中设置.到1948年，我国国立和省立高等师范学院有11所，大学师范学院4所，国立或省立教育学院3所，大学及独立学院教育系28个，师范专科学校13所[张燕镜，1995，p.76]，形成了多种形式并存的教师教育制度.

在1949年中华人民共和国成立后，开始建设独立定向的师范教育制度.1952年开始，师范教育几乎全部从综合性大学分离出来，经过50多年的发展，中国建成了世界上最庞大的教师教育体系.特别是自改革开放以来，师范教育得到快速发展，形成了规模庞大、层次分明、结构完备、封闭定向的师范体系，这一体系经历了从"三级设置（中师、师专、师院/师大）、三级教育（中专、大专、本科）"到"二级设置（师专、师院/师大）、三级教育（大专、本科、教育硕士）"的转变，目前正朝向"一级设置（师院/师大）、二级教育（本科、教育硕士）"发展.[王建磐，2004，pp.3—7].这一庞大的师范教育体系支持和保证了全世界最大的基础教育事业，到2005年，全国共有普通高等学校1 792所，其中招收师范生的院校占到四分之一左右，招收师范生49.49万人，在校师范生共计179.16万人.2006年全国共有普通小学34.16万所、专任教师558.76万人，普通初中6.06万所、专任教师346.35万人，普通高中1.62万所、专任教师138.72万人（上述数据来自教育部2006年公报）.实际上，自2001年《国务院关于基础教育改革与发展的决定》提出"完善现有师范院校为主体，其他高等学校共同参与的开放的教师教育体系"之后，这种相对独立和封闭的教师教育体系正在被打破——师范院校出现综合化趋势，一些著名师范大学事实上已成为综合性大学，而一些综合大学也开始设立教育学院、参与教师培养.

3. 数学教师的职前培养

我国各类师范学校与师范大学仍然是培养数学教师的主要场所，师范生在入学的第一天起就知道他们将以教师作为自己的职业.下面先回顾中国建国以来小学数学教师和中学数学教师的职前培养方案的历史发展演变过程，再以一个主要培养小学教师和一个主要培养中学教师的师范院校为例介绍它们现行的课程培养方案.应该说，我国的职前培养是比较关注师范生的学科素养的.

3.1 中国小学数学教师培养方案的发展

表 6-1 宏观地反映了中国自新中国成立至今,小学教师培养目标、培养机构、生源、学制及课程方案特点的历史演变.

表 6-1 我国小学教师培养要求的演变

<table>
<tr><th>培养目标</th><th>培养机构</th><th>生源</th><th>学制</th><th>课程方案特点</th></tr>
<tr><td>中专学历
(1949 年至今)</td><td>中等师范学校</td><td>初中毕业生</td><td>3—4 年</td><td>浅泛、综合</td></tr>
<tr><td rowspan="3">专科学历
(1984 年至今)</td><td rowspan="2">中师与高师联合培养(试点)</td><td>初中毕业生</td><td>三二分段制
(中师加专科)</td><td rowspan="2">“3+2”叠加
或侧重语文或侧重数学</td></tr>
<tr><td>初中毕业生</td><td>五年一贯制
(高中加专科)</td></tr>
<tr><td>高师专科学校</td><td>高中毕业生
(高考选拔)</td><td>2—3 年专科
(初等教育专业)</td><td>或侧重文或侧重理
或多个专业方向</td></tr>
<tr><td rowspan="2">本科学历
(1998 年至今)</td><td rowspan="2">高师本科院校或综合性大学师范学院</td><td rowspan="2">高中毕业生
(高考选拔)</td><td rowspan="2">4 年制本科
(小学教育专业)</td><td>综合培养,学有专长</td></tr>
<tr><td>或侧重文或侧重理</td></tr>
</table>

新中国成立后,国家制定了《师范学校暂行章程》和师范学校教学计划,规定中等师范学校的性质为培养小学(或幼儿园)师资的中等专业学校,招收初中毕业生,学制 3—4 年,其课程方案(教学计划)由“普通文化课程”(与小学教学科目对口的学科基础课程)、“教育学科课程”(设教育学、心理学、小学教材教法)再加教育实习组成,文化基础类课程与教育类课程比例约为 7∶1,师范生或侧重语文或侧重数学. 该课程方案培养的小学教师职业技能较强,专业思想巩固.

自 20 世纪 80 年代中期始,我国师范教育培养要求有很大提高,1984 年,江苏省南通师范学校在初中毕业生中招收五年一贯制大专班的小学教师,开始了培养专科、本科层次小学教师的试点工作. 20 世纪 90 年代,又开始了全国 65 所中等师范学校与所在地区的高等师范院校联合办学,采用“五年一贯制”或“三二分段制”培养专科学历小学教师的试点工作. 两种学制的区别在前 3 年,“五年一贯制”前 3 年基本就是普通高中课程,“三二分段制”则学习中等师范学校的三年制课程,后 2 年都按侧重语文或侧重数学学习高师二年制专科课程. 学生在完成前 3 年学习并通过当地教育行政部门规定的有关课程考核后，便可不经过高考直接升入后2年的专科学习．但1998年通过的《中华人民共和国高等教育法》明确规定普通专科、本科院校的生源必须是高中毕业生，其培养任务必须由高等学校承担，因此，中等师范学校逐渐被撤销、合并、升格，改为通过高考招生，培养偏重文科或者理科具有二至三年制专科学历的小学教师．

1998年，我国发达地区高师院校响应教育部"高师教育面向21世纪教学内容和课程体系的改革计划"，开始培养本科学历小学教师的尝试，杭州师范学院与南京师范大学在全国率先通过高考招收"小学教育"的本科专业学生．从此，我国小学教师的培养开始纳入了高等教育体系．"小学教育"本科专业课程方案目前有"综合培养、有所侧重"与"分科培养"两种模式．

各校现行的课程设置有一定差异，这里我们给出某所培养小学教师的学院2007年修订的"小学教育"本科专业的教学计划供参考．

教学计划规定，学生修满161学分可毕业．其中，公共课程为45学分，教育类课程为52.5学分，数学专业课程约55.5学分，全校性公共选修课8学分．其中实习10学分(12周)．

公共课程有中国近代史纲要、思想道德修养与法律基础、马克思主义基本原理、毛泽东思想、邓小平理论和"三个代表"重要思想概论、高等数学、大学英语、体育、大学计算机基础、VB语言程序设计、形势与政策、军事理论与军训．

数学专业的主要必修课程有数学分析(8学分)、空间解析几何(3学分)、高等代数(3学分)、概率统计(3学分)、初等数论(4学分)、小学数学教学研究(4.5学分)、论文(7学分)、教育实习(10学分)等，共45.5学分．数学类选修课程约10学分，有数学文化与数学简史(1.5学分)、数学方法论(2学分)、小学数学竞赛辅导(1学分)、小学教学案例分析(1.5学分)、小学语文教法(2学分)等．

与前一课程计划相比，这一计划增加了教育类课程和数学选修课程的比例．

3.2 中国中学数学教师培养方案的发展

与小学数学教师不断提高学历要求的培养方案发展不同，中国中学数学教师的培养方案的变化更多地反映在课程要求上．

1950年，教育部颁布了第一个学位章程——《北京师范大学暂行条例》,记录了北京师范大学的教育目标和任务,要求国内其他大学效仿执行. 当时因为全面学习苏联,所以课程内容是偏重数学专业课程而忽视教育等其他类型课程的. 20 世纪 50 年代末,全国开展“教育革命”,教学培养计划变得突出政治活动、生产劳动和社会活动,削弱教育类课程,但应用数学类课程被加强.

1963 年,教育部提出“调整、巩固、充实、提高”方针,建议高等师范院校各类课程的比重是:政治课,文科约占总时数的 18%,理科约占 11%;专业教育课,文科约占 60%,理科约占 70%. 教育类课程学时不能太多,以约占总时数的 5%—6%为宜.

“文化大革命”结束后,各师范大学在 20 世纪 80 年代初制订的教学计划大都恢复到“文化大革命”之前的最高要求并略有提高,数学专业课程体现出一些现代数学的发展,但教育类课程仍然不多,约占总课时数的 5.5%. 1985 年全国教育工作会议之后,教育改革以体制改革为突破口,逐步向教学改革的纵深方向发展.

1994 年,教育部颁布了《高等师范学校学生的教学技能培养训练大纲(试行)》,指出:“高等师范教育的培养目标是中等学校师资,但长期以来高等师范学校普遍存在着重文化教育轻教师技能训练的倾向,培养出的学生不能尽快适应中学教育教学工作.” 1996 年年底,教育部又下达《关于教师教育改革和发展的若干意见》,强调师范大学应该改革课程结构以适应 21 世纪的挑战:

(1) 加强基本理论、基本知识学习和基本技能训练,注重文理结合和学科间相互渗透,优化学生的知识和能力结构.

(2) 加强社会科学和科技教育,重视培养学生的科学思维、科学方法、动手能力和创造能力.

(3) 加强教育理论和教学技术,改进教学方法和手段,提高师范教育现代化水平.

(4) 建立稳定的教育实习基地,加强实践环节.

这再次明确提出了师范教育要加强实践性的要求. 表 6-2 是我国某所重点师范大学 50 余年来教学计划的演变,从表中的数据来看,加强实践性这一要求已得到一定程度的响应,但教育实习的时间依然很短,各师范大学实际上仍然相信大学是学习高深数学专业知识的最佳场所,师范生教育的关键是学习学科专业知识,其他实践的知识可以在未来的教学工作中继续学习.

表 6-2 某师范大学数学系课程结构与学分分布的历史演变

时间	毕业学分	通识课程	教育类课程	专业课程	选修课程	教育实习	毕业论文
1950	172	45	12	103	5	12	
1958	165	52	6	100	0	10	4
1963	223	49	12	156	15	6	10
1980	186	42	10	128	2	6	10
1995	170	42	20	74	34	6	8
2005	155	44	25	67	15	6	4

这一教学计划的演变再次印证了文献中对我国职前教师培养特征的描述[Li, Huang & Shin, 2008]：

(1) 为师范生打好坚实的数学基础，让其具有较高的数学素养.

(2) 重视对初等数学的复习与研究，因为大家相信对初等数学有深入理解并有很强的解题能力对能否成为合格中学数学教师非常重要，在应试教育传统的影响下，合格教师必须具有高水平的解题能力.

(3) 教学实践很少，6 周的教学实习只能让师范生初步体验中学教学.

1985 年起，每年的 9 月 10 日被定为我国的教师节. 温家宝总理呼吁：我们应该把最优秀的学生吸引到师范类大学和学院里.⑥自 2007 年起，教育部 6 所重点师范大学为了吸引优秀的学生进入到教师队伍，开始实施免费师范生教育培养计划.

4. 数学教师在职教育

4.1 概况

如前所述，新中国成立后的数学教师培养经历了“三级设置、三级教育”，目前正朝向“一级设置、二级教育”前进. 而数学教师的在职进修，则由县级教师进修学校、地级教育学院和省级教育学院负责，分别对应小学、初中和高中数学教师的培训. 1978 年改革开放时，我国中小学教师整

⑥ 2007 年 2 月，温家宝总理视察东北师范大学调研免费师范生政策时说：“国家重视教育事业的发展，它关乎现代化建设的大局，国家已经基本保证所有孩子都能上得起学，下一个目标是让孩子们上好学，这就需要大批优秀教师. 国家将加大对师范院校的改革和扶持力度，把最优秀的学生吸引到师范院校来，把最有才华的学生培养成人民教师.”见中华人民共和国教育部网站 http://www.moe.edu.cn/edoas/website18/04/info35104.htm.

体素质不高,数学教师受到的在职教育基本是学历补偿教育,根本目的在于提高教师的学历达标率,使教师能够胜任教学工作. 1993 年通过并于 1994 年 1 月 1 日起施行的《中华人民共和国教师法》规定"各级教师进修学校承担培训中小学教师的任务",进一步明确了教师在职教育由三级教育机构承担,但同时也指出"非师范学校应当承担培养和培训中小学教师的任务". 1995 年国务院颁布《教师资格条例》,对教师资格的基本要求是小学教师具有中专学历、初中教师具有专科学历、高中教师具有本科学历. 1997 年教育部专门设置了针对中学在职教师的教育硕士学位点,由全国 10 余所师范院校承担,实际上这种教师取得较高学历的过程,也是教师专业素质规范训练与教学专业素养提升的过程,可视为教师在职教育的一种形势. 1999 年教育部先后颁布了《中小学教师继续教育规定》和《中小学校长培养规定》,教师的在职教育被进一步规范化和法制化.

自中国改革开放以来,中小学教师的学历补偿教育和学历提高教育基本上都是由高等学校和各级教师教育机构担任,中小学教师通过取得合格证书或学历,其整体素质有了明显提高. 但是随着中国课程改革的推进和中小学教师继续教育需求的变化,以高等学校和教师教育机构为主要基地的教师在职教育也显示出一些不足,如无法兼顾学校之间、教师之间的个性化需求以及差异,其在职教育课程内容设置与中小学教师教学实践存在着脱节,培训方法仍然以讲座和考察为主,难以针对中小学教师教学实践中面临的实践困难.

4.2 由来已久的教研制度

即便是经历了学历补偿及提高教育,中国数学教师的学历水平仍远落后于发达国家(如美国学校 50%以上教师具有硕士文凭),但一些学者的研究表明[Ma, 1999],中国的数学教师对于基础数学有着深刻理解,他们具有良好的学科教学知识(PCK). 实际上,中国的数学教师在入职后的教师生涯里,一直会经历一种制度保障下的"教研活动",而这正是中国的数学教师获得教学实践知识、获得在职专业发展的重要校本途径.

与西方文化不同,中国数学教师的课堂教学欢迎同行前来观摩、研究和交流. 能够在大范围上一次"公开课"或"观摩课"(图 6-1),是一种很高的荣誉. 中国所有的中小学均设有教研组,教师之间一起备课、公开课堂、相互听课并讨论,这些是一种教研制度保证下的以校为本的日常教学研究活动. 这种教研活动在制度保障下已经具有 50 多年的传统,并且教师的教研活动得到四级教研网[省教研室、区(县)教研室、学校教研组、备课组]的支撑,具有中国特色.

图 6-1 公开课

学校教研组是教研活动中的基本组织,它肩负着进行教学研究的功能,符合中国内地一线教师的教学研究实际. 1952 年教育部在《中学暂行规程(草案)》中就明确规定:"中学各学科设教学研究组. 由各科教员分别组织之,以研究改进教学工作为目的,其任务为讨论及制定各科教学进度,研究教学内容及教学方法."1957 年教育部《中学教学研究组工作条例(草案)》中进一步明确了学校教研组的"研究"功能:"教学研究组是教学研究组织,不是行政组织的一级. 它的任务是组织教师进行教学研究工作,以提高教育质量,而不是处理行政事务."

在 20 世纪 90 年代,随着基础教育课程改革的启动,教研组又具有了新时期下把课程改革的理念落实于日常教学的任务. 例如,教育部于 1990 年《关于改进和加强教学研究室工作的若干意见》进一步要求:"各中小学教研机构要把基础教育课程改革作为中心工作,充分发挥教学研究、指导和服务等作用."2001 年,国务院颁布的《关于基础教育改革与发展的决定》强调:"教研机构应积极参与基础教育课程教材改革和教学实验,注意借鉴国外教学改革的先进经验,推广基础教育教学改革优秀成果."

4.3 四级教研网的功能及其活动形态

在中国内地,具有 50 多年传统的由省教研室、区(县)教研室、学校教研组、备课组构成的多级教研组织(办公室文化、集体备课、公开课堂、群体探讨),它们形成了一个自上而下的网络,而且具有约 10 万人的教研员队伍.从宏观层面来看,四级教研网在各个地区的校本教学研究活动中发挥了重要的由上而下的管理和指导的推动作用,这是制度上的优势.从微观层面来看,除了高校和研究机构专业研究人员和学校教师,教研员不但在数量上弥补了专业研究人员的不足,而且架起了教学理论与教学实践的桥梁,是独具优势的开展校本教学研究的"中介力量".通过这种独特的教研活动,教师在工作中获得专业发展,可以看做教师在职教育的专业实践活动.

4.3.1 教研活动中的关键性教学事件分析方法

在中国 50 多年的传统教研活动中,逐步形成了一些独特的关键性教学事件分析方法[杨玉东,2009, pp. 48—49].

第一种有特色的关键性教学事件分析法,俗称"重点、难点、关键点"分析法,它一向被视为优秀教师和一般教师的分水岭.在实际的教研活动中,针对某一特定的教学内容,有经验的教师或专家教师往往凭借经验能够指出"三点",而职初或经验欠缺的教师很难表述清楚.一线教师在参加教研活动的过程中,逐步学会如何从"三点"出发分析教学内容和教学过程,成为促进其教学反思、提升专业能力的一种工具.

其中,"重点"是针对学科教学内容而言的,关乎学与教的目标,亦即什么是学生必须掌握的内容要点、教师要把教学重心放在哪里,反映的是学科课程知识;"难点"主要是针对学生的学习过程而言,亦即学生可能存在的认知上的困难,反映的是关于学生的知识;"关键点"是针对教学法而言的,亦即教师如何通过教学设计既能实现教学目标又能克服学生的学习困难,是上述二者的综合考虑,反映的是学科教学知识.在课程改革理念的指导下,对于传统教研活动中的这一精髓,目前又有了新的认识和发展——增加了一个"学习效果",即根据教学实施后学生的实际学习效果,重新审视原来对于重点、难点和关键点的把握是否准确,反映的是学科教学评价知识.由此形成了一个调整"重点、难点、关键点"的反馈回路——关注学生的实际获得并以此为依据重新调整课堂教学中的关键性事件,其过程如图 6-2 所示.由此,我国传统的教研活动中的"重点、难点、关键点"和新时期增加的"学习效果"评价构成了一个"目标—条件—过程—结果"的四元课堂教学研讨的分析框架,即教学的目标是什么(重点的分析)、要实现教学目标必须考虑学生的学习条件是什么(学生学习的难点分析)、由此决定教学过程中的环节设计得如何(关键点的处理分析)、最终讨论教学效果究竟怎样(学生的学习获得分析). 如小学数学"有余数的除法"的新授课,可以作如下的四元分析:目标(重点)是学生掌握余数概念并理解"余数小于除数"这一规律;条件(难点)是让学生理解"为何余数小于除数"并运用此结论判断试商过程;过程(关键点)是创设分配实物的活动情境,让学生理解余数就是"不能再分"的剩余数量,余数比除数小就是"剩余物如果大于除数就可以继续分配"并由此理解试商过程;结果(学习效果)要根据上课过程来判断上述教学定位是否恰当并加以改进.

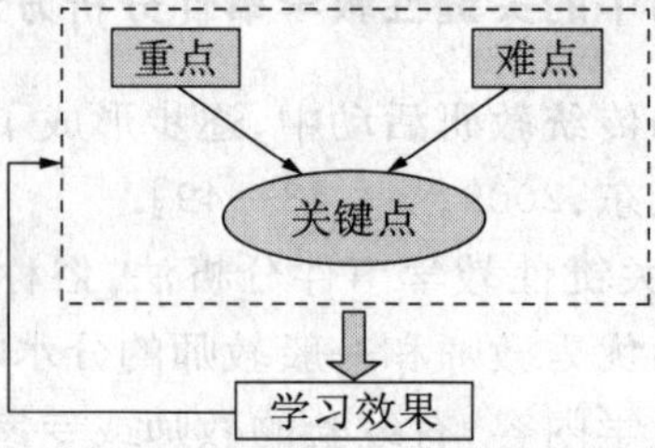

图 6-2 关键性教学事件的分析方法

第二种教研活动中有特色的关键性教学事件分析法是一种针对某个特定教学片段或教学事件"以小见大"地来讨论教学的方法,实际上是对教学中"关键事件"的辨别,往往涉及师生在教与学中的互动方式,反映的是教师对于教学的专业判断力. 在日常的教学研讨活动过程中,教师们往往会这样生成一个他们认为的关键教学事件:首先,把自己课堂上观察到的一个教学现象或事件再现出来——这是对事件的事实性描述;其次,根据个人的经验和对课程标准的理解,对这个他认为关键的教学事件进行解释和重新认识,由此可能激发他人对于这个事件价值的共鸣——这是赋予事件教学研究的价值和意义;接下来,有的教师可能根据个人经验和认识提出对于这个事件"应该怎么处理"的建议,也可能没有具体建议但只是留下可以供他人继续讨论和反思的空间. 这种关键性教学事件分析法实际上经历了这样 3 个步骤:提出事件"是什么"的描述性特征—赋予事件"为什么"重要的意义—探讨事件"该如何处理"的处置性经验.

例如,在教研活动过程中先后上了 2 节"有余数除法"的课. 为了引出余数概念,一位教师创设了让一个小朋友把 7 本书平均分给另外 3 个小朋友的活动情境,另外一位教师创设的情境是让一个小朋友把 14 块糖平均分给另外 3 个小朋友. 教师的目的是当剩下的书或糖块不够平均分时，由此引出余数. 可是，学生们却提出了各种各样的可以继续平均分的办法，如把多出来的那本书撕开，或分给其中一个小朋友，或轮流阅读等；如把剩下的糖块每人咬一口地继续分或用小刀切开分，或给另外一个人等. 可见一个现实情境中的问题，学生会赋予它现实的意义并提出自己的办法，而教师却想让学生说"不能再平均分了"，并由此赋予余数概念的含义. 最终，两位教师都只好自己站出来宣布"不能再平均分".

针对这样的教学现象，就有教师提出了"我们究竟该如何看待来自学生原发的多种观点并回应他们"的困惑. 有经验的教师指出，除了简单地阻止学生继续分——使用非学科角度的回应外，教师也可以从数学学科的角度指出在整数范围内不能再分、今后学习了分数就可以继续分——为后续学习内容作铺垫. 还有的教师提出，需要考虑教师创设的活动情境是否恰当，因为糖块和书等在学生的经验范围内是可以继续分的，而如果使用玻璃弹子等学生经验里不可以切割的操作对象，是否可以避免学生继续对剩余物作分配等.

如果把上述教研活动中的研讨过程描述下来，其实反映了第二种关键性教学事件的分析过程：描述教学现象或事件—赋予教学事件以意义—讨论如何处理该种事件. 图 6-3 显示了教研活动中如何把这个教学事件创设为有意义的关键性事件的过程：

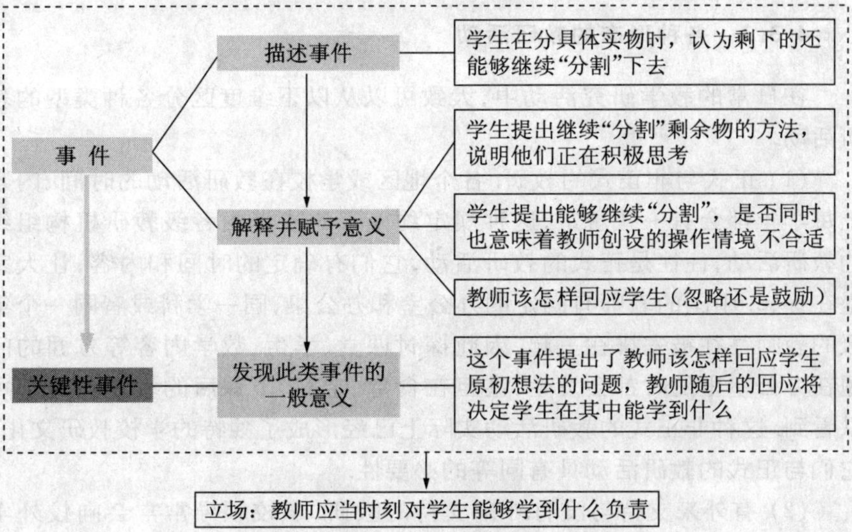

图 6-3　创设关键性教学事件的过程

与第一种关键性教学事件分析法不同,第二种方法具有典型性和主观性的特征. 所谓典型性,是说关键事件具有一定的代表性,具有分析的价值. 如果事件本身比较极端,不具有代表性,那么我们在分析的时候,倘若要在更广泛范围内挖掘它的意义则会显得很困难. 所谓主观性,是说一个事件是否关键取决于教师的主观理解. 也就是说,如果我们认为这件事是重要的,那么它就是关键事件. 对教师来说,主观性指的是教师的主观判断,教师根据自己的教学经验和兴趣偏好来判断哪些事件具有意义,对教学研究具有促进作用. 可以说是教师自己突显了“关键事件”.

实际上,上述两种关键性教学事件的判断与分析具有很强的个人色彩,也正是这一主观性形成了教师不同的专业表现和行为. 对关键性教学事件的判断反映的是教师或教研员的专业判断力. 很多人认为教师这一职业不如律师、医生那样具有较强的专业性,其实不然,对关键事件的把握能力就反映了教师的专业能力.

与专业研究者理论构建的旨趣不同,教师日常的教研活动是有实践导向的,并以教学改进为目标. 我国教研制度中的教研员往往是优秀教师的代表,教研员能否引导教师抓住教学中的关键事件,显示的是一种对教学进行分析的专业能力——这种能力基于经验又不囿于经验,关乎实践改进而又注重理性提炼,可以说是架设教学理论与教学实践的桥梁——这也是教研员不同于教师、不同于高校研究者的独特角色和作用之所在.

4.3.2 各种形态的教研活动

在日常的教学研究活动中,大致可以从以下维度区分各种类型的教研活动.

(1) 正式与非正式的教研. 各个地区或学校在教研活动的时间、内容上每学年都会有一些规定,这种规定约束下的或者由各级教研机构组织的教研活动,往往是正式的教研活动,它们有确定的时间和内容,让大家坐在一起. 中国的教师有固定的办公室和办公桌,同一学科或者同一个年级的教师往往被安排在一起,因此探讨课堂、学生、数学内容等方面的问题在办公室里随时都会发生,甚至在食堂、走廊、下课后的教室等处都可以看到. 这种非正式的教研活动实际上已经形成了独特的学校教研文化,它们与正式的教研活动具有同等的必要性.

(2) 有外来支持与没有外来支持的教研. 学校领导常常会向校外学术团体寻求支持. 但这种外来专家的指导往往是自上而下的过程,不同于教师之间的那种平等关系. 所以这种指导常常要经历从自上而下的等级指导到伙伴合作的平等指导,甚至于"逐步淡出",直到由教师自我指导的过程.

(3) 其他功能各异、形态多样的教研. 此外,由于各种出发点和学校背景的不同,还有许多在一线活跃着的目的不同、形态各异的教研活动,下面撷取数例,它们之间没有严格的划分标准.

① 先导小组式教研——校长接受了一个新理念,通过建立一个少数人组成的"先导小组"在实践中先行实践,引发和带动更多人的参与研讨,最后促成各自的共同进步.

② 骨干教师指导的教研——学校充分发挥骨干教师的指导作用,成立专门的工作室或研究组,与一般教师组成实践共同体,在共同工作中加速经验学习的进程,通过公开的教学活动以及评论与改进,导引工作质量的提高.

③ 教师异质组合的教研——具有不同学科、经验背景及兴趣爱好的教师由于某个综合性的共同关心课题而组合起来,通过合作、交流与分享,从不同角度和侧面进行课堂教学研究.

④ 连环跟进式教研——由多位教师接连上同一内容的课(也可以是同一位教师接连上几次课),每次上课都进行深入的观察、分析、比较,并提出改进意见,如此多次往复以提高教师的教学行为水平.

⑤ 中心校辐射的教研——充分利用中心学校人力、物力和信息资源,支持、带动周边一般校,共同提高教师的教研水平. 这对解决农村、边远地区教育资源相对匮乏问题有作用.

⑥ 联片教研——学校之间共同合作,或地区分片,或多校联动,在立足于自己学校开展教研的基础上,挖掘不同学校的潜力,以差异为资源,优势互补,谋求共同发展.

4.4 从教研制度到教研文化的生成

随着我国教育改革的深入推进,教师的课程实施能力正越来越成为关键要素,基于传统教研活动的教师在职专业发展方式的价值凸显. 近5年来,这种以校为本的教研活动被教育部作为一个工作项目在全国深入推进. 2003 年 12 月,教育部基础教育司在上海召开首届"以校为本教研制度建设研讨会",项目正式启动. 2004 年,全国 30 个省(自治区、直辖市)及 16 所师范大学课程中心组建项目专家组,上海市教育科学研究院顾泠沅任组长，审批了全国84个首批基地县区，形成了项目工作推进的行动计划.2005年1月，在湖南长沙召开了第二届项目工作大会，梳理校本教研的主要理念和行政主管部门的基本要求.2005年12月，在山西太原召开第三届项目工作大会，交流2年来全国各基地县区推进校本教研的成功经验.年底，校本教研列入教育部2006年工作要点.2007年5月，在北京召开第四届项目工作大会，项目由前一阶段校本教研制度建设延伸到以校为本的课堂教学改进上来，由前一阶段全国84个制度建设基地扩大到依托各省、市、自治区教研机构的全面推进上来.

学校教研制度在中国已有50多年历史，应对课程改革的挑战，目前学校的教学研究正在发生如下的转变：①从技术操作熟练取向到文化生态取向.②从研究教材教法到全面研究学生、教师的行为.③从重在组织活动到重在培育研究状态.④从关注狭隘经验到关注理念更新和文化再造.这种以校为本的教研活动既是教师教学方式、研究方式的一场深刻变革，同时也是教师学习方式、历练方式的一场深刻变革，近年来被称为"校本研修"可能更为贴切.

4.5 教师专业成长的"行动教育"模式

教师教育者所常常采用的在职教育形式主要有短期课程培训、单元式工作坊、教学观摩和研讨会等.但是研究表明，实际上大部分教师在参与了这类培训后，都感到很难把所学到的知识和技能运用到日常的课堂上，这似已成为"顽症".目前比较有影响的研究有3类.

4.5.1 关于同事互助

乔依斯与许瓦斯的等组实验[Joyce & Showers, 1982]发现，教师在课程培训的同时，如参与校内同事间的互助指导，可有75%的人能在课堂上有效应用所学的内容，否则只有15%悟性较高的人能有同样的表现.其他研究[Sparks, 1986, pp. 217—225; Singh & Shiffette, 1996, pp. 145—160]也发现同事间互助指导远胜于单元式工作坊.美国、中国香港等地的一些学者正在中小学中推介同一层级教师间的互助支援，既避开上下属评鉴考绩的干扰，同时又促进教师专业发展.然而，根据上海长期以来中小学教师成长的经验，同层级的横向支援明显缺少纵向的引领，尤其是在当今课程发展正处于大变动的时期，先进的理念如若没有以课程内容为载体的具体指引与对话，没有课程专家与骨干教师等高一层次人员的协助与带领,同事互助常常会"萝卜烧萝卜",自囿于同水平反复.

4.5.2 关于案例讨论

这种方法最早应用于律师与医生的培养,是一种教与学双方直接参与、共同对案例或疑难问题进行讨论的教学方法.哈佛工商学院将其应用于工商管理人才的教学,同样取得显著成效. 20 世纪 70 年代以后,案例讨论被移用到教师培训中来,现已发展为课例学习(Lesson Study).可是,教师是一种特殊的职业,与医生、律师、工程师毕竟有所不同,比如:后者技术含量高、以文本知识为主,前者工艺性特别讲究、以经验知识为主;后者采用书面个案讨论的学习与培训方式很能有所建树,而前者还需在反复实践中作行为自省与调整的跟进才能见效.事实表明,"同样的教案不能复制出同样的教学效果",教师培训仅用案例讨论的形式,成效远不如其他职业那样突出.

4.5.3 关于讲授先行还是实践先行

长期以来人们认为,唯有教师知识和信念的改变才会导致教师课堂行为的改变,才有可能导致学生学习结果的变化,因此,教师培训常常采用"讲授先行的传统模式".但是,随后的研究[Clarke & Hollingsworth, 2002, pp. 947—967]指出,教师信念和态度变化的更直接原因,可能基于学生学习结果的变化.而导致学生学习结果变化的,则是教师课堂实践的变革.因此,教师培训又采用了"实践先行的改进模式".讲授先行与实践先行这两种模式是两个不同的线性思路,"知"与"行"先后分列,究竟应当选择怎样的路,中国传统文化中"知行合一"的观点值得重视.

综合前面的讨论,保持同事间的互助指导,还须注重纵向的理念引领;保持侧重讨论式的案例教学,还须包含行为跟进的全过程反思;保持"知行合一",还须把教学实践中的认识和情意、行为和经验辩证地统一起来.因此上海市教育科学研究院教师发展研究中心在 2002 年经过近 1 年的先期实践研究,基于传统的教研活动提出了一种以课例为载体、在教学行动中开展包括专业理论学习在内的教师专业成长模式,简称"行动教育"[顾泠沅,王洁,2003, pp. 2—10],如图 6-4 所示.该模式自 2003 年起,通过教育部校本研修工作项目广为传播,在国内具有较大的影响力.它是对传统教研活动中教学改进过程的精致化描述.

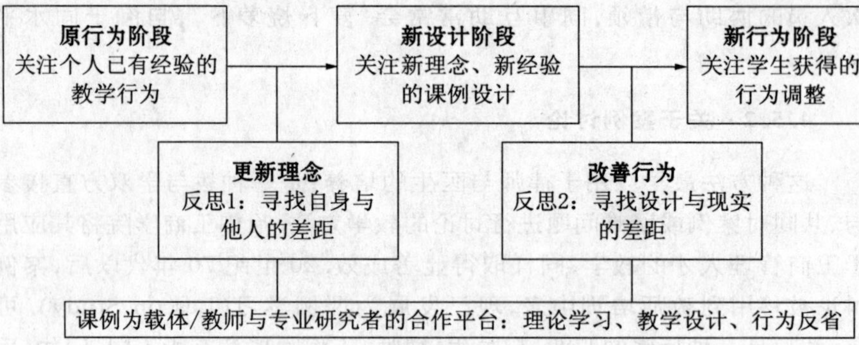

图 6-4 “行动教育”的基本模式

案例 6-1 除法就是分豆子

(1) 选题背景.

荷兰弗赖登塔尔数学教育研究所的达朗其(Jan de Lange)在ICME-8的大会报告中介绍了荷兰的一堂课：81名家长出席学校家长会，每张桌子可坐6人，需要布置多少张桌子？第一类学生具体地摆桌子，第二类学生经历了从摆桌子到形式计算的抽象，第三类学生套用现成算式去做. 实际上，3类学生中只有第二类才真正体验到了“数学化”的含义. 而达朗其介绍的，正是小学“有余数除法”的一堂课.

(2) 教师的原来教学行为.

我们也在小学观察了“有余数除法”这堂课，发现教师的教学存在以下问题：

① 纠缠于区分等分除、包含除等枝节，未突出“有余数”这个要点.

② 习惯于计算准确性的训练，让学生大量练习类似 $3\times(\quad)<7$，以及“括号里最大能填几”的题目，未能关注试商的实际意义.

③ 让学生根据图 6-5 中的一组算式表面地寻找规律，学生都说“不知道”.

$$\left.\begin{array}{l} 16\div 5=3\cdots\cdots 1\\ 17\div 5=3\cdots\cdots 2\\ 18\div 5=3\cdots\cdots 3\\ 19\div 5=3\cdots\cdots 4\end{array}\right\}\text{余数 1，2，3，4 与除数 5 比较大小，得出余数小于除数}$$

图 6-5 黑板上的“板书”内容

在这堂课里，教师把重点放在程式化训练上，忘记了对小学生来说

“数学就是生活”，学生未能理解“余数”概念和“余数比除数小”的真正含义.

(3) 新设计阶段.

在改进后的课堂教学里，教师引进了“分豆子”的活动，实物和算式之间建立了联系，使得学生的活动经验和数学概念、过程、规律建立了对应关系，深刻地理解了“余数”概念.（图 6-6）

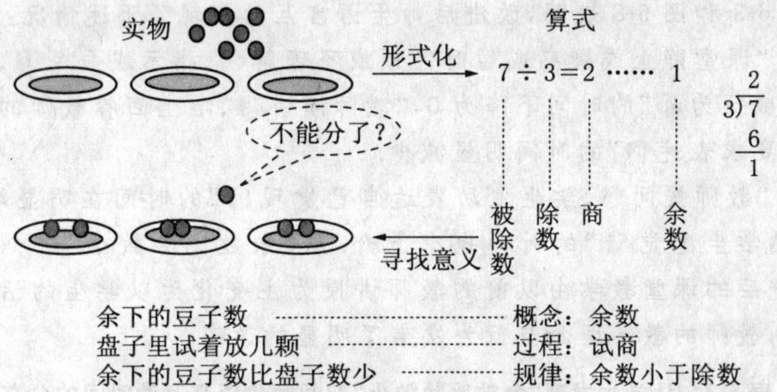

图 6-6　“分豆子”与“有余数除法”

但是，新的教学设计也面临了现实中的困难. 如果学生做除法一定要“拿豆子来”，那么他们“只会动手做、不会动脑想”，课堂热热闹闹，却陷入了数学教学的浅薄与贫乏. 针对这个新难点，教师创造性地在实物与算式间设置一个中介——放掉豆子和盘子，让学生在脑中分豆子，终于帮助学生攻下了从实物到算式的形式化难关.

实际上，教师采用了“动手分豆子—脑中分豆子—算式运算”这样一个非常重要的教学策略，它符合布鲁纳（J. S. Brunner，1915—　）“三个操作”的认知理论（图 6-7）.

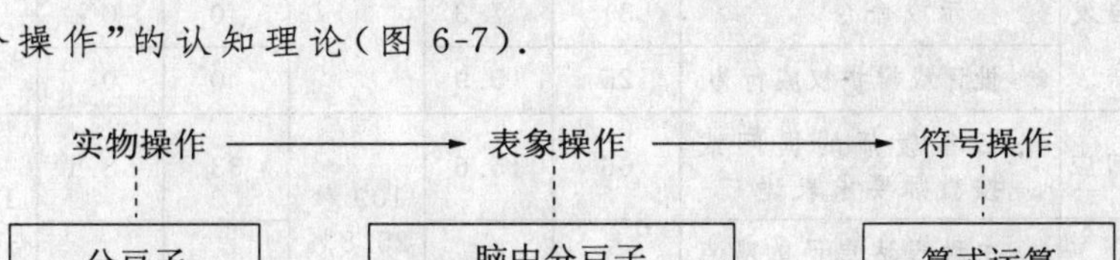

图 6-7　“脑中分豆子”与布鲁纳的认知理论

脑中分豆子的方法是一种“表象操作”，它是从“实物操作”到“符号操作”的中介.这样，儿童学习数学“就是在具体、半具体、半抽象、抽象之间的铺排，是穿行于实物与算式之间的形式化过渡”.

(4) 课堂理念与行为发生了变化.

改进后的课中，师生语言行为也有了很多变化，我们可以使用“弗兰德师生语言互动分类”方法对“余数比除数小”这一教学片段作一比较(表6-3与图6-8).

表6-3和图6-8表明，改进后师生语言互动出现了下述情况：

①“课堂静止或疑惑或暂时停顿或不理解❿、指示或命令❻、批评或辩护权威行为❼”的时间下降为0，“教师演讲❺、学生回答教师的提问或按教师要求表述❽”的时间明显减少.

②“教师提问❹、学生主动表达自己发现❾”的时间在明显增加，教师“接纳学生感觉❶”的时间也有上升.从“余数比除数小”这个片段可见，改进后的课堂教学由以前的教师讲授为主变化为以学生的活动和表达为主，教师的教学理念与行为发生了明显的改变.

表6-3　让学生发现“余数比除数小”期间师生语言互动时间的分布

<table>
<tr><th colspan="3" rowspan="2">弗兰德师生语言互动分类</th><th colspan="3">改进前(423秒)</th><th colspan="3">改进后(410秒)</th></tr>
<tr><th>时间/秒</th><th>百分比/%</th><th>合计</th><th>时间/秒</th><th>百分比/%</th><th>合计</th></tr>
<tr><td rowspan="7">教师讲</td><td rowspan="3">回应</td><td>❶ 接纳学生感觉</td><td>5</td><td>1.2</td><td rowspan="7">166秒
39.2%</td><td>16</td><td>3.9</td><td rowspan="7">147秒
35.9%</td></tr>
<tr><td>❷ 赞许学生行为</td><td>22</td><td>5.2</td><td>23</td><td>5.6</td></tr>
<tr><td>❸ 接受学生观点</td><td>12</td><td>2.8</td><td>11</td><td>2.7</td></tr>
<tr><td>中立</td><td>❹ 问学生问题</td><td>23</td><td>5.4</td><td>72</td><td>17.6</td></tr>
<tr><td rowspan="3">自发</td><td>❺ 演讲</td><td>48</td><td>11.3</td><td>25</td><td>6.1</td></tr>
<tr><td>❻ 指示或命令</td><td>31</td><td>7.3</td><td>0</td><td>0</td></tr>
<tr><td>❼ 批评或辩护权威行为</td><td>25</td><td>5.9</td><td>0</td><td>0</td></tr>
<tr><td rowspan="2">学生讲</td><td>回应</td><td>❽ 回答教师的提问或按教师要求表述</td><td>66</td><td>15.6</td><td rowspan="2">109秒
25.8%</td><td>33</td><td>8.1</td><td rowspan="2">128秒
31.2%</td></tr>
<tr><td>自发</td><td>❾ 主动表达自己的观点或向教师提出问题</td><td>43</td><td>10.2</td><td>95</td><td>23.2</td></tr>
<tr><td>静止</td><td>中立</td><td>❿ 静止或疑惑或暂时停顿或不理解</td><td>33</td><td>7.8</td><td>7.8%</td><td>0</td><td>0</td><td>0%</td></tr>
</table>

注：学生小组讨论，改进前为115秒，占27.2%；改进后为135秒，占32.9%.

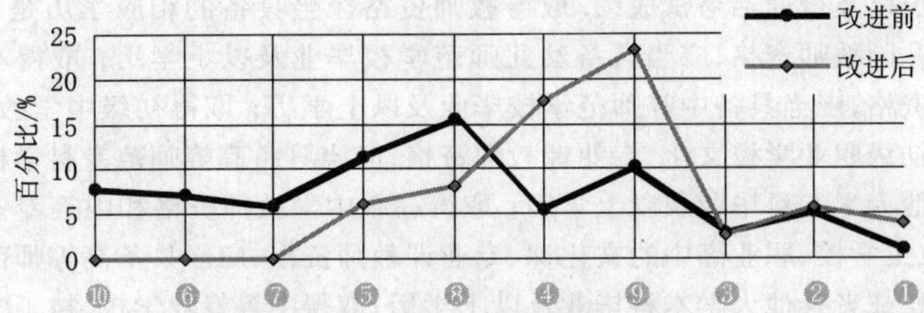

图 6-8　师生语言互动状况的变化

5. 数学教师专业化的要求与支持

教育是一门实践性极强的科学，但如前所述，教育部多次指出我国的教师职前培养存在重知识轻实践技能的弊端，因此，新教师入职以后，国家、学校都还需要不断地为他们提供教师专业发展的条件，拓展各类教师专业发展的空间. 为了不断地完善自己，不少教师也在实践中不断地学习、反思. 除了前面所介绍的教研制度，我国的教师资格证制度、职称评审制度、一帮一师徒制等都在制度上保证和促进了在职教师进一步的专业发展. 另外，近年来，国家扩大教育硕士的招生规模，利用网络开展远程大规模的培训，以及部分教师开设个人博客、组织有共同专业兴趣的数学教师在线交流等都是新出现的教师专业发展的流行形式.

5.1　教师资格证制度

根据《中华人民共和国教师法》，我国实行教师资格证制度，中国公民凡遵守宪法和法律，热爱教育事业，具有良好的思想品德，具备该法规定的学历或者经国家教师资格考试合格，有教育教学能力，经认定合格的，可以取得教师资格. 各级各类学校师范教育类专业毕业生可以持毕业证书向任教学校所在地或户籍所在地教师资格认定机构申请直接认定相应的教师资格. 非师范教育类专业毕业生参加教育教学基本素质和能力考查后也可以获得教师资格. 教育教学基本素质和能力考查的方式主要是面试、笔试、试讲等. 取得教师资格的人员首次任教时有试用期. 该法明确指出，各级师范学校毕业生应当按照国家有关规定从事教育教学工作，国家也鼓励非师范高等学校毕业生到中小学或者职业学校任教.

资格审查具体考核的方面有学历、思想品德、教育教学能力、身体健康情况以及普通话考试成绩.取得教师资格应当具备的相应学历是:取得幼儿园教师资格,应当具备幼儿师范学校毕业及以上学历;取得小学教师资格,应当具备中等师范学校毕业及以上学历;取得初级中学教师,以及初级职业学校文化、专业课教师资格,应当具备高等师范专科学校或者其他大学专科毕业及以上学历;取得高级中学教师资格和中等专业学校、技工学校、职业高中的文化课、专业课教师资格,应当具备高等师范院校本科或者其他大学本科毕业及以上学历;取得中等专业学校、技工学校和职业高中学生实习指导教师资格应当具备的学历,由国务院教育行政部门规定;取得高等学校教师资格,应当具备研究生或者大学本科毕业学历;取得成人教育教师资格,应当按照成人教育的层次、类别,分别具备高等、中等学校毕业及以上学历.随着近年来我国高等教育的发展,目前实际学历要求已有很大提高.

5.2 教师职称评审制度

教师专业发展是国家的一项重要工作,与大学教师一样,对中小学教师也有考核、职称评审的要求,以促使教师积极进取.中小学教师职称均分为三级、二级、一级与高级这4个等级,在申请小学高级教师和中学一级教师职称时,要求教师通过外语和计算机应用能力这两项考试,中学一级教师在申请高级中学教师职称时要求通过自己所教科目的课堂教学能力考核与学科基础知识考试.

教师的职称评定按照个人申报、组织推荐、评委会评审、主管部门认定的程序来进行,每年1次.评委对申报者的学历、教龄、教育教学实绩、业务进修及教育科研能力、答辩表现等进行评审.对农村教师的外语和发表论文要求降低.中小学教师资格由县级以上地方人民政府教育行政部门认定.普通高等学校的教师资格由国务院或者省、自治区、直辖市教育行政部门认定,或者由其委托的学校认定.除了职称,还有一些其他荣誉,比如各个级别的特级教师、骨干教师、学科带头人、教坛新秀等.

学校也对教师的政治思想、业务水平、工作态度和工作成绩进行日常考核,该考核结果是受聘任教、晋升工资、实施奖惩的依据.其中学校对教师工作成绩评价考核的重要依据是其任教班级学生在地区、学校统一组织的考试中的成绩;当然,听取其他教师以及学生的意见也是必不可少的.

教师职称评审制度已经存在几十年了,但现在有一些教师指出,中小学教师职称评定政策还需要改进，例如：为了更加公平公正，应专门成立一个独立的评测机构进行评审，使评审工作完全与学校脱钩；为了促进教师不断进取，职称应取消终身制，引入竞争机制；有些评测的内容和形式不够客观、现实和科学，应加以改进；等等.

5.3 一帮一师徒制

在我国，新教师一进入岗位，就有指定的有经验教师给予全程的"传、帮、带"，一般有一个指导学科教学的师傅，还有一个指导班主任工作的师傅，有时 2 个师傅是合二为一的. 师徒结对常常是新老教师自愿组合的，期限一般为 1—3 年，每年学校会为所有的新教师组织一个拜师仪式，隆重地向指导教师颁发正式的聘用证书. 每学年学校要对师徒双方进行评比考核. 师傅应在师德、教育教学等方面作出榜样，指导徒弟备课、上课、批改作业、命题、辅导学生等；徒弟要虚心学习、随堂听课，主动向师傅请教教学设计、教学实践、班级管理等方面的问题. 学校一般会定期举行新教师汇报课和青年教师优质课竞赛等，以激励新教师的成长. 中国有句古话"一日为师，终身为父"，所以，结为对子的师徒一般在日后也有比较密切的指导关系. 除了一帮一的师傅带徒弟，学校也鼓励新教师向其他教师学习.

5.4 大规模培养教育硕士

20 世纪末，中国开始大规模培养在职学习的教育硕士. 与教育学硕士不同，教育硕士的培养目标为应用教育理论解决实际问题的高水平的中小学教师和管理人员，强调学习内容的实用性和对日常工作的指导性. 报考者要求是具有学士学位、3 年以上基础教育工作经历、热爱本职工作、思想政治素质好、业务能力较强、身心健康的在职基础教育工作者，有本科学历但未获得学士学位者，则需具有中学一级或小学高级教师的职称. 入学考试科目有英语、教育学、心理学和数学教学专业课. 学习年限为 2—4 年，以业余学习为主，课程学习实行学分制. 以华东师范大学为例，在 1997—2009 年已培养数学教育硕士约 150 人. 目前，全国有近 60 所院校招收教育硕士，考生报考踊跃. 另外，一些经济发达地区已经提出教师学历要再上一个台阶的远景规划.

与教育硕士培养目标一致，教育硕士的毕业论文课题大多针对教学实践中遇到的困惑和问题，强调实践应用性，例如以下就是一些教育硕士毕业论文的题目："对高中生函数概念理解的调查研究"，"组合问题解决过程中的直观表示与分析思考"，"高中新课程'算法初步'学与教问题的相关研究"，"数学日记对中专数学教学的影响"，等等.

5.5 数学教学书籍和期刊

因为教师职称评定、考核和研究生完成学业都要求考核论文发表情况，所以，中国中小学教师中阅读与写作的人数还是比较多的. 全国以中小学数学教师为读者对象的期刊多达数十种，最早的《数学通讯》和《数学通报》均创刊于 20 世纪 30 年代. 我国大陆部分以数学教师为读者对象的数学教学类期刊信息如表 6-4 所示. 这类杂志的读者与作者主要是中小学教师，较常见的栏目有"教学研究"、"教材研究"、"考试研究与复习"、"解题研究"、"教学设计"、"数学竞赛"、"国内外教育动态"等. 据向上海及周边地区的 82 名数学教师调查[李素华，2009]表明，96%的受访者认为学校图书馆或资料室有专业期刊可供其阅读，28%的教师回答说自己经常看专业期刊，62.2%的教师称偶尔看，9.8%的教师说自己基本不看或从来不看. 他们估计有阅读习惯的教师占教师人群的 30%—50%. 初中数学教师的阅读动机以"积累题目以后用于教学"和"备课"为主，高中教师则以"写文章"和"了解教学研究动向、方法等"为主. 初、高中数学教师不同的阅读动机可能也反映出他们各自不同的关注点，除了与初中数学教师一样通过阅读杂志满足自己的教学需求以外，高中数学教师更多的是为了了解教研动向、挑选教研课题、借鉴合适的研究方法和满足自己写作论文的需要. 当然，与数学教学密切相关的教学材料、复习材料，帮助教师认识数学思想观念、积累解题方法与技巧的以及让人感觉新奇的文章，也都特别受到教师的关注.

表 6-4 中国大陆部分数学教学类期刊信息

编号	刊名	创刊时间/年	出版地	主办单位	出版周期
1	数学通讯	1933	武汉	华中师范大学 湖北省数学学会 武汉数学学会	月刊
2	数学通报	1936	北京	中国数学会 北京师范大学	月刊
3	数学教学	1955	上海	华东师范大学	月刊

（续表）

编号	刊　　名	创刊时间/年	出版地	主办单位	出版周期
4	中学数学研究	1955	广　州	华南师范大学	月刊
5	福建中学数学	1958	福　州	福建师范大学 福建省数学学会	月刊
6	中学数学教学参考 （分初中版、高中版）	1972	西　安	陕西师范大学	月刊
7	中学数学教学	1978	合　肥	合肥师范学院 安徽师范大学 安徽省数学学会	双月刊
8	中学数学月刊	1978	苏　州	苏州大学	月刊
9	数学教学通讯	1979	重　庆	重庆市数学学会 西南大学	月刊
10	中学数学	1979	武　汉	湖北大学	月刊
11	中学数学研究	1980	南　昌	江西师范大学	月刊
12	上海中学数学	1980	上　海	上海师范大学	月刊
13	中学数学杂志 （分初中版、高中版）	1981	曲　阜	曲阜师范大学	双月刊
14	中学教研（数学）	1981	金　华	浙江师范大学	月刊
15	数学教学研究	1982	兰　州	西北师范大学	月刊
16	中等数学	1982	天　津	天津师范大学 天津市数学学会 中国数学会普及 工作委员会	月刊
17	数学学习与研究 （教研版）	1983	长　春	吉林省数学学会	月刊
18	中学数学教与学	1991	北　京	中国人民大学	月刊
19	数学教育学报	1992	天　津	天津师范大学 中国教育学会	双月刊
20	高中数学教与学	1992	扬　州	扬州大学	月刊
21	初中数学教与学	1994	扬　州	扬州大学	月刊
22	中国数学教育 （分初中版、高中版）	2003	沈　阳	中国教育学会 中学数学教学专业委员会	月刊

数学教育的书籍和期刊为中国数学教师的自我规划发展提供了很多资源支持,也提供了专业交流的途径.在它们的影响下,中国数学教师对国外数学教育情况有所了解,比如苏联维果茨基(Л. С. Выготский,1896—1934)的最近发展区、美国布鲁纳的发现法以及美国布卢姆(B. Bloom,1913—1999)的教学目标分类学、建构主义、多元智能等理论观点.波利亚和弗赖登塔尔两位大家尤其为大家所熟悉.波利亚的著作《怎样解题》、《数学的发现》、《数学与似真推理》和《数学与猜想》均被译为中文.据搜索,1994—2007年,有452篇硕士论文、31篇博士论文和479篇期刊论文在参考文献中提到了波利亚.弗赖登塔尔于1985年访问了上海和北京,曾经给中学教师作过报告,他在访问期间的学术报告内容在《数学教学》杂志上有系列的详细介绍.他的《作为教育任务的数学》、《数学教育再探——在中国的讲学》均有中文版发行,对他的著作《除草与播种——数学教育学的序言》、《数学结构的教学法现象》也有介绍.据搜索,1994—2007年,有316篇硕士论文、77篇博士论文和262篇期刊论文在参考文献中提到了弗赖登塔尔.

5.6 数学教师的网上交流

中国基础教育师资队伍庞大,近年来在中小学实施的新课程要求做到教师全员培训,培训时间紧,经费短缺,培训人员不足,于是,网上培训、网上教研等应运而生.除了书籍和期刊资料,现在教师们又多了一个从网络上获取教学资源的新途径.目前,网络上的资源已很丰富,已经形成了一些访问量很大的教育网站,如教育在线、中国教师报读者论坛等,它们在推动校本研修与课程改革、促进教师专业发展方面起到了积极的作用.这些网站汇聚了全国各地的教师,通过读帖、回帖等形式互相交流学习.例如:全国教师教育学会通过"中学教师研修网"采用远程教育手段,面向全国各地开展了"2004年中小学课堂教学优秀视频案例展评"活动;北京市"西城教育研修网"面向小学一年级数学教师建立了"小学一年级数学学科"主页,网站内容既有教学进度及活动安排、课例研究等教学资源,也有"西城杯"评优课带给我们的启示等专题讨论,还有教师协作组工作室的主页;等等.这些网站资源主要由中小学教师、教研员等提供和维护,他们在网上分享教学资源,如试卷、教案、课件;他们在线交流看法,如有的网站约定每天19:00开始,大家就某一个讨论话题进行在线讨论;还有一些教师已经开设了自己的博客,他们会把教学中、研究中的所见、所感、所思、所想，一点一滴形成文字，写成随笔，发到自己的博客上，任别人品读、批评. 这样的网上互助很直接、很及时，给中国传统的集体教研方式搭建了新的平台，也注入了新的活力.

中国有着世界上最为庞大的数学教师队伍，在辽阔的祖国大地上，他们工作和生活条件相差悬殊. 在国家投入不多的情况下，我们中小学数学教育能取得令世人瞩目的成就是与我国拥有一支强大、敬业的数学教师队伍分不开的，他们不仅有火热的工作热情和无私奉献的精神，更有扎实的数学学科知识和解决数学问题的本领. 但是近年来中国的教师队伍也出现了一些新的问题，比如，中国职前教育一直强调学科专业知识的培养，但因为高等教育在我国正在逐渐普及，一些师范生学习数学的基础有所减弱，同时受到外界各种有趣事物的吸引，用于数学学习的时间也有所减少，而大学教师仍大多使用讲授法，缺少对师范生学习过程的细致研究. 据反映，近几年中小学教师职称评审、青年教师的讲课比赛或一些对教师的数学专业考试中，都发现有一定数量的教师数学专业素养不够好. 另外，如何发展教师的学科教学知识(PCK)也亟待研究解决，目前仍然处在教师自发学习、摸索和积累的阶段. 中国有许多优秀的数学教师，他们一直在努力“把数学知识从生硬的、无关的状态转化为课堂上学生容易理解的、相关联的状态”，所以我国应该能在如何丰富数学教师的学科教学知识(PCK)上对世界作出我们的贡献. 还有，中国数学教育研究水平总体上仍然偏低，但在我们许多的评审中都有开展科研、发表论文的要求，事实上大部分教师目前独立开展科学研究和撰写论文都有困难，却又缺乏有效的指导，于是立项的课题研究往往也只能流于形式. 以上种种问题需要我们大家一起来努力解决，我们充满希望！

参考文献

1. 顾泠沅，王洁. 2003. 教师在教育行动中成长. 课程·教材·教法，(1—2)：2—10.
2. 李素华. 2009. 专业期刊阅读与数学教师的专业知识发展. 华东师范大学硕士学位论文.
3. 刘问岫. 1984. 中国师范教育简史. 北京：人民教育出版社.

4. 王建磐. 2004. 中国教师教育:现状、问题与趋势. 教师教育研究,(9): 3—7.
5. 杨玉东. 2009. 教研要抓住教学中的关键事件. 人民教育,(1): 48—49.
6. 张燕镜. 1995. 师范教育学. 福州:福建教育出版社.
7. Clarke, D & Hollingsworth, H. 2002. Elaborating a Model of Teacher Professional Growth. *Teaching and Teacher Education*. 18(8):947—967. 参见 www.elsevier.com/locate/tate.
8. Joyce, B & Showers, B. 1982. The Coaching of Teaching. *Educational Leadership*, 40(1).
9. Li, H & Shin. 2008. Discipline Knowledge Preparation for Prospective Secondary Mathematics Teachers: An East Asian Perspective. In: Wood, T. (Series Ed.), *International Handbook of Mathematics Teacher Education*. Rotterdam, Netherlands: Sense Publishers.
10. Ma, L P. 1999. *Knowing and Teaching Elementary Mathematics*. New Jersey: Lawrence Erlbaum Associates, Publishers.
11. Signh, K & Shifflette, LM. 1996. Teachers' Perspectives on Professional Development. *Journal of Personnel Evaluation in Education*, 10(2): 145—160.
12. Sparks, GM. 1986. The Effectiveness of Alternative Training Activities in Changing Teaching Practices. *American Educational Research Journal*, 23(2): 217—225.

第 7 章

中国信息技术与学校数学教育

执笔:　吴颖康[①]　左传波[②]

摘　要　信息技术与学校数学教育的融合已经成为必然.目前亟待考虑的问题是如何在数学教育中恰当使用信息技术以促进学生的数学理解.本章将从4个方面对信息技术和数学教育在中国的情况进行阐述:第一,介绍中国学校信息技术基础设施的情况.第二,讨论数学教育中的软件资源,这里着重介绍由张景中主持开发的智能性软件平台超级画板(Super Sketchpad)和一些较为知名的数学教学网络资源.第三,从数学课程标准、数学教材和数学课堂教学等侧面呈现信息技术与学校数学教育的整合情况.第四,简述信息技术与学校数学教育的相关研究,以期对数学课堂的研究和教学实践有所启示.

关键词　基础设施,超级画板,信息技术,
数学课堂,整合,研究

1. 学校信息技术设施现状

中国政府非常重视教育信息化建设.如图7-1[③]所示,从2003年开始国家对教育信息化建设的投入以每年10%左右的速度递增,到2007年

① 华东师范大学数学系,副教授.
② 广州大学计算机教育软件研究所,副教授.
③ 图7-1和图7-2的数据来源于 http://www.pacific-beijing.com.cn/rd_xin_wen_5672/20070411/t20070411_227559.shtml.

国家的投入总额达 336.7 亿元. 就投入资金的分配情况来看,硬件设施的投入占了较大比重,其次是软件和服务的投入. 从图 7-2 可以看出,2003—2007 年,硬件投入略呈下调态势,而软件和服务的投入有所增长. 这说明我国教育信息化的投入结构正在趋于合理.

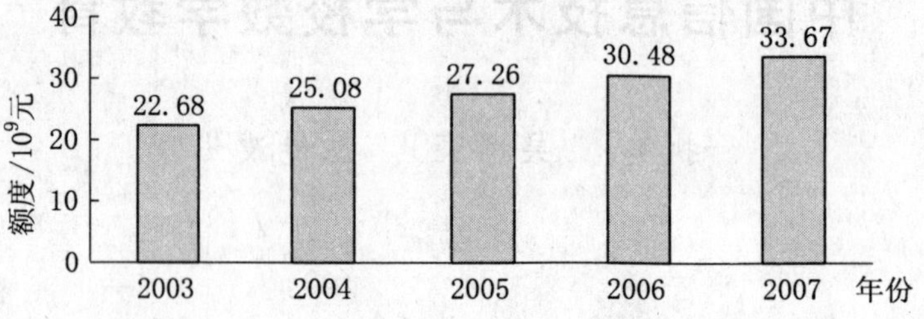

图 7-1　中国对教育信息化的投入

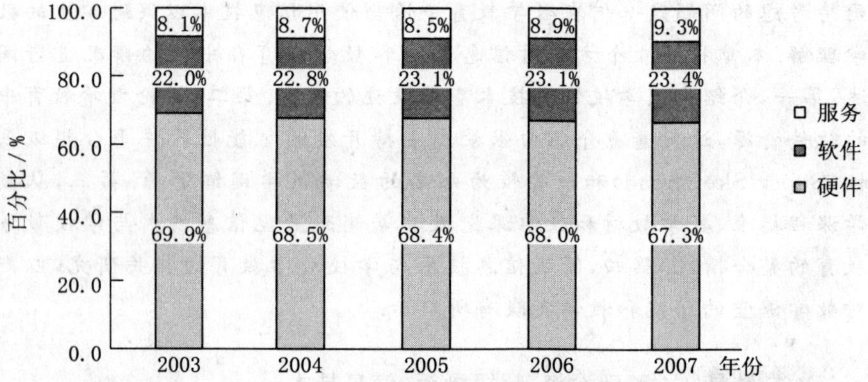

图 7-2　教育信息化投入的组成结构

由于政府的大力支持,近年来中国学校信息技术基础设施条件有了很大进步,共用计算机的学生数有较为明显的下降. 1999 年年底,约每 121 名学生共用 1 台计算机,2004 年约 26 名学生共用 1 台计算机,2005 年约 22 人共用 1 台计算机,2006 年约 20 人共用 1 台计算机. [郑增仪,2007]有的地方如宁夏回族自治区 2007 年约 18 名学生共用 1 台计算机,而沿海发达地区如江苏省太仓市 2006 年就达到了约 8 名学生共用 1 台计算机的水平. 与此同时,越来越多的学校拥有校园网. 2006 年约 64%的普通高中建立了校园网[中华人民共和国教育部,2007],2007 年有超过 90%的高等院校建立了校园网[冯吉兵,2007]. 相对而言,东部沿海地区校园网建设的情况更好.

由于中国中小学信息技术基础设施的地区差异性和不均衡性,尤其是中西部农村地区硬件设施较为落后,中国教育部、国家发展和改革委员会、中国财政部投资百亿元于2003年起共同实施中国农村中小学现代远程教育工程,简称"农远工程"或"百亿工程".为实施"百亿工程",国家采取了3种模式.模式一是建设教学光盘播放点,给该模式下的学校配备彩色电视机、DVD播放机和配合各年级的成套教学光盘,通过播放教学光盘对学生授课和辅导.这种模式的配备对象主要是农村学校布局调整确需保留的教学点.模式二是建设卫星教学收视点,给该模式下的学校配备卫星接收系统、计算机、电视机、DVD播放机和教学光盘,通过中国教育卫星宽带传输网,快速大量接收优质教育资源,并同时具有教学光盘播放点的功能.这种模式的配备对象为乡中心小学和村完全小学.模式三是建设计算机教室,给该模式学校配备卫星接收系统、网络计算机教室、多媒体教室、教学光盘播放设备,其特点是除具备模式二的全部功能外,还能够为学生提供网络条件下的学习环境.这种模式的配备对象为农村初中.

截至2007年年底,国家和地方已完成投资111亿元,工程覆盖了所有农村中小学校,有11万个农村教学点、38.4万所农村小学、3.75万所农村初中分别配备了教学光盘播放设备、卫星教学收视系统、计算机教室,初步形成了农村教育信息化环境,构建了惠及全国农村中小学的远程教育网络,有1亿多的中西部农村中小学师生可以共享优质教育资源.

2. 数学教学软件资源的发展

随着信息技术硬件设施的不断完善,数学教与学的软件资源也得到了迅速发展.早在20世纪80年代,中国就引入了Logo程序语言,并开展了Logo在数学教学中的实验研究[符美瑜,2007, pp. 21—22].20世纪90年代中期,全国中小学计算机教育研究中心开始推广几何画板软件,并在全国迅速形成了一支精干的实验队伍.许多师范大学的数学系还专门开设了关于如何使用几何画板进行数学教学的课程,以帮助职前教师掌握先进的数学教学技能.几何画板是目前中国数学课堂教学中应用最为广泛的软件之一.近几年,张景中推出了智能性非常高的超级画板,该软件在中国中小学数学教师中也具有较高的知名度.此外,Excel、PowerPoint、Flash、Authorware和Graphmatica等软件在数学教与学中也有一定的应用.基于以上这些软件,许多中小学数学教师自行开发与数学课程内容相关的小模块或小课件,作为电子教学资源服务于课堂教学.数学教与学网络资源的飞速发展为数学教师了解我国数学课程改革、进行数学教学设计和使用电子教学资源提供了方便快捷的新途径.

接下来,本节将着重介绍由张景中主持开发的数学教学软件超级画板,并列举一些知名度较高的数学教学网络资源.

2.1 超级画板

超级画板是基于我国科学家在数学机械化和自动推理等领域的原创性研究成果,它所遵循的基本设计理念是:立足实践,重视传统,自主创新,讲究实效.从 1996 年起,在 10 多年间广泛听取一线数学教师的意见和建议的基础上不断改进和升级,目前在功能上已经趋于完善.超级画板既是工具箱,又是资源库;既是资源开发的平台,又是数学教师备课讲课的平台和学生学习数学的环境.它既是一个动态几何软件,又是计算机代数系统、随机试验模拟系统、平面几何推理器、程序编写环境和数学资源开发平台.它能处理平面几何、解析几何、立体几何、代数、三角、微积分、概率统计、算法编程等知识模块的内容.本小节将展示超级画板在几何作图、图形变换、曲线绘制、符号计算与编程、随机试验模拟、平面几何推理与证明等方面的功能.

2.1.1 几何作图

像很多动态几何软件一样,作平面几何图形是超级画板最擅长的工作之一,例如画点、线、圆、中点、垂足、平行线、垂直直线、圆的切线等.同时,在超级画板中还有比例点、定比分点等命令.这些功能为数学教师处理作图提供了很大方便.例如,要求作 Rt$\triangle ABC$,其中 $\angle A=90°$, $\angle B=15°$,超级画板只需通过以下步骤即可实现:画任意线段 AB;作点 A 以点 B 为中心的旋转放缩点 C,其旋转角度为$-15°$,放缩比例为 sec(pi/12),其中 pi 是希腊字母 π 在计算机语言中的输入格式;最后连结 AC 即可.当然也可以作点 B 以点 A 为中心的旋转放缩点,其中旋转角为 $90°$,放缩比例为 tan(pi/12).

超级画板的作图菜单中设置了“直线”、“多边形”、“圆和圆弧”等子菜单,便于直接作出这些图形,从而提高工作效率.例如,利用“多边形”子菜单中的命令可以直接作出等腰三角形、直角三角形、等边三角形、平行四边形、等腰梯形、正方形、正 n 边形、圆内接正 n 边形、圆外切正 n 边形等.

除此之外,“画笔”工具也值得一提. 该工具的使用能使在计算机上操作就像拿着粉笔在黑板上画图一样随意自如. 在“画笔”状态下,不需要通过任何其他工具和菜单命令,只需利用鼠标的单击、双击和拖动即可直接画出常见的几十种几何图形. 例如,要画△ABC 的 BC 边上的中线,只要单击点 A 并拖动到 BC 的中点附近位置时,计算机会自动出现“中点”提示,如图 7-3(1)所示;这时松开鼠标会自动作出 BC 的中点 D 和中线 AD,如图 7-3(2)所示. 类似地,单击点 A 并拖动到 BC 的垂足附近位置时,计算机会自动出现“垂足”提示,如图 7-3(3)所示;这时松开鼠标即可作出点 A 到线段 BC 的垂足 E 和垂线 AE,如图 7-3(4)所示. 这表示计算机会“察言观色”,能迅速判断出操作者的意图,因此超级画板中的“画笔”又称为“智能画笔”,不过计算机的智能实际上是人类智慧和经验的体现而已.

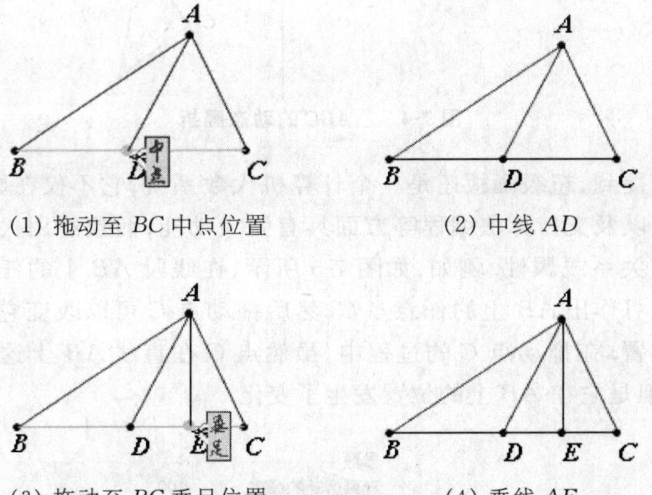

(1) 拖动至 BC 中点位置　　(2) 中线 AD

(3) 拖动至 BC 垂足位置　　(4) 垂线 AE

图 7-3　“画笔”功能演示举例

2.1.2　图形变换

超级画板具有平移、旋转、反射、放缩等基本图形变换功能. 相比较其他动态几何软件,它的图形变换具有两方面特点:第一,指定变换条件后,可以一次多个对象或者多次多个对象执行变换命令. 第二,许多变换条件可以通过不同的方式设置. 例如,既可将指定的角设置为旋转角,也可将某个变量或表达式设置为旋转角参数，通过对参数或表达式的改变来控制图形变换.

超级画板的仿射变化功能可以把坐标变换公式与图形的平移、反射、旋转和放缩等变换有机联系在一起，并可视化地展现仿射变换的操作过程. 例如，如图 7-4 所示，要实现$\triangle ABC$的动态翻折过程，只需建立一个从坐标系 E-O-D 到坐标系 F-O-D 的仿射变换，然后对$\triangle ABC$进行变换，拖动点 F 即可得到"翻折"后的$\triangle A'B'C'$.

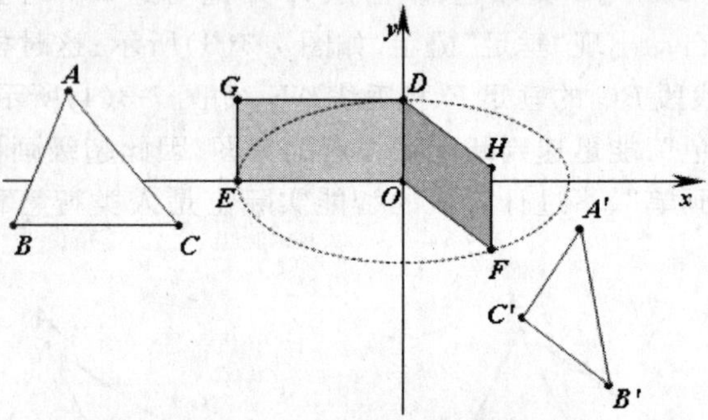

图 7-4　$\triangle ABC$的动态翻折

前面提到，超级画板还是一个计算机代数系统，它不仅在数值计算、符号演算以及支持算法编程等方面具有强大功能，而且能用代数表达式表示几何关系或属性. 例如，如图 7-5 所示，在线段 AB 上的任意位置单击鼠标即可作出 AB 上的任意点 C，然后拖动点 C 可以改变它在 AB 上所在的位置. 在拖动点 C 的过程中，虽然点 C 在直线 AB 上这一属性保持不变，但是它在 AB 上的位置发生了变化.

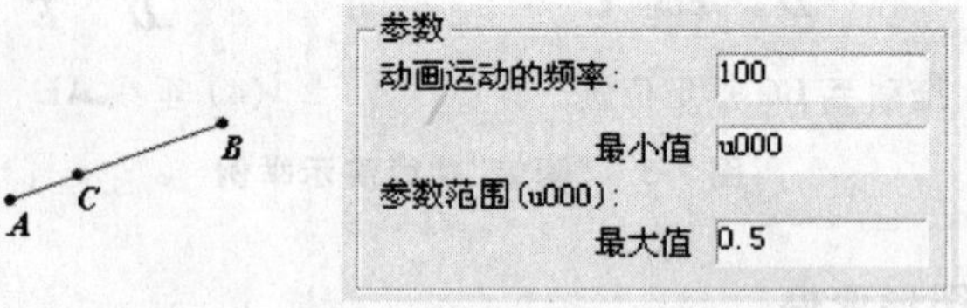

图 7-5　如何精确描述点 C 在 AB 上的位置

如何精确描述点 C 在 AB 上的位置呢？实际上，在生成点 C 的过程中，系统为点 C 自动配备了一个变量(在这里用 u000 表示). 超级画板中所有线段都是有向线段，这个变量 u000 就表示有向线段 AC 与有向线段

AB 的比. 在拖动点 C 的过程中,变量 u000 会自动改变. 该设计思路具有非常好的实用性,例如,要让点 C 从当前位置运动到 AB 的中点,通过鼠标拖动的方式一定会存在误差,而通过修改变量 u000 的值为 0.5 不失为一种简单有效的方法,只需增加变量 u000 的动画按钮,设置参数的变化范围从 u000 到 0.5 即可. 若再要求让点 C 从点 A 关于点 B 的对称点位置运动到点 B 关于点 A 的对称点位置,只需要在变量 u000 的动画按钮中设置参数范围最大值为 2、最小值为 −1 即可.

2.1.3 曲线绘制

在超级画板中,输入函数或方程的表达式(表达式中可以带有字母参数),例如 $y=(x-h)^2+k$, 可绘制出高质量的曲线. 系统会自动给每个参数一个初值,然后可以根据需要研究某个参数对曲线性质的影响.

直线(一次方程)和圆锥曲线(二次方程)是中学数学的核心内容之一. 超级画板对这两种曲线都作了特别的处理,例如提供了"点斜式方程"、"斜截式方程"、"截距式方程"和"一般式方程"等 7 种构造直线的常用方式,以及"标准圆锥曲线"、"二次方程对应圆锥曲线"、"已知焦点、准线、离心率的圆锥曲线"、"已知两焦点并过定点的椭圆"和"已知两焦点和长半轴的椭圆"等十几种构造圆锥曲线的方法. 此外,超级画板还能轻松实现作直线和圆锥曲线的交点、过一点作圆锥曲线的切线等常见作图要求.

考虑到各种曲线的复杂性,超级画板在曲线属性设置对话框中提供了多种选项,例如"间断点最小值"、"曲线的样点个数"、"是否显示曲线上的样点"、"参数范围"等.

2.1.4 符号计算与编程

超级画板在代数工作区提供了大量的标准数学函数(三角函数、反三角函数、对数函数、指数函数、符号函数、随机函数等)和一般运算函数(取模、因式分解、展开表达式、求导、求积分等),能实现符号计算. 与此同时,它支持赋值、循环、递归和条件语句,可以自定义函数,直接执行后即可得到返回结果,为算法程序的设计与实现提供平台. 软件的可视化操作界面(菜单命令、工具命令、鼠标操作)中提供的作图功能和属性设置选项都可以通过函数命令的形式在计算机代数工作区得以实现,与可视化操作实现优势互补.

2.1.5 随机试验模拟

通过调用计算机的随机函数 rand(a, b)并与超级画板自身的自动刷新机制相结合,可以高效、科学地实现随机试验的模拟,例如抛豆试验、抛硬币试验、掷骰子试验、投针试验等. 图 7-6 所示的是用来估计圆周率 π 的随机抛豆模拟试验. 单击"开始"按钮就开始进行一组(500 次)随机试验,同时即时记录试验过程. 单击"重置"按钮将数据初始化. 再次单击"开始"按钮,可以进行另外的 500 次试验. 通过"开始"按钮的属性值可以修改每组试验的次数,例如修改为 2 000,则单击"开始"按钮后就会进行 2 000 次的模拟试验.

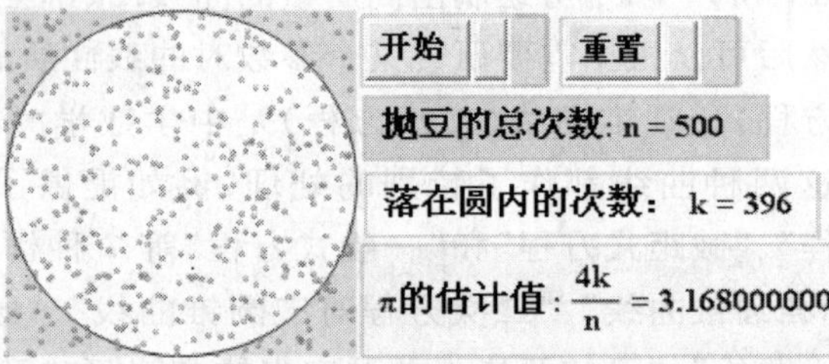

图 7-6 随机抛豆 500 次之后的结果

2.1.6 平面几何推理与证明

超级画板会自动记录作图过程中图形对象之间的几何关系. 另外,它还允许手工增添"附加条件". 它能根据图形之间的内在条件和添加的附加条件进行推理,得到大量几何关系和性质,同时对这些结论自动分类整理;对于任何一条结论,都可以逐步展开查看其推理过程,根据展开的推理步骤,还可生成或详或略的解答过程. 例如,以下是来自初中数学教科书中的一个问题:

已知:点 O 是▱$ABCD$ 两条对角线 AC, BD 的交点,且 $AE \perp BD$, $CF \perp BD$, 垂足分别为 E, F. 求证: $AE = CF$.

在超级画板中作出上述图形之后,单击"自动推理"命令,在 2 秒钟之后超级画板完成推理,呈现如图 7-7 所示的若干结论.

如何才能证明 $AE = CF$ 成立呢? 我们可以打开该信息前面的+,查看推导出该结论的依据. 如图 7-8 所示,计算机告诉我们 $\triangle ABE \cong \triangle CDF$.

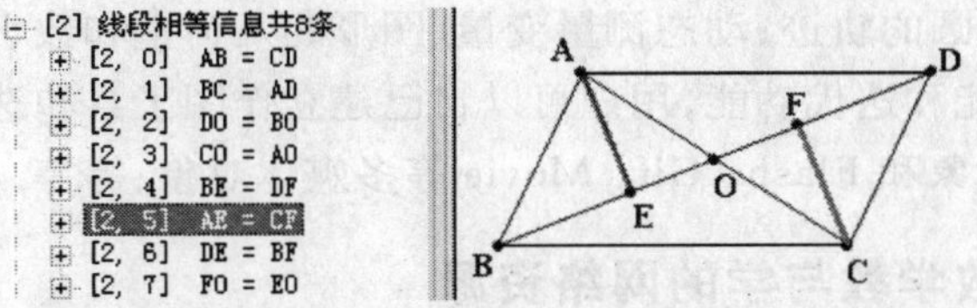

图 7-7　超级画板自动推理得到的线段相等的结论

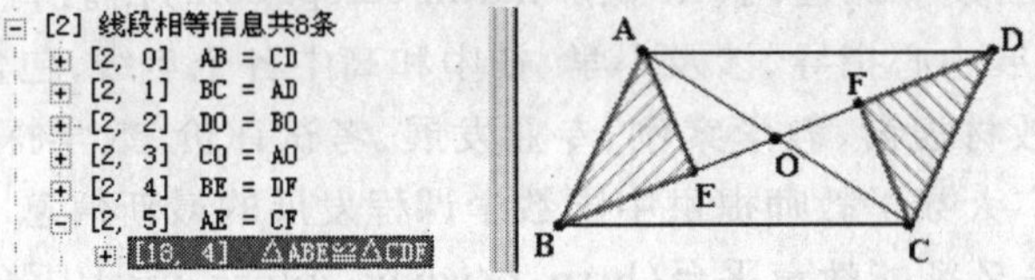

图 7-8　三角形全等

但如何才能证明 $\triangle ABE \cong \triangle CDF$ 成立呢？如图 7-9 所示，继续打开该信息前的＋，查看推导出该结论的依据，直到用户已经明白或者到达已知条件为止.

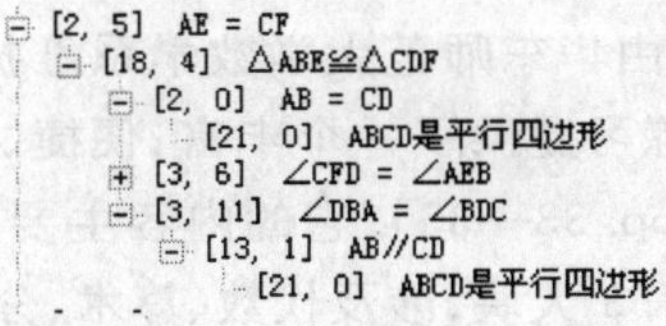

图 7-9　三角形全等的证明

在图 7-7 中可以看到，除了 $AE = CF$ 外，超级画板共推导出了图形中 8 对相等的线段. 另外还有许多其他结论信息，包括相等角、垂直、平行、全等三角形、相似三角形等.

2.1.7　其他功能

除了上面提到的核心功能之外，超级画板还具有以下功能：可以自动生成和统计数据相关联的条形图、折线图及饼形图，统计图会随数据变化而自动变化；直接显示某个约束条件下的区域，如不等式组表示的区域，以及表示集合运算的文氏图等；智能化显示数学文本，数学公式的输入如同文本打字一样方便，实现即打即现，易编易改；生成点驱动和参数驱动的动画、随机动画和关联动画，对运动的几何对象可以进行追踪，并能生成点、线段和圆的轨迹;动态测量变量、图形的几何量和数学表达式;提供作图的宏功能和迭代功能,用户可以自己建立作图工具和迭代工具;可以插入 OLE 对象和 Flash、Gif、Movie 等多媒体对象;等等.

2.2 数学教与学的网络资源

这里列举几个知名度较高的网站.

(1) 中国数学课程网(http://math.cersp.com)由教育部基础教育课程教材发展中心指导,涉及小学、初中和高中各个年级,包含热点聚焦、课程标准、教材视窗、教学案例、专业发展、考试评价、数学探究建模等多个栏目,为广大数学教师提供中国数学课程发展的最新信息.

(2) Z+Z 智能教育平台(http://www.zplusz.org)由张景中主持策划、李传中设计开发,其中 Z+Z 是"资源库+工具箱"的意思.该网站目前主要用于对超级画板和立体几何这两个数学软件的推广和普及,提供软件教程和免费版本的下载.

(3) 网上互动式多功能服务站(WWW Interactive Multipurpose Server,简称 WIMS)(http://wims.math.ecnu.edu.cn)由旅法数学家肖刚设计开发,其中文版由华东师范大学数学系维护,为初中、高中和大学程度的学生数学自学练习提供了一个丰富、便捷、生动、直观的数学学习环境[吴颖康,2001a, pp. 33—35].它的内容主要分为互动式练习、在线计算与作图和数学娱乐 3 大块,涉及代数、算术、分析、几何和逻辑等多个方面.互动式练习往往借助图形化界面展开,如给出某函数的图象选择判断其反函数的图象、给出一个代数多项式在某几点的值或导数值求出该多项式的表达式等.同一练习配有多种难度级别,可供不同层次的学生选用,以便巩固并加强其原有的知识结构.在线计算与作图功能有:转换不同进制数,求最大公因数、最小公倍数,解线性方程组,计算单变量实函数的极限、积分、根等,计算矩阵的行列式、逆矩阵、特征向量等.数学娱乐中包含了互动式练习中较为有趣的几个练习,有徒手拟合、重心打靶、三角形打靶等.除了能让学生上网自由练习之外,还可以在 WIMS 上开设虚拟班组织教学活动.虚拟班的教师可以配合课程从学生的实际情况出发选择难度适宜的练习为作业,学生注册成功后登录即可看到教师布置的作业.学生答题无时间、地点的限制,只要有一台能上网的电脑就可以了.WIMS 能根据学生的答题情况自动评分,教师能及时了解到每个学生的实际水平,有的放矢地作出调整.WIMS 还是一个开放性软件,能够不断接纳新的应用程序模块扩大自己的内容,使 WIMS 的更新与维护成为所有喜欢它和支持它的人都能参与的工作.

(4) 互动学习网(http://www.hudongxuexi.com)由北京数智通科技有限公司和北京师范大学共同开发,该网站针对我国高中、初中和小学数学现行教材,为教师提供备课所需的素材、课件和研究论文等,为学生提供在线的课前预习、课后复习、数学实验和数学探索等活动.该网站有6个主要部分:互动学习区提供与各年级教材内容相匹配的数学活动,资源中心提供教案、课件、试卷等教学资源,互动论坛为教师、学生和家长提供交流平台,专题互动课堂选取小学、初中和高中的某些专题提供在线学习,教学设计提供完整的课堂教学设计方案并给出教学建议,数学游戏提供一些蕴涵深刻数学背景的交互性趣味游戏.

(5) 中国几何画板网(http://www.gspinchina.com/Default.htm)专为几何画板爱好者(包括教师、学生及其他人士)提供服务,网站包括几何画板电子教程、数学课件、研究性学习、自定义工具等多个栏目,其中数学课件板块按照年级和数学内容分类,大部分的资源可以免费阅读和下载.

3. 信息技术与学校数学教育的整合

由于学校信息技术基础设施的逐步完善以及技术功能的不断强大,信息技术与学校数学教育的整合已经成为毋庸置疑的事实.信息技术已经融入到数学课程教学系统的各个要素中,成为重要的教材形态、重要的教学媒体、学生的认知工具和教师的教学工具.本节将着重从课程、教材以及课堂教学 3 个方面介绍信息技术与学校数学教育的整合情况.

3.1 信息技术与数学课程

我国新一轮基础教育课程改革非常重视信息技术对数学教育的作用和影响.教育部 2001 年颁布的《全日制义务教育数学课程标准(实验稿)》在基本理念部分明确指出:"数学课程的设计与实施应重视运用现代信息技术,特别是要充分考虑计算器、计算机对数学学习内容和方式的影响,大力开发并向学生提供更为丰富的学习资源,把现代信息技术作为学生学习数学和解决问题的强有力工具,致力于改变学生的学习方式,使学生乐意并有更多的精力投入到现实的、探索性的数学活动中去."[中华人民共和国教育部,2001, p.2]

教育部2004年颁布的《普通高中数学课程标准(实验)》的基本理念部分也有一条关于信息技术与数学课程的整合,并明确整合的原则是"有利于学生认识数学的本质"[中华人民共和国教育部,2003,p.5].该标准还进一步指出,高中数学课程应提倡利用信息技术来呈现以往教学中难以呈现的课程内容,在保证笔算训练的前提下,尽可能使用科学型计算器、各种数学教育技术平台,加强数学教学与信息技术的结合,鼓励学生运用计算机、计算器等进行探索和发现.

由此可见,中国已经充分认识到信息技术在数学教学中的优势与不足,倡导将信息技术作为学习工具融入到数学教与学中去.

3.2 信息技术与数学教材

依照2个课程标准编写的数学教材也注意融合信息技术.例如,华东师范大学出版社出版的初中数学教材除了课本之外,还有配套的教学光盘,收录相关的学习课件和教学资源.总的来说,教材中关于信息技术的使用有以下两种方式.

第一,直接介绍计算机、计算器本身的使用,比如北京师范大学出版社出版的7年级数学教材中的如何利用计算器进行数的计算(图7-10).

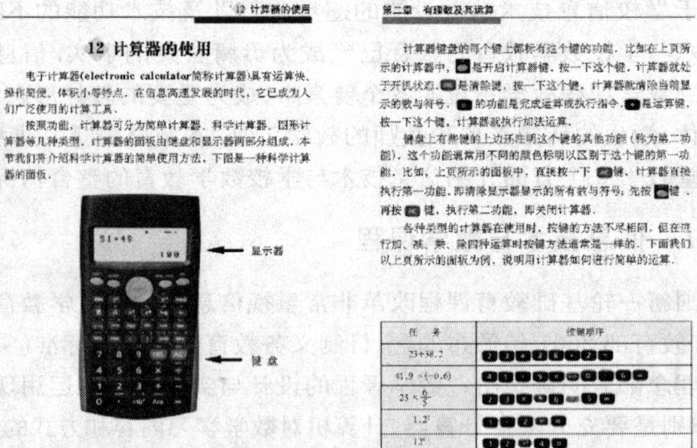
12 计算器的使用

12 计算器的使用

电子计算器(electronic calculator简称计算器)具有运算快、操作简便、体积小等特点,在信息高速发展的时代,它已成为人们广泛使用的计算工具.

按照功能,计算器可分为简单计算器、科学计算器、图形计算器等几种类型.计算器的面板由键盘和显示器两部分组成.本节我们将介绍科学计算器的简单使用方法,下图是一种科学计算器的面板.

显示器用来显示输入的数据和计算结果.显示器因计算器的种类不同而不同,有单行显示的、也有双行显示的.上图所示的计算器为双行显示.

91

第二章 有理数及其运算

计算器键盘的每个键上都标有这个键的功能.比如在上页所示的计算器中,[键]是开启计算器键.按一下这个键,计算器就处于开机状态.[键]是清除键,按一下这个键,计算器就清除当前显示的数与符号.[键]的功能是完成运算或执行指令.[键]是运算键,按一下这个键,计算器就执行加法运算.

键盘上有些键的上边还注明这个键的其他功能(称为第二功能),这个功能通常用不同的颜色标明以区别于这个键的第一功能.比如,上页所示的面板中,直接按一下[键]键,计算器直接执行第一功能,即清除显示器显示的所有数与符号;先按[键]键,再按[键]键,执行第二功能,即关闭计算器.

各种类型的计算器在使用时,按键的方法不尽相同,但在进行加、减、乘、除四种运算时按键方法通常是一样的.下面我们以上页所示的面板为例,说明用计算器如何进行简单的运算.

任务	按键顺序
23+38.2	
41.9×(−0.6)	
$23\times\frac{6}{5}$	
1.2^2	
12^4	

92

(1) (2)

图7-10 计算器的使用

另外，华东师范大学出版社出版的7年级数学教材中有如何利用Excel软件作统计图的内容(图7-11)，江苏教育出版社出版的高中数学教材必修1中有如何用Excel画函数 $f(x)=(x-1)^2+1$ 图象的内容(图7-12).

利用计算机可以很方便地画出统计图，如果你有兴趣的话，不妨试一试用Microsoft Office 软件中的Excel来画统计图．Excel和Word一样，界面友好，容易学也容易用．它们的区别在于功能不同，Word大多用来处理文字，而Excel大多用来处理数据．

打开Excel，会出现一张画满格子的表，假如我们要根

美国	39
俄罗斯	32
中国	28
澳大利亚	16
德国	14
其他	172

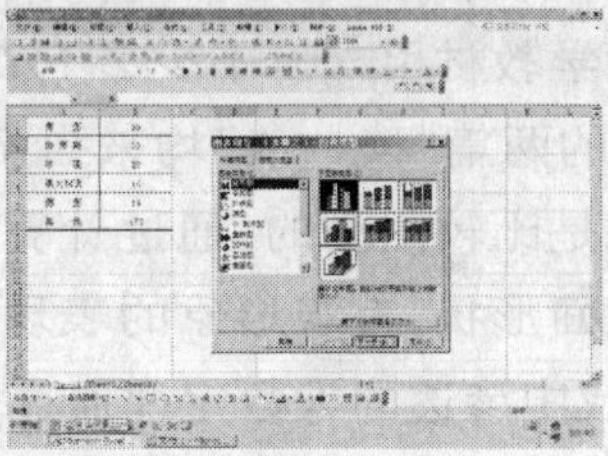

据表5.2.2画出图5.2.2，那只要把表中的内容先按上面的格式填入格子．

选中你填入的所有格子（被选中的格子会变成黑色），再按一下工具栏中"图表向导"小按钮，屏幕会出现上面的画面，选择一个你要画的图形类型，比如条形图、折线图或是扇形（饼）图等等，就基本上大功告成了．如果遇到困难，可以点击"帮助"按钮．

祝你成功！

图7-11　计算机帮我们画统计图

Excel是Microsoft Office大家族中的一员，是集文字、数据、图形、图表以及其他媒体对象于一体的流行软件，它操作简便，是我们开展数学探究活动的一个得力助手.

下面我们介绍在Excel工作表中绘制函数 $f(x)=(x-1)^2+1$ 图象的方法，不妨作 $x\in[-2,2]$ 上的图象.

(1) 工作表的第一列输入自变量的值：在单元格A1，A2内分别输入−2，−1.9，选中这两个单元格后，按住鼠标左键并向下方拖曳"填充柄"，如图2-1-8，直到单元格内出现填充值2时为止；

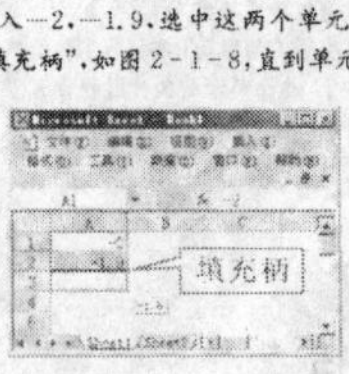

图2-1-8

图2-1-9

(2) 第二列产生对应的函数值：如图2-1-9，在B1内输入"=(A1−1)^2+1"，敲回车键或在编辑栏内选中"√"；

(3) 拖曳B1格的填充柄至所需的单元格，得到与第一列相对应的函数值；

(4) 光标置于数据区的任一位置，插入"图表"，选择"XY散点图/无数据点平滑线散点图"，点击"完成"，便得函数 $f(x)=(x-1)^2+1$ 在区间[−2，2]上的图象，如图2-1-10.

用Excel作图的本质是描点画图，自变量的值用"等差趋势填充"生成，对应的函数值利用Excel的相对引用功能"拖曳"产生．至于取

(1)

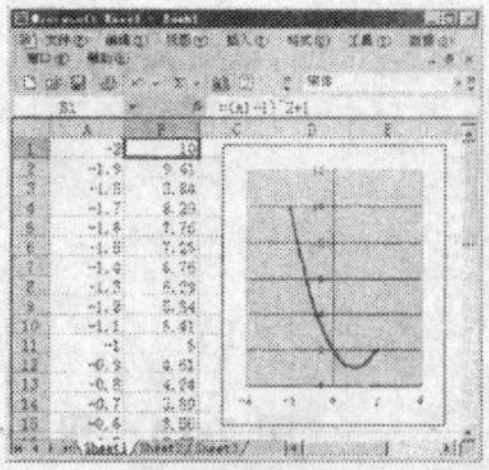

图2-1-10

点的多寡，可根据需要灵活调整(只要改变A1和A2格两个数的间隔——步长)．在实际操作时，宜适度取点，这样既省时、省力，又能使绘出的图象更清晰、美观.

你能用上面的方法绘制函数 $f(x)=x^3$ 的图象吗?

(2)

图7-12　用Excel画函数 $f(x)=(x-1)^2+1$ 的图象

信息技术强大迅捷的计算作图功能一方面能保证计算的准确性、作图的美观性以及数学问题的现实性，另一方面也有助于学生将更多的时间和精力放在高层次的认识活动水平上.

如果说技术的第一种使用方式只不过是更快更好地完成人或其他工具同样能够完成的计算和作图任务、充其量是一种量变的话，那么教材中有关技术的第二种使用方式就有了质的突破——将技术作为展示数学概念和进行数学实验以及数学探究活动的工具.比如说，北京师范大学出版社出版的初中数学教材引入了不少 Z＋Z 智能教育平台制作的学习小模块.图 7-13 所示的两篇“读一读”均来自 7 年级数学教材：立体图形的截面对中学生来讲是比较困难的，通过计算机小模块能够直观展示切开立体图形后所得截面形状，直观形象的表现方式有利于增强学生的空间想像能力；转盘游戏中渗透的大数定律通过计算机模拟得以充分展现，有助于促进学生对频率与概率之间关系的理解.

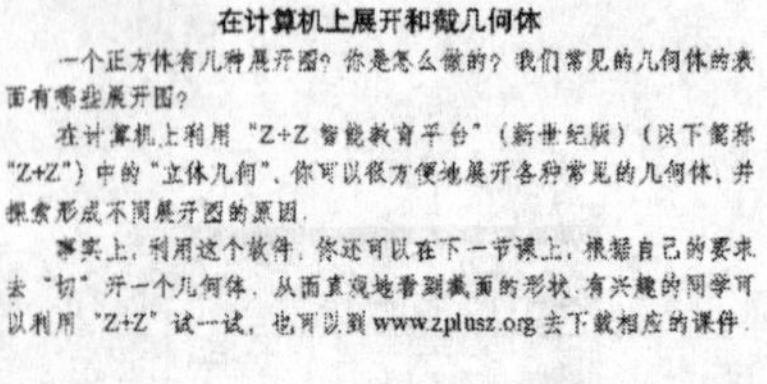

2 展开与折叠

读一读

在计算机上展开和截几何体

一个正方体有几种展开图？你是怎么做的？我们常见的几何体的表面有哪些展开图？

在计算机上利用“Z+Z 智能教育平台”（新世纪版）（以下简称“Z+Z”）中的“立体几何”，你可以很方便地展开各种常见的几何体，并探索形成不同展开图的原因.

事实上，利用这个软件，你还可以在下一节课上，根据自己的要求去“切”开一个几何体，从而直观地看到截面的形状.有兴趣的同学可以利用“Z+Z”试一试，也可以到 www.zplusz.org 去下载相应的课件.

(1)

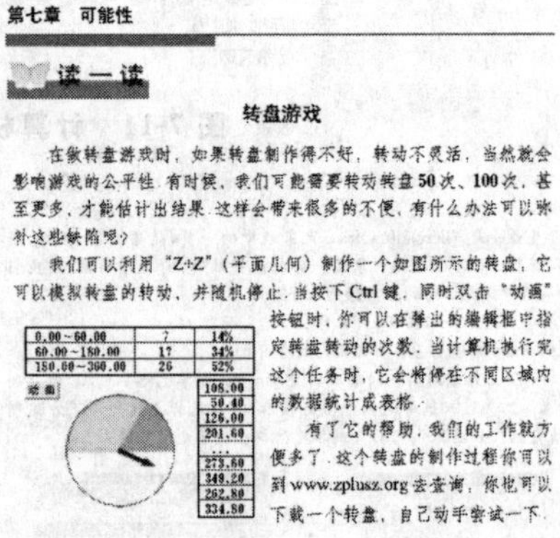

第七章　可能性

读一读

转盘游戏

在做转盘游戏时，如果转盘制作得不好，转动不灵活，当然就会影响游戏的公平性.有时候，我们可能需要转动转盘 50 次、100 次，甚至更多，才能估计出结果.这样会带来很多的不便，有什么办法可以弥补这些缺陷呢？

我们可以利用“Z+Z”（平面几何）制作一个如图所示的转盘，它可以模拟转盘的转动，并随机停止.当按下 Ctrl 键，同时双击“动画”按钮时，你可以在弹出的编辑框中指定转盘转动的次数.当计算机执行完这个任务时，它会将停在不同区域内的数据统计成表格.

有了它的帮助，我们的工作就方便多了.这个转盘的制作过程你可以到 www.zplusz.org 去查询，你也可以下载一个转盘，自己动手尝试一下.

(2)

图 7-13　用 Z＋Z 智能教育平台制作的小模块

江苏教育出版社出版的高中数学教材融合了微软办公系列软件中的 Excel，不仅介绍了如何利用 Excel 制作函数图象（图 7-12），而且将 Excel 作为探索函数性质的实验工具.如图 7-14 所示，该套教材中用 Excel 分别给出了对数函数和指数函数的数值、符号和图象 3 种表征形式，学生任意改变函数解析式，其数值和图象会瞬时发生相应变化.在这样的交互模式下，学生可以观察探索指数函数和对数函数的区别与联系.

观察图 2-3-3 中的函数的图象,对照指数函数的性质,你发现对数函数 $y=\log_a x$ 有哪些性质?

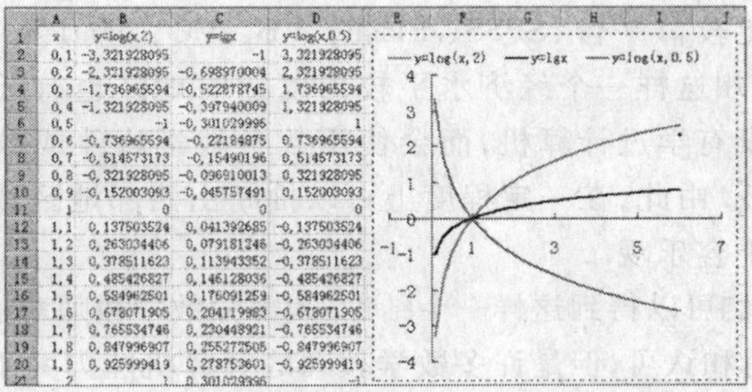

	A	B	C	D
1	x	y=log(x,2)	y=lgx	y=log(x,0.5)
2	0,1	-3,321928095	-1	3,321928095
3	0,2	-2,321928095	-0,698970004	2,321928095
4	0,3	-1,736965594	-0,522878745	1,736965594
5	0,4	-1,321928095	-0,397940009	1,321928095
6	0,5	-1	-0,301029996	1
7	0,6	-0,736965594	-0,22184875	0,736965594
8	0,7	-0,514573173	-0,15490196	0,514573173
9	0,8	-0,321928095	-0,096910013	0,321928095
10	0,9	-0,152003093	-0,045757491	0,152003093
11	1	0	0	0
12	1,1	0,137503524	0,041392685	-0,137503524
13	1,2	0,263034406	0,079181246	-0,263034406
14	1,3	0,378511623	0,113943352	-0,378511623
15	1,4	0,485426827	0,146128036	-0,485426827
16	1,5	0,584962501	0,176091259	-0,584962501
17	1,6	0,678071905	0,204119983	-0,678071905
18	1,7	0,765534746	0,230448921	-0,765534746
19	1,8	0,847996907	0,255272505	-0,847996907
20	1,9	0,925999419	0,278753601	-0,925999419
21	2	1	0,301029996	-1

图 7-14　用 Excel 探究对数函数的性质

3.3　信息技术与数学课堂教学

本小节试图回答数学教师就信息技术融合于数学课堂教学持何种态度、信息技术如何在数学课堂中得以使用、使用技术的困难所在等问题,并通过 3 个教学实例阐述一个基于信息技术的数学教学设计框架.

由于数学课程标准及教材对信息技术的重视,大部分数学教师都认识到了技术在数学课堂教学中的积极作用. 王贤国[2008]调查了内蒙古自治区乌海市海勃湾区 84 名中学数学教师,其中 63 人具有大学本科学历,其余 21 人具有大学专科学历. 调查结果发现,这些教师全部认同信息技术对数学教学的重要性. 廖运章[2006, pp. 83—86]调查了 103 位广州市普通高中一年级数学教师,其中 97 人具有大学本科学历,其余 6 人中有 2 人具有硕士学位,另 4 人具有大学专科学历. 调查发现,这些数学教师对信息技术与高中数学课程的整合表现出极大认同. 刘志菡[2005]通过访谈和听课对河北省鹿泉市某所中学进行调研后发现,尽管骨干教师或青年教师对信息技术的使用比较认同,但是仍有部分教师排斥信息技术的使用,认为数学教学还是用传统的教学方式较好. 遗憾的是,刘志菡没有进一步分析这些教师排斥信息技术使用的原因. 可以肯定的是,数学教师对技术的熟悉程度和操作水平会在很大程度上影响他们是否在课堂教学中使用技术. 据廖运章[2006, pp. 83—86]的调查发现:这些教师认为自己计算机水平属“没系统学过”的有 9%,“计算机初级”水平的有 29%,“计算机中级”水平的有

56%,"计算机高级"水平的有6%;分别有33%,29%,25%和7%的教师会使用PowerPoint、Excel、几何画板和Authorware,很少教师会使用Z+Z智能教育平台、SPSS、Flash、VB、VC、Matlab、Mathematica等软件.在广州这样一个经济水平较为发达的地区也有近十分之一被调查的教师没有学过计算机,而会使用数学教学软件或数学软件的教师比例也较低.由此,在一定程度上可以推断出西部地区数学教师的计算机水平更不容乐观.

综上,我们可以得到这样一个结论:大部分数学教师对信息技术的使用表示出支持和认可,但是许多数学教师的计算机能力并不足以支持他们自己制作和开发数学教学课件或模块,甚至是使用现成的课件和模块.针对这种情况,一方面要充分利用数学教学资源库,使教师能直接使用或在仅作小改动的基础上使用资源库中提供的数学教学课件或模块等,实现教育资源的高效使用.实际上,可供使用的教学资源还是较为丰富的.比如:贵州遵义符美瑜老师开展了长达20年的名为"Logo中学数学实验"的教学实验研究,并将其研究成果汇编成与现行教材配套的读物《Logo数学实验室》,供广大师生使用;Z+Z智能教育平台,也提供了大量的教学课件和模块供教师免费下载;还有上一节中介绍的其他网络资源等.另一方面,要加紧对数学教师信息技术基本技能的培训,让教师能尽快学会如何获取资源,以及如何使用和改动获得的课件或模块以满足自身教学所需.

在数学课堂教学过程中,信息技术是如何使用的呢?吴颖康[2001b]的调查发现,有超过半数的教师 ($n = 52$) 认为在上公开课时会使用现代技术,有将近三分之一的教师认为在活动课上会使用信息技术,只有19%的教师有在平时的课堂教学中也会选择现代技术的打算.王贤国[2008]对83名教师的调查发现,偶尔使用技术的有27%,公开课、研究课上使用的有57%,经常使用的有15%.可见,教师们在日常数学课堂教学中并不经常使用信息技术.

在使用目的上,廖运章[2006, pp. 83—86]发现被调查教师 ($n = 103$) 认为利用信息技术进行数学教学能"演示数学内容与例习题"(32%),有助于"展示数学概念的形成过程"(27%)和"探索数学结论与规律"(31%).这与吴颖康[2001b]发现在讨论科学计算器的使用目的时,半数以上的教师 ($n = 52$) 还只是把它当成计算工具、检验答案是否正确的工具、没有将其视为开展数学教学活动的工具的情况相比,有了较大的进步.

根据文献资料(例如,王贤国[2008])和我们的观察及与数学教师的交流,在使用信息技术的方式上,大部分教师将其作为演示工具(例如,PowerPoint),也有一些教师将PowerPoint与几何画板等数学教学软件结合起来使用,但学生自己动手操作课件或模块的非常少.在具体的使用过程中,也出现了不少问题:有的教师不恰当地追求多媒体,忽视对教学的干扰,课件制作得非常华丽,但对学生关于相关数学知识的理解并无多大帮助,反而分散了学生的注意力;有的教师在使用教学课件时只重视演示现象、说明问题、传授知识,而忽略揭示过程、培养能力;有的教师过度强调图形直观,忽视对学生数学抽象能力、逻辑推理能力的培养;有的教师只是把信息技术当成电子黑板,原本一步一步动态的分析讲解过程变成了幻灯片上一页一页冰冷的播放;有的教师过于看重信息技术,忽视实物、模型、动手操作等其他媒体或手段.

这些现象的出现说明部分教师对如何在数学教学过程中恰当使用信息技术还缺乏认识,对基于信息技术的数学教学设计缺乏教学法的指导.图7-15给出了一个基于信息技术的数学教学设计框架[Chua & Wu, 2005, pp. 387—402;吴颖康,2009, pp. 5—7].

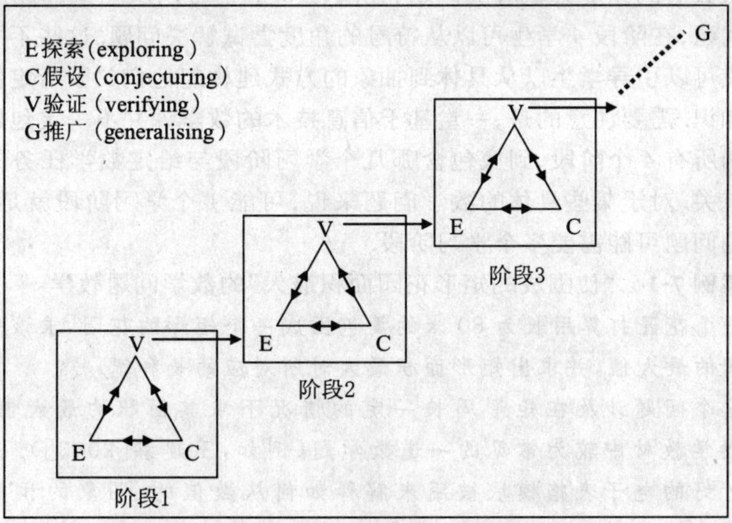

图7-15 基于信息技术的数学教学设计框架

该框架的理论基础是建构主义学习理论,其根本观点是知识不是被动接受的，而是学习者通过自己的经验活动主动建构的. 因此，学生在学习新知识时需要通过有意义的学习活动探索来检验这些新知识. 该框架的根本目的是创设一个基于信息技术的学习环境，在这样的学习环境中，学生可以通过与计算机的交互活动主动建构他们的数学知识，同时还能相互交流他们的想法和经历. 这样的交流有助于加强学生的数学思维能力和学习能力. 该框架有 4 个组成部分，即探索(exploring)、假设(conjecturing)、验证(verifying)和推广(generalising). 这 4 个部分实际上都是重要的数学思维过程：探索过程能促使学生不断加深对学习任务的理解，假设过程为学生建构自己的数学知识提供一种途径，验证过程能培养学生对所提假设的合理性和正确性进行检验和论证的数学学习习惯，推广过程涉及学生建构数学知识时从一个特殊结论推广到一般结论的过程.

该框架随学习阶段的推进呈递进的层次结构，以推广过程为终点. 每一学习阶段涉及探索、假设和验证 3 个组成部分. 递进的层次结构对应着不同学习阶段所要求学习任务不断加深的复杂程度. 比如说，学习阶段 1 可以是学生就涉及的数学问题进行初步的探究操作阶段. 在这一阶段，学生对给定数学问题有个大致的了解并猜测问题可能的答案. 从学习阶段 2 以后，学生可以从不同的角度对问题进行探索. 比如说，在阶段 2 学生可以从数值的角度尝试解决问题，在阶段 3 学生可以从图象的角度尝试解决问题，在阶段 4 学生可以从符号的角度尝试解决问题. 这些不同的学习阶段可以引导学生以从具体到抽象的方式建构起他们关于给定任务的数学知识. 需要注意的是，一堂基于信息技术的数学课并不一定包括如上所说的所有 4 个阶段，到底包含哪几个学习阶段与给定数学任务的复杂程度有关. 对于某些具体的数学问题来说，可能 1 个学习阶段就足够了，而有的问题可能需要多个学习阶段.

案例 7-1 “使围成的矩形花园面积最大”的数学问题教学

一个花匠打算用长为 80 米的篱笆围成一个矩形的花园，求该矩形花园面积的最大值，并求出矩形面积最大时所对应的长和宽.

这个问题涉及在矩形周长一定的情况下求其面积的最大值，是 9 年级数学教材中较为常见的一道数学题(例如，王建磐[2003]). 一个预先设计好的电子表格模块被用来解释如何从数值的、图象的和符号的角度解决该数学问题，从而诠释上面提出的基于信息技术的数学教学设计框架.

用 Excel 预先设计好的电子表格模块由 3 个工作表组成，分别命名为“探索 1”、“探索 2”和“推广”.在“探索 1”工作表中,学生利用观察探索该问题并对问题的解作出初步的判断.在“探索 2”工作表中,学生用数值的、图象的和符号的 3 种表征方式尝试解决该问题.最后,“推广”工作表要求学生巩固他们在前 2 张工作表中获得的结论,并给出推广问题的解.

为了加深学生对问题的理解,如图 7-16 所示的“探索 1”工作表包括了一个形状和大小随边长变化而相应变化的矩形.学生只需移动或单击滚动条,就能改变矩形花园的长,并及时观察面积值的相应变化,从而探索矩形的边长是如何影响其面积和形状的.该工作表中的图形就成为学生理解和解释该问题情境的一个动态的而且有价值的视觉辅助工具.

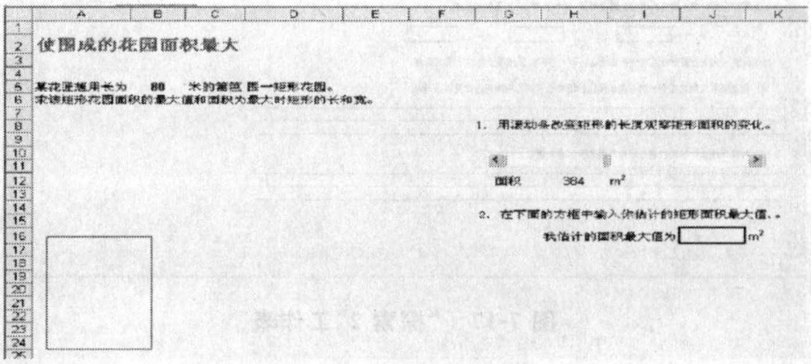

图 7-16 “探索 1”工作表

在“探索 2”工作表中,该数学问题的数值的、图象的和符号的 3 种表征形式会呈现给学生(图 7-17).与上一个工作表中采取的直观探索途径不同,这里涉及一定量的数值计算、代数运算和作图.Excel 在清楚保留这 3 种表征方式的基础上简化了这些操作.

在学生使用“推广”工作表(图 7-18)前,教师除了巩固和概括前面的发现之外,还可以改变给定篱笆的长度,从而重申前面涉及的该数学问题的 3 种表征方式.紧接着,教师可以带领学生讨论在“推广”工作表中的 2 个问题.这为学生提供运用前面学到的数学知识和技能解决与原来问题不完全雷同的新的数学问题的机会.这一过程也可以让教师判断学生是否能够将他们学到的数学知识用于解决新问题,从而评价学生是否真正达到了数学的理解.

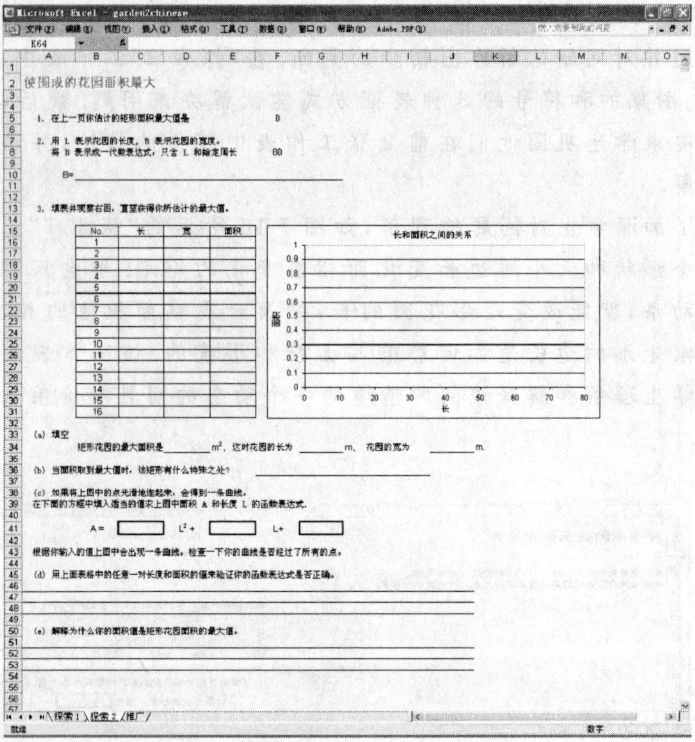

图 7-17 “探索 2”工作表

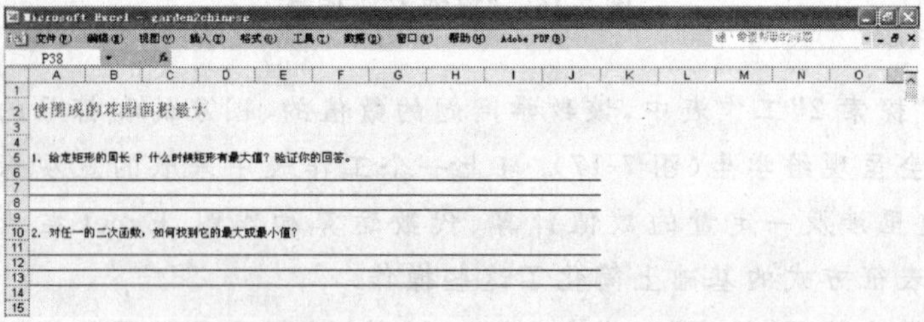

图 7-18 “推广”工作表

案例 7-2 函数 $y = A\sin(\omega x + \varphi)$ 图象的教学(片段)[张桂芳，2006，pp. 95—98]

图 7-19 给出该教学片段的教学流程.

该教学片段主要包括如下 5 个教学环节，每个环节都涉及计算机的使用. 前 4 个环节可以反复进行基于信息技术的数学教学设计框架中的

“探索—假设—验证”过程，而环节 5 实质上就是推广过程.

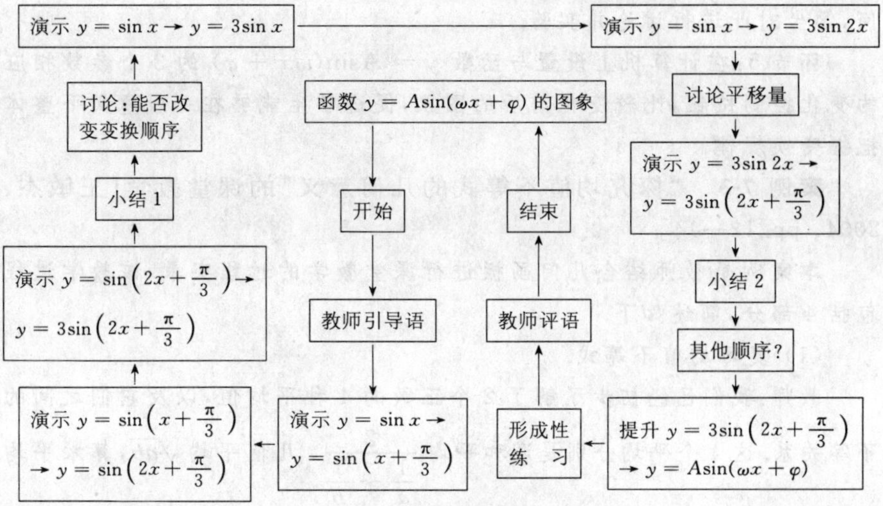

图 7-19　教学流程

环节 1：用计算机实现由函数 $y=\sin x$ 的图象经过相位（平移）变换得到函数 $y=\sin\left(x+\frac{\pi}{3}\right)$ 图象的过程. 变换前后两个图象位于同一坐标系内，以便于学生观察、比较、理解图象平移与 $\frac{\pi}{3}$ 的关系.

环节 2：用计算机实现由函数 $y=\sin\left(x+\frac{\pi}{3}\right)$ 的图象经过周期变换（x 轴上的缩放）得到函数 $y=\sin\left(2x+\frac{\pi}{3}\right)$ 图象的过程. 3 个图象位于同一坐标系内，以便于学生观察、比较、理解图象变换结果与 x 的系数 2 之间的关系.

环节 3：用计算机实现由函数 $y=\sin\left(2x+\frac{\pi}{3}\right)$ 的图象经过振幅变换得到函数 $y=3\sin\left(2x+\frac{\pi}{3}\right)$ 图象的过程. 4 个图象位于同一坐标系内，理解图象变换结果与系数 3 的关系. 小结 1 由学生归纳以上各个变换步骤中变化量的规律.

环节 4：教师引导讨论能否改变变换顺序，在计算机上尝试由函数 $y=\sin x$ 的图象连续地经过“振幅变换—周期变换—相位变换”得到函

数 $y=3\sin\left(2x+\frac{\pi}{3}\right)$ 图象的过程.教师提示考虑变换其他顺序情形如何,学生对此进行讨论并实验.

环节 5:在计算机上设置与函数 $y=A\sin(\omega x+\varphi)$ 的 3 个参数相应的变化控制按钮,比较变化前后的图象,促进学生能够在一般意义下整体把握变换规律.

案例 7-3 "探究均值不等式的几何意义"的课堂教学[王敏杰, 2004, pp.12—14]

本案例是教师结合几何画板进行课堂教学的过程实录.该教学过程包括 4 部分,简述如下.

(1) 复习均值不等式.

教师:我们已经初步了解了 2 个正数的 4 种平均值,以及它们之间的不等关系.这 4 个平均分别是调和平均 $\dfrac{2}{\frac{1}{a}+\frac{1}{b}}$,几何平均 $\sqrt{ab}$,算术平均 $\dfrac{a+b}{2}$,平方平均 $\sqrt{\dfrac{a^2+b^2}{2}}$,同时有 $\dfrac{2}{\frac{1}{a}+\frac{1}{b}}\leqslant\sqrt{ab}\leqslant\dfrac{a+b}{2}\leqslant\sqrt{\dfrac{a^2+b^2}{2}}$ 这样的不等关系成立,其中每一个等号成立时的充要条件均为 $a=b$.

教师用几何画板演示几何平均和算术平均在三角形中分别对应的几何量.

(2) 提出问题.

教师:算术平均和几何平均有这种对应关系,并且从图形中马上能判断它们的不等关系.能否把 4 个平均值放到同一个图形中一起比较呢?它们分别有怎样的几何意义呢?

(3) 分析、解决问题.

通过师生问答、学生讨论,得出可以尝试在梯形中寻找与 4 种平均值对应的几何量.教师采取由学生猜测并提出方案、教师操作演示的教学方法,引导学生在不断的猜测、验证、再猜测、再验证的过程中体会联系、探究、猜测、证明等一系列科学研究的方法.最后,4 种平均值都在学生热烈参与中得到其在梯形中的几何表示(图 7-20).

(4) 小结与思考.

教师最后作课堂小结,一方面肯定几何画板是学生进行数学实验、提高认知水平的有效工具,另一方面强调猜测、联想、实验、验证等思想方法在数学问题解决中的重要意义.

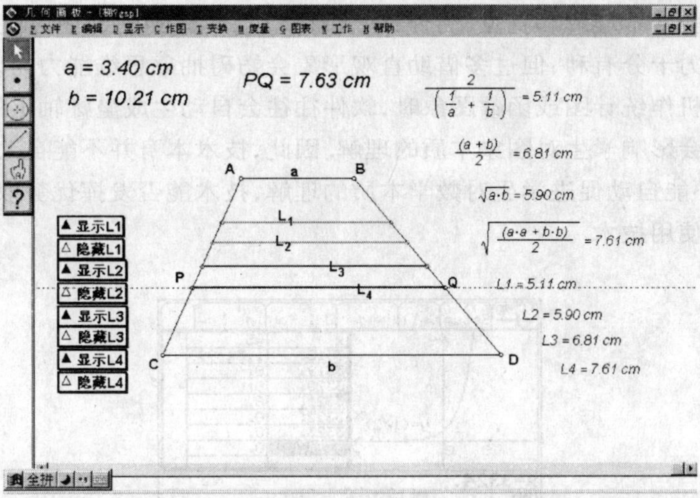

图 7-20　4 种平均值在梯形中的几何表示

在上述 3 个教学实例中,信息技术的使用都为学生创设了蕴涵观察探索、质疑猜测、尝试验证、归纳推广的学习环境,技术已经成为支撑这一学习环境不可或缺的组成部分.事实上,正如《普通高中数学课程标准(实验)》中所指出的那样,使用信息技术的基本原则是技术的使用是否有助于学生认识数学的本质,换而言之,即技术的使用是否能带来不使用技术所不能达到的效果和作用,技术的使用能否带来附加值.

在肯定技术对数学课堂教学积极作用的同时,不能忽略技术可能带来的不良影响[吴颖康,2001b].计算机、计算器等只能近似、有限地表示数学概念和计算结果.比如说,考察幂函数 $y=\left(\frac{1}{2}\right)^x$,该函数的值域是 $(0,+\infty)$,当 x 越来越大时,函数值 y 越来越接近 0,但永远不可能等于 0.如果用图形计算器计算当 $x=3\,320$ 时 y 的值,那么就会发现 $y=0$(图 7-21),计算器的结果与概念本质之间发生了偏差;在用图形计算器绘图时,需要设置坐标系的范围,x 轴、y 轴的范围及步长的不同会造成图象的不同,可能会引起学生对该图象的误解.如图 7-22 所示的 2 个图形都是根据圆的参数方程作出的,但所得图形截然不同.教师需要将这些会引起误解的问题向学生说明清楚,计算机、计算器等技术毕竟只是人类高科技的产物,它们不会主动思考问题,人脑的思维与智慧是电脑无法比拟的.技术不能取代对数学的基本理解和直觉,但它可以而且应该被用来培育这些基本理解和直觉.另外:尽管计算机、计算器的使用对发展图形想像能力十分有利,但过多借助直观形象会妨碍抽象思维能力的发展;利用计算机作统计图或函数图象时,软件往往会自动生成坐标轴上的标尺,这可能会影响学生对图象本质的理解.因此,技术本身并不能自动改进教学,也不能自动促进学生对数学本质的理解,技术能否发挥优势取决于能否恰当使用技术.

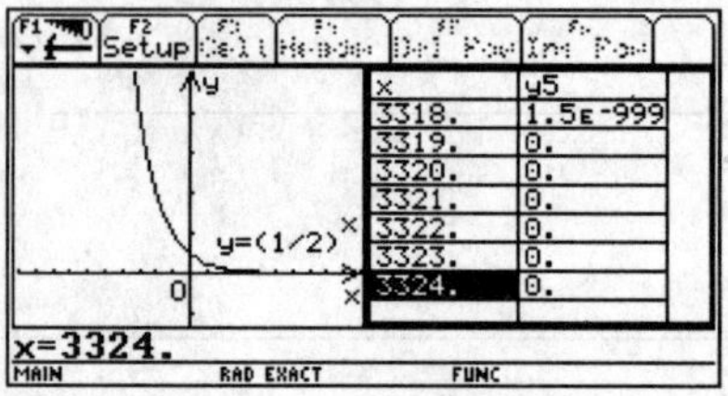

图 7-21　计算器的求值

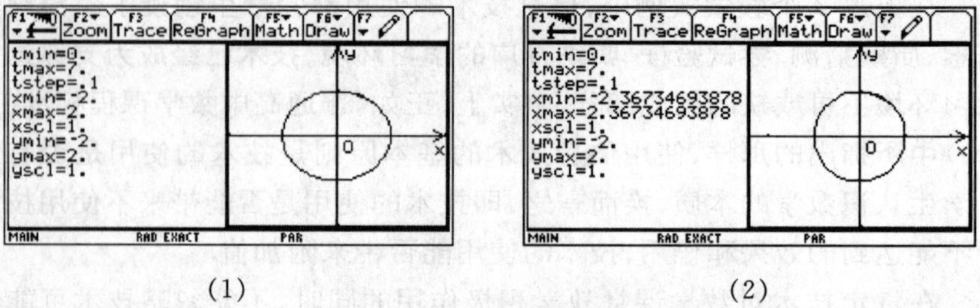

图 7-22　计算器的作图

4. 有关信息技术与学校数学教育的研究简述

从中国期刊网上检索到的文献资料来看,我国有关信息技术与学校数学教育的研究大致可以分为 4 类.

(1) 对信息技术融入学校数学教育的理论探讨.例如,赵小云和卢晓忠[2006, pp. 92—94]在理论上探讨了如何设计信息技术支持下的数学探究活动,张桂芳[2006]分析了计算机对数学学习活动的 3 种支持水平,等等.

(2) 对信息技术与数学教材的整合研究. 例如,“中学数学课程教材与信息技术整合研究”课题组[2004, pp. 47—52]总结了数学教材与技术整合的成功经验,分析了通过教材实验所发现的制约教师信息技术整合水平的因素,并给出了相应对策. 但是,这类研究非常少.

(3) 对信息技术融入数学课程的现状所作的调查分析. 例如,刘隆华[2003, pp. 46—50]以问卷方式调查了贵阳地区数学课堂使用信息技术的优势和存在的问题. 这类实证研究比较多,在本章第 3.3 节中已经引用了不少这类研究的结果.

(4) 对数学课堂使用信息技术有效性的实证研究. 这类研究大多以学位论文的方式出现,如李晓伟[2006]、陈静[2008]、潘赟[2008]等. 由于此类研究对如何利用信息技术促进数学课堂教学有更为直接的作用,因此越来越受到重视. 下面选取其中 3 项较有代表性的研究加以阐述.

① 贾其峰[2003]用拟实验设计研究了用 Logo 进行数学实验的教学方式与传统教学方式相比对学生的数学理解有无差异. 他一共选取了 4 个数学内容:数轴与有理数(初一,实验班 70 人,对照班 49 人),一次函数的图象和性质(初二,实验班 63 人,对照班 54 人),二次函数的图象和性质(初三,实验班 56 人,对照班 44 人),简单线性规划(高二,实验班 53 人,对照班 55 人). 实验班与对照班学生在智力水平、平时成绩、学习水平上基本一致. 实验班和对照班由同一位教师承担,该教师有较强的业务能力和熟练的计算机操作技术. 对于实验班的学生来说,他们一般有约四分之三的课堂时间用 Logo 进行数学实验,完成教师给出的课堂学习任务. 在授课当天的下午,实验班和对照班均安排了相同内容的时限为30 分钟的测试. 由 z-检验的分析结果显示,实验班学生的测试成绩均在统计意义上显著优于对照班学生的测试成绩.

② 施海柳[2008]在福建某高中开展了 1 个学期的实验研究. 教学内容为函数,涉及内容有:函数及其表征,函数的基本性质,指数、对数和幂函数的图象与性质,函数与方程,函数模型及其应用,等等. 实验班授课时有信息技术的支持,选用几何画板、图形计算器、PowerPoint、Flash 等技术手段,技术成为函数数值、符号与图形的动态演示工具和学生实验操作探索函数性质规律的学习工具. 对照班在尽可能不利用信息技术的情况下采用和实验班相同的教学思路. 在该学期的期初和期末要求学生描绘自己关于函数的概念图,并进行以“数”转化为“形”、“形”转化为“数”和运用函数思想解决实际问题的能力为考查目的的数学测试. 量化和质性分

析结果表明:实验班学生在实验后关于函数概念的完整性和联系性水平有所提高,而对照班学生在实验前后关于函数概念的完整性水平基本没有变化,而在函数概念的联系性水平上反而有所下降;实验班和对照班在实验前的测试成绩没有差异,在实验后实验班学生"形"转化为"数"的测试成绩在统计意义上显著好于对照班,说明利用信息技术辅助函数问题解决有助于提高学生"形"转化为"数"的能力. 遗憾的是,施海柳[2008]没有对研究结果作出解释.

③ 尚晓青[2008, pp. 93—96]将信息技术在教学中承担的角色概括为"作为教学的主宰者"(master)、"作为教学的支持者"(servant)、"作为教学的合作者"(partner)和"作为教学发展的推动者"(extension of self)等4类. 信息技术"作为教学的主宰者"的课堂中,教师并没有真正理解技术的教育价值和工作原理,在使用技术时经常表现出束手无策,从而打乱正常教学秩序;学生则盲目相信技术,不假思考地用计算机处理自己所碰到的数学问题,或用技术的智能化功能来代替自己的推理等,因而教师和学生的行为都比较被动. 信息技术"作为教学的支持者"的课堂中,技术被当作人脑和纸笔的一个迅速的、方便的、可靠的替代品,例如,投影屏幕成为环保的电子黑板,几何软件代替三角板、直尺和圆规成为作图工具,计算器成为准确迅速的计算工具,等等. 因此,技术只是作为扩大学生认知的辅助性工具. 信息技术"作为教学的合作者"的课堂中,师生能够利用技术的多种表征方式设计数学任务、开展问题解决活动,能够通过网络技术环境的支持开展数学探究性教学,能够利用动态几何软件引导学生探索和理解几何的本质等,因而,技术成为师生进行学习活动不可或缺的重要组成部分. 信息技术"作为教学发展的推动者"的课堂中,教师能够根据数学的学科特点、教学软件的特点以及学生数学学习的特点自制教学所需的课件或模块,从而实现传统教学所不能完成的教学任务,促进学生的思维发展;学生能够利用技术自由处理复杂的数学问题,能够利用多种资源开展数学讨论交流和问题解决,从而通过技术的优势获得个体数学思维的延伸和发展. 作者收集了8堂使用信息技术的数学公开课,课题分别是"平面直角坐标系"、"二元一次方程和一次函数"、"生活中的平面图形"、"展开与折叠"、"双曲线"、"图形的放大和缩小"、"黄金分割"和"椭圆的几何性质". 前4堂课的教学环境是网络教室(每个学生都拥有1台电脑作为活动平台),后4堂课仅使用了一般的多媒体技术. 通过对这8堂课信息技术承担的不同角色的时间累计进行统计发现:这8堂课中信息技术

“作为教学的主宰者”的统计时间均为0，表明信息技术作为教学主宰者的情况并不存在，这与收集的8堂课均为公开课、教师事先经过精心准备有关；不管是从单堂课还是从整体来看，技术“作为教学的支持者”所占时间的比例都远远大于“作为教学的合作者”所占时间的比例；这8堂课中信息技术“作为教学发展的推动者”的统计时间也为0，这充分显示出信息技术作为教学发展推动者的功效并未在课堂教学中得到施展.总之，在这8堂数学课中，信息技术的使用并没有充分展现出其不可替代的优势所在，给人一种为了用技术而用技术的感觉.

从上述3项关于信息技术在数学课堂教学有效性的研究中，可以得到以下这样2个观点.

(1) 这类研究由最初的量化研究向质性研究转变，研究方法趋于成熟.直接从实验班和对照班使用信息技术前后的数学测试成绩变化上只能得到一个量的度量，无法解释技术的使用到底在哪些方面有助于促进学生的数学理解，甚至无法充分说明学生在数学测试成绩上的变化是否应该完全归因于技术的使用.质性研究设计特别适合回答类似于信息技术在数学课堂教学中如何影响学生数学理解的“怎样如何”类型的研究问题，能够深入具体地寻找证据从而回答问题.因而，进行信息技术在数学课堂教学有效性的研究设计时最好不要仅仅使用量化的研究方法，一定要融入质性分析，使获得的结论更具说服力.

(2) 目前这类研究结果一般都支持这样的结论，即信息技术的使用能在一定程度上改进数学课堂教学和促进学生的数学理解，但是信息技术的使用方式还有待改善，还需要充分发挥信息技术在数学课堂教学中不可替代的优势所在.

参考文献

1. 陈静.2008.运用几何画板辅助高中数学教学的研究.华中师范大学硕士学位论文.
2. 冯吉兵.2007.中国教育信息化现状与发展.中国教育信息化创新与发展论坛暨中南教育信息化理事会年会报告.http://www.e-chinaedu.cn/zhuanti/ppt/16pm03_Kejisi.ppt.

3. 符美瑜. 2007. LOGO编程融入中学数学教学的实践与思考. 信息技术教育,(8):21—22.
4. 贾其峰. 2003. 数学实验课与Logo中学数学实验案例研究. 贵州师范大学硕士学位论文.
5. 李晓伟. 2006. 基于几何画板的中学数学课堂探究式教学的研究. 东北师范大学硕士学位论文.
6. 廖运章. 2006. 高中新数学课程使用信息技术的调查与思考. 数学教育学报,15(3):83—86.
7. 刘隆华. 2003. 贵阳地区信息技术在中学数学教学中应用的调查与思考. 数学教育学报,12(3):46—50.
8. 刘志菡. 2005. 信息技术与中学数学课程整合的实践研究. 首都师范大学硕士学位论文.
9. 潘赟. 2008. 信息技术与数学课程整合的实验研究. 华中师范大学硕士学位论文.
10. 尚晓青. 2008. 信息技术在数学课堂教学中应用的层次分析. 数学教育学报,17(4):93—96.
11. 施海柳. 2008. 信息技术支持下中学函数教学研究. 福建师范大学硕士学位论文.
12. 王建磐. 2003. 义务教育课程标准实验教科书　数学　初中三年级(9年级)(下). 上海:华东师范大学出版社.
13. 王敏杰. 2004. 用《几何画板》探究均值不等式的几何意义. 中学数学学刊,(6):12—14.
14. 王贤国. 2008. 信息技术在中学数学教学中的应用调查研究. 内蒙古师范大学硕士学位论文.
15. 吴颖康. 2001a. 一种新的数学学习环境——网上对谈式数学服务站. 中学数学月刊,(1):33—35.
16. 吴颖康. 2001b. 将技术融入高中数学课堂的思考. 华东师范大学硕士学位论文.
17. 吴颖康. 2009. 基于信息技术的数学教学设计. 中学数学研究,(4):5—7.
18. 张桂芳. 2006. 计算机对数学学习活动的三种支持水平. 数学教育学报,15(1):95—98.
19. 赵小云,卢晓忠. 2006. 论现代教育技术支持下的探究性活动. 数学教育学报,15(3):92—94.
20. 郑增仪. 2007. 科学应用信息技术深化教育教学改革. 中国教育信息化创新与发展论坛暨中南教育信息化理事会年会报告. http://www.e-chinaedu.cn/zhuanti/ppt/16am01_zhengzengyi.ppt.
21. 中华人民共和国教育部. 2001. 全日制义务教育数学课程标准(实验稿). 北京:北京师范大学出版社.
22. 中华人民共和国教育部. 2003. 普通高中数学课程标准(实验). 北京:人民教育出

版社.
23. 中华人民共和国教育部. 2007. 二〇〇六年全国教育事业发展统计公报. http://www.stats.edu.cn/tjdt/tjdt20070608.htm.
24. “中学数学课程教材与信息技术整合研究”课题组. 2004. 高中数学课程教材与信息技术整合研究与实验. 课程·教材·教法,24(3):47—52.
25. Chua, BL & Wu, Y. 2005. Designing Technology-based Mathematics Lessons: A Pedagogical Framework, *Journal of Computers in Mathematics and Science Teaching*, 24(4):387—402.

第 8 章

中国少数民族数学教育发展

ICME-11 中国“国家展示”中国少数民族数学教育课题组①

摘　要　中国是多民族国家，少数民族数学教育是中国数学教育的重要组成部分，有着悠久的历史，在少数民族的传统文化中蕴涵着丰富的数学文化．由于历史、地理、经济等方面的原因，在相当长的历史时期少数民族的教育尤其是数学教育的发展受到了制约．新中国成立以后，少数民族教育受到中国政府的高度重视，得到了前所未有的发展，少数民族数学教育在数学文化、数学课程教材、数学教学、数学教师教育以及数学教育研究等方面取得了丰富的成就，逐步形成了具有中国特色的“多元一体”的数学教育体系．

关键词　少数民族，数学教育，数学文化

1. 引言

中国是一个历史悠久的多民族国家，除汉族外，还有藏族、维吾尔

① 课题组组长：宋乃庆（西南大学）．课题组成员：张广祥（西南大学），周家足（西南大学），于波（西南大学），彭爱辉（西南大学），李忠如（西南大学），黄燕苹（西南大学），李宁银（宁夏大学），夏小刚（贵州师范大学），李铁安（中央教育科学研究所），陈碧芬（浙江师范大学），大罗桑朗杰（西藏大学），孙名符（西北师范大学），代钦（内蒙古师范大学），阿力木（新疆教育学院），阿布地莎（新疆伊犁师范学院），周长军（云南德宏教育学院），吕世虎（西北师范大学），朱维宗（云南师范大学），范忠雄（西北民族大学），叶志萍（北方民族大学），陈颖树（海南琼州大学），王奋平（海南琼州大学），嘉仓·梁广交（四川阿坝师范高等专科学校），王天成（青海师范大学），夏恒（青海民族学院），王雅琼（青海民族学院）．

族、蒙古族等55个少数民族．全国共有少数民族自治地155个，其中自治区5个，自治州30个，自治县（旗）120个，另外还有民族乡1 173个．民族自治地方面积约占全国总面积的64％．据2000年全国第五次人口普查数据得知，少数民族人口为10 449万人，占全国总人口的8.41％．55个少数民族中，53个民族有自己本民族语言，29个民族拥有与本族语言相一致的文字．各族人民的大团结、大融合共同创造了漫漫5 000年中华民族的辉煌历史和灿烂文化．［中华人民共和国国务院新闻办公室，2005］

2. 中国少数民族教育发展概况

教育是培养人的一项重要的社会活动，是传递生产经验和社会生活经验的必要手段．由于历史、地理、经济等多方面的原因，中国不同民族之间长期存在着教育体系、教育内容等诸多方面的“差异”．新中国成立后50多年里，由于少数民族的民族观念、居住特点、地域差异以及文化教育等特点，中国少数民族教育在“异”与“同”的矛盾中不断协调发展，逐渐形成了具有中国特色的“多元一体”格局的中国少数民族教育体系．

虽然中国少数民族人口只占全国人口的8.41％，但是面积却约占全国总面积的64％，因此地广人稀是少数民族聚居区的显著特征，而且大多分布在牧区、山区、边境、高原、森林地带．各个少数民族存在着历史、语言、价值观、宗教信仰、风俗习惯等诸多方面的差异，这就使得中国少数民族教育的文化背景更具复杂性．特别是，中国少数民族语言的多样性，形成了教育的多样性和办学模式的多样性．新中国成立以来，少数民族教育尽管由于地理条件、自然环境、经济和社会文化等因素的影响还存在着发展不均衡的现象，但是发生的变化却是翻天覆地的．

2.1 中国发展少数民族教育的有关政策与措施

新中国成立以来，中国政府高度重视少数民族教育事业的发展，为了促进少数民族教育发展，根据少数民族文化和民族地区的实际，采取了许

多特殊政策和富有成效的措施.[②]

2.1.1 通过立法立规确保民族教育发展

中国政府从民族地区实际和各民族特点出发,先后制定了50多项全国性民族教育的法律法规,各地也制定了本地民族教育的地方性法规,来确保国家对民族教育的宏观指导与管理,以及民族自治地方在国家教育方针指导下对民族教育的自主管理.1982年《中华人民共和国宪法》[③]规定:"中华人民共和国是全国各族人民共同缔造的统一的多民族国家.平等、团结、互助的社会主义民族关系已经确立,并将继续加强.在维护民族团结的斗争中,要反对大民族主义,主要是大汉族主义,也要反对地方民族主义.国家尽一切努力,促进全国各民族的共同繁荣."这是发展民族教育的基本原则,是制定民族教育法律法规的根本依据.在它的指导下,1984年通过的《中华人民共和国民族区域自治法》[④]和1995年通过的《中华人民共和国教育法》[⑤],对民族教育作出了详细和具体的规定.

2.1.2 加大对民族地区的教育经费投入

新中国成立后,国家除拨出正常的教育经费外,还为民族教育设立专项补助,并随着经济的发展不断增加.自1990年起,国家设立了少数民族教育补助专款,实行项目管理.如2004年中央财政投入100亿元资金,支持西部贫困地区和民族地区加快农村寄宿制学校建设,并对部分民族高校进行重点投入.从2006年春季开学起,西部地区农村义务教育阶段学校全部免除学杂费.对西藏农牧区义务教育阶段学生实行"三包"(包学习、包吃饭、包住宿)政策,对新疆56个县全部实行"两免一补"(免杂费、免书本费、逐步补助寄宿生生活费)政策.改革开放30年来,国家用于西部和民族教育的项目资金超过千亿元,少数民族教育的办学条件因此得到了较大改善.图8-1是新建的青海省海南藏族自治州贵德县民族寄宿制学校,它于2009年9月1日开学.

② 本节综合国家有关部门各时期政策性文件撰写而成,部分内容可参见中华人民共和国中央人民政府门户网站的文章《国家对民族教育实行了哪些特殊政策?》,http://www.gov.cn/banshi/2005-06/21/content_8243.htm.

③ 参看 http://www.gov.cn/test/2005-06/14/content_6310.htm.

④ 参看 http://www.gov.cn/test/2005-07/29/content_18338.htm.

⑤ 参看 http://www.moe.gov.cn/edoas/website18/32/info1432.htm.

图 8-1　青海省贵德县民族寄宿制学校

2.1.3　采取多种办学形式,编写和实施民族教育的课程教材

为了适应民族地区和民族教育的实际,专门制定了少数民族小学、民族中学、民族师范、民族中专、民族职业中学以及民族学院、民族大学等各级民族学校的教学计划.这些教学计划是在国家规定的基础上结合各民族的实际情况酌量进行适当的调整、减少或补充而成的.在一些民族学校,实行学习本民族语文和汉语文的"双语教学".2007 年,全国共有 1 万多所学校使用 21 个民族的 29 种文字开展双语教学,正式列入中小学课程计划的有 11 个民族的语言,接受双语教育的在校学生已有 600 多万人.[阿布都,2008]有的地方还在积极开展"三语"(民族语、汉语和外语)教学实验.为了加强民族文字教材建设,相继建立了八省(区)蒙古语文教材、五省(区)藏文教材、三省朝鲜文教材、四省(区)彝文教材等中小学文字教材编审协作组织.为了确保民族语文授课的顺利进行,中央和地方财政设立了民族文字教材专项补助经费.目前,全国每年编译出版的少数民族文字各种教材有 3 500 多种,总印数有 1 亿多册.

2.1.4　实行发达地区对民族地区的教育对口支援

1990 年以来,中国政府组织内地发达地区高校、中小学为民族地区培养、培训各民族教师,并派遣内地教师到民族地区任教.同时,安排民族地区的教师到内地学校挂职锻炼、在职进修等.1992 年,广东、上海、北京等 13 个省(市)的教育机构与云南、内蒙古等 9 省(区)的 143

个民族贫困县(旗)建立帮扶关系,从资金、教学仪器设备、培训教育管理人员和骨干教师,以及指导教育教学改革等方面给予援助和支持. 近年来,教育部还实施了“中小学教师继续教育工程”、“民族贫困地区中小学教师综合素质培训项目”、“新一轮中小学教师培训计划”、“农村中学教育硕士师资培养计划”等,为民族地区培养、培训中小学骨干教师和校长. 比如,2007 年教育部又实施了“教育部援助西藏中小学教师培训计划”,采用“送培进藏”的方式,集中培训了西藏 1 000 名中小学骨干教师,为西藏全区 1 000 所中小学校免费发送培训光盘,光盘培训覆盖了全区 2 万多名中小学教师.

2.1.5 实施民族地区高等教育发展的特殊政策[谢启晃,1989]

国家在招生和培养方面对少数民族考生实行“降分录取,先办预科打基础,后上本科专业,定向招生、定向分配”的政策. 国家采取了一系列加大少数民族人才培养的措施:一是办好高校民族预科班、民族班,适当扩大民族预科招生人数;二是启动并新增少数民族高层次骨干人才培养计划,加快少数民族地区人才培养;三是实行对少数民族地区考生在硕士生录取中的适当照顾政策;四是采用单独考试的方式,为西藏、新疆等民族地区培养高层次专门人才. [阿布都,2008]这些措施有力地促进了民族高等教育的发展.

2.2 中国少数民族教育取得的成就

新中国成立以来,在中国政府民族教育方针政策的指导下,少数民族教育事业有了前所未有的发展,取得了显著的成绩,为民族地区的经济繁荣和社会进步作出了重要的贡献. 概括起来,主要有以下几个方面.

2.2.1 受教育人口大幅度增长,民族地区“两基”⑥取得新成果

在政府的扶持下,各民族地区从当地实际出发,采取灵活多样的办学形式,加快了义务教育的普及. 在中国政府的大力支持下,通过各级政府和广大教育工作者的艰苦努力,民族地区“两基”攻坚取得了显著成效. 例如,2007 年民族地区已有 662 个县实现“两基”目标,占民族地区县总数的 94.7%. 截至 2007 年年底,全国各级各类学校中少数民族在校学生总

⑥ “两基”:基本普及九年义务教育,基本扫除青壮年文盲.

数为 2 174.55 万人,是 1978 年的 2.12 倍. 其中:普通高等学校的少数民族在校生数为 121.1 万人,是 1978 年的 3.6 万人的 33.6 倍;普通中学的少数民族在校生数为 685.46 万人,比 1978 年的 246.75 万人增长了约 178%;普通小学少数民族在校生数为 1 074.18 万人,比 1978 年的 768.6 万人增长了近 40%. [阿布都,2008]少数民族青少年和群众受教育的规模不断扩大,教育质量有了进一步的提高.

2.2.2 基本形成了稳定的少数民族专任教师队伍和民族教育体系

2007 年全国各级各类学校中少数民族专任教师数已达 109.41 万人,是 1978 年 33.31 万人的 3 倍多. [阿布都,2008]改革开放以来,特别是经过 20 世纪 90 年代以来的发展,已初步形成了包括幼儿教育、基础教育、职业技术教育、成人教育和高等教育在内的比较完整、具有中国特色的民族教育体系:一是跨地区相互衔接的"民族小学—民族中学—民族高等院校"体系,二是民族地区设立的各级各类学校体系,三是在面向全国的教育系统中设置的专门招收少数民族学生的体系.

2.2.3 培养了一大批少数民族高层次人才

例如,1985 年成立的全国少数民族教育管理干部培训中心和西北少数民族师资培训中心已培训民族贫困地区各级教育管理干部数千人,为西北地区及西藏自治区输送了藏、维吾尔、回等 30 余个民族的毕业生数千人,培训各类人员近万人. 再如,2003—2007 年,培养西藏在职专升本和硕士研究生干部 1 980 名. 除常规招收少数民族的各类研究生外,2006 年起,国家还特别新增了少数民族高层次骨干人才研究生定向培养专项招生计划. 例如,在 2008 年国家全额资助计划内招生 4 200 人,其中硕士生 3 400 人,博士生 800 人. 目前,全国 300 多所普通高校举办有少数民族预科班,每年招生 2.4 万余人,比改革开放初期的 1980 年增长了 160 倍,累计招收少数民族预科生 20 余万人.

3. 少数民族数学文化与数学教育的历史概略

长期以来,数学被认为是科学的"皇后",是理性精神的典范. 怀尔德(R. L. Wilder)在 1981 年从数学人类学的角度提出,数学是一种文化体系. 巴西数学家和数学教育家达布罗西欧(Ubiratan D'Ambrosio)提出了民族数学的概念,指出在不同的文化系统中研究民族数学可以跟踪与分析数学知识的产生、传播、扩散并进一步达到统一标准化的过程.

民族数学文化是存在于民族文化群落里的数学思维模式及其系统实践的知识综合.中国少数民族数学文化的重要特征之一是普及性和渗透性,主要表现为:在少数民族的生产活动和日常生活中,人们间接地和不自觉地使用了数学知识,所反映的数学思想方法往往体现于具体的情境中.中国少数民族文化资源中蕴藏着丰富的、具有各自特色的数学文化,它们主要表现在天文历法、建筑、绘画、服饰、计量单位等方面.四川凉山彝族的天文历算、西藏布达拉宫的建筑设计、侗族的鼓楼(图 8-2)、蒙古族的岩画艺术、羌族的木片记数工具[周开瑞,王世芳,2000]等,都体现了中国民族数学的丰富性.

不同的民族因其地理环境和历史发展过程不同而具有不同的数学文化特征,使之成为具有自己特色的文化现象,这些特征体现了数学文化随着民族的产生、生存、进步的进程而发生和发展.公元 9 世纪,在吸收中国中原文化、阿拉伯和印度文明的基础上,具有悠久历史的维吾尔族创造出了灿烂的维吾尔文化[刘志霄,1985],数学文化也广泛体现在新疆维吾尔族等民族的生活实践中,如新疆做馕的土炉灶馕炕形状是典型的台体,清真寺庙建筑、吐鲁番的高昌古塔、维吾尔族人的坟墓地建筑、乌鲁木齐二道桥国际大巴扎建筑(图 8-3)等都包含着丰富多彩的多面体、旋转体和球体等立体图形.

图 8-2 侗族的鼓楼

图 8-3 二道桥国际大巴扎建筑

再如,砍土镘(Ketman,用来挖地的工具)、坎儿井(Kariz)水道工程(图 8-4)、窑洞房、阿拉巴(Araba 或 Arava 或 Harva)车轮等,也都蕴藏着丰富的几何知识.

图 8-4　坎儿井

虽然每个民族不一定都有独立的数学文化体系,但是在数学发展的历史进程中,各民族文化中有着自己丰富的数学思想及其实践:刻木记数方法在古代各个民族中都被采用,而黎族的结绳、刻木记数(图 8-5)的方法一直沿用至新中国成立前夕;羌族古砖、陶罐中蕴涵着丰富而深刻的几何思想[周开瑞,王世芳,2000];侗族大歌和水族民间古歌反映了原始的数学概念,水族的铜鼓、古墓、民间工艺品等上面有着丰富的几何图形;彝族的"九九表"运用久远;布依族的鸡骨占卜充满概率论原理;传统蒙古包(图 8-6)具有黄金比例结构;壮族、黎族、藏族、维吾尔族、土家族、布依族等富有特色的少数民族锦缎中蕴涵着丰富的几何图形(图 8-7);等等.

图 8-5　黎族的刻木记数

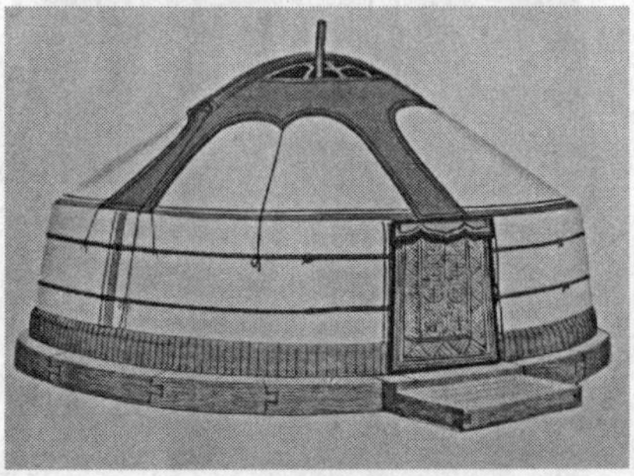

图 8-6　传统蒙古包

(1) 壮族织锦

(2) 土家族织锦

图 8-7

在拉萨曲贡遗址、昌都卡若遗址等处发现了不同时期的石器和陶器(图 8-8),早在石器时代藏族已有圆、椭圆、矩形、圆柱体等几何图形,但没有真正形成几何理论体系意义上的几何概念;后来这些几何图形不仅在藏族唐卡(图 8-9)和壁画中出现,而且在唐卡和壁画制作过程中使用诸如中心对称、轴对称、成比例、等腰三角形等几何概念,乃至在现实生活中普遍使用了"三角形的稳定性"等原理. 这说明藏族传统数学中已经有了一些几何图形及其概念、内容.

(1) 石质研磨器

(2) 小平底红陶罐

图 8-8

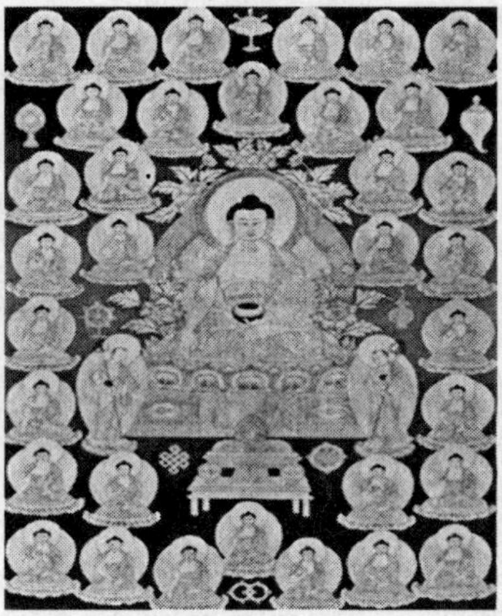

图 8-9　唐卡

中国少数民族数学文化体现了少数民族与汉族的文化交流和互通.例如,由汉族地区传入西藏的“三阶纵横图”(图 8-10)大量存在于西藏的唐卡、壁画中,且对西藏的天文、历算、藏医学、数学等产生了深远的影响[夏吾才让,2005],在西藏数学史上占有重要的地位.藏族九宫历和纳西族巴格图(图 8-11)来源于汉族地区的九宫图,这表明九宫算在藏族和纳西族的传播过程中出现了本土化的情况.中国少数民族数学文化充分反映了中华民族的智慧和古代数学成就.

图 8-10　三阶纵横图

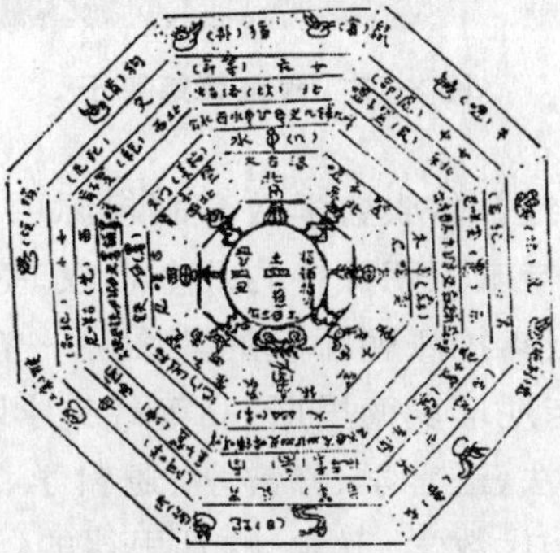

图 8-11　纳西族巴格图

尽管中国少数民族数学教育的历史具有各民族自身特点,但是从教育形式上来讲,主要是经院式的教育.在寺院里,儿童主要是学习宗教,同时也兼学其他知识,如医药、天文、历算、数学和绘画等.

藏族传统教育的主体形式是藏传佛教经院教育[朱解琳,1990].以拉萨三大寺为例,其最高管理机构叫"拉机",即寺务委员会,它负责全寺大事的决策;其教学组织叫"札仓",类似于现今的专科学院.显宗、密宗、时轮、医学这4个"札仓"不仅传授教义,而且传授各类文化知识.寺务委员会下属部门在学经、日常管理和财务管理方面各司其职,以保证正常的教学秩序.在寺院里,僧侣除研习佛学知识之外,还学习医药、天文、历算和绘画等方面的知识.在藏族传统教育中,堆穷巴·阿那魁⑦撰写的《筹算学八支精要》(简称《堆穷俗孜》)是一本重要的应用数学著作,是西藏地方政府所办俗官学校(孜康)学生学习筹算的唯一教材,书中利用小木棍、石子、果核等作为算筹(图8-12),计算各种经济活动中的收支情况.此法叫筹算法,方法简单,容易学,计算快.它在西藏近现代历史上的人才培养方面和社会经济活动中起着十分重要的作用.木制沙盘(图8-13)计算法是另一种颇具民族特色的计算方法,这种沙盘计算应用于天文历算等领域,如计算日食、月食盈亏时间等[索朗,2008].

图 8-12　西藏算筹算子

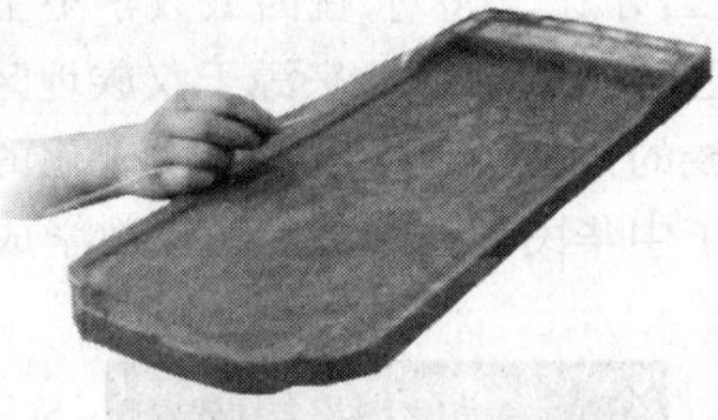

图 8-13　木制沙盘

维吾尔族数学教育的起源可以追溯到公元9—13世纪,那时中国出现了与宋王朝并存的几个政权,喀拉汗王朝就是其中之一.在10世纪上半叶(喀拉汗朝汗室的萨图克·布格拉汗在位时期)在喀什噶尔建立的"哈卡尼耶麦德里斯"高等经文学院,以学习伊斯兰教为主,同时还设置了文字法、语言学、修辞学、逻辑学、历史、天文、历法、数学(数学包括算术、几何、代数学、三角、欧几里得的《几何原本》)、占星术、医学、工程建筑、音乐艺术等课程.维吾尔族先哲玉素甫·哈斯·哈吉甫在其著作《福乐智

⑦ 堆穷巴·阿那魁是五世达赖阿旺·罗桑嘉措时期(1617—1682)西藏地方政府官员中精通算学的著名学者,也是当时地方政府审计室的负责人.

慧》(图 8-14)中,探讨了什么是数学、为什么要学习数学、学习什么数学内容以及如何学习数学等问题.[吐尔孙·艾尔西丁,1999]

图 8-14 《福乐智慧》书影

少数民族文化传统是其数学教育生长和发展的土壤,各民族的文化中有着丰富的数学文化,各民族也有着具有民族特色的数学教育形式.由于历史、地理、宗教和经济等方面因素的影响,少数民族学校教育体系不完善或尚未建立[周润年,2002],数学教育长期被忽视.新中国成立后,中国政府将少数民族教育作为国家教育事业的重要组成部分,少数民族数学教育才得以真正的建立与发展.

4. 少数民族数学教育发展

新中国成立以来,随着社会的进步、经济的发展以及文化的交流,中国在少数民族的数学教学、数学课程教材、数学教师教育以及数学教育研究等方面进行了不断的改革探索,取得了较快的发展与进步.

4.1 数学教学

教学语言是教育过程中传递知识的载体.中国的宪法和其他法令规定,各少数民族都有使用和发展其语言文字的自由.教育部、国家民族事务委员会 1980 年《关于加强民族教育工作的意见》⑧要求:“凡有本民族

⑧ 参看 http://www.seac.gov.cn/gjmw/mzjykj/2004-06-29/1194334511344912.htm.

语言文字的民族,应使用本民族的语言教学,学好本民族语文,同时兼学汉语汉文."中国55个少数民族中约三分之一的民族使用民族语言并兼用汉语,6个民族大部分转用汉语,目前我国近40个民族的数学教学,多数根据各民族使用汉语的实际情况,选用民族语言或汉语作为教学用语,或者实行汉语和少数民族语并用的双语教学.

各级政府教育部门在规划、安排和发展双语教学时,提出的原则是:以当地语言环境为基础,同时要考虑经济社会发展的需要、办学效益和群众的意愿.原则上,凡只有本民族语言文字环境的地方,基础教育实行用民族语言文字授课为主或从民族语言文字教学入手,逐步通过语言转换实行以汉语文教学为主;有一定双语环境或某些地方土语区,基础教育宜实行用汉语授课同时加设民族语文课.实行既与民族学生语言基础相衔接又与全国语言环境相一致的双语教学体制,是保证教学活动正常进行、普及教育、大面积提高教学质量和办学效益的必备条件.这些政策总体上体现出了"多元一体"的大思路.

在少数民族数学教学中,双语教学模式主要有两种,即"民语+汉语"模式和"汉语+民语"模式.由于文化背景和社会经济发展的不同,各民族地区采用的双语教学模式也有不同.

新疆主要采取的是"汉语+民语"模式,也有"民语+其他民语"的模式[王洋,2007].比如,在新疆伊犁市,为提高母语为非汉语的少数民族初、高中学生的数学教学质量,在部分民族中学、民汉合校中学开展了"民语+汉语"的双语教学实验.南疆地区是一个维吾尔、蒙古、柯尔克孜、哈萨克、汉等多民族聚居地区,汉语被看做是提高当地数学教学质量的"突破口".近10年来,随着自治区教委制定的《自治区少数民族学生双语授课实验方案》的实施,新疆的双语教学实验开始步入有序、稳步的发展阶段.

内蒙古自治区的数学双语教学主要以本民族语为主.内蒙古地处中国北部边陲,他们一直采用统一的教育内容,民族教育的内容体系也与国家的要求相适应,数学教学主要采用全国统编教材的蒙语译本.针对少数民族学生的民族语言基础不尽相同的实际情况,他们因地制宜地设置民族学校、选择授课用语.在牧区或民族人口较集中的地区设立蒙语授课学校,在语言条件较差、生源不足的地区设立蒙汉两种语言授课学校.在授课用语的选择上,对凡懂蒙语的儿童均用蒙语授课,不懂蒙语的儿童用汉语授课并加授蒙古语文.

藏语是西藏人民交流思想的主要语言工具.在西藏,除生活在城镇地区的部分藏族人会藏汉两种语言外,其他地区,尤其是农牧区的藏族人会汉语的较少,因此藏族地区数学双语教学模式主要是"藏语+汉语".但是,也有学校开展"汉语+藏语"的双语教学.从数学教材的使用情况来看,主要采用的是汉语教材的编译本.近20年来,随着小学、初中、高中数学藏文教材编译工作的完成,西藏数学教育发展的重点已从对藏语数学教材的编译转为藏族双语数学教师的培训.

双语教学提高了中国少数民族数学教学质量,同时也促进了少数民族儿童数学思维的发展.例如,对藏区的一项研究[嘉仓·梁广交,2005]发现,在"汉语+藏语"的双语教学实验中,尽管9岁、10岁、11岁3个年龄段的藏族儿童数学思维能力的得分明显低于同年龄组的汉族儿童,但是随着年龄的增加,藏族学生汉语水平逐步提高,12—15岁年龄组的得分与同年龄组的汉族儿童已无显著性差异.在贵州三都水族自治县,水族数学教学语言的科学化实验使学生的学业成绩有了明显提高,学生的数学思维活跃且发展较快,数学学习参与度高.[宋晓书,吕传汉,2002]

4.2 数学课程教材

在少数民族地区使用民族语言授课,最重要的问题是需要有完整配套的、高质量的用民族文字编写的各类专业课程教材.

在基础教育阶段,目前中国少数民族地区的教材主要采用的是全国统一编写的教材.以西藏自治区为例,自1960年西藏成立民族教材编译组开始,全国统一编写的小学和中学教材开始被逐步译成藏文,并于1963年完成小学数学课本的编译.1982年成立五省(区)藏文教材协作领导小组,到1991年已完成小学、初中和高中的数学藏文教材(图8-15)编译工作.但在双语教育实践中,人们越来越认识到各民族儿童心理发展存在着不同的规律,因此根据少数民族儿童心理发展规律,遵循第二语言教学的原则,编写具有本民族文化特点的民族数学教材显得极为重要.教育部出台了《中小学少数民族文字教材编写审定管理暂行办法》⑨等相关政策,鼓励和支持有条件的单位、团体和个人编写符合少数民族中小学教育教学改革需要的高质量、有特色的民族文字教材.

⑨ 参看 http://www.moe.gov.cn/edoas/website18/06/info6506.htm.

图 8-15　用藏文编写的小学数学教材

在高等教育阶段，根据民族地区的实际情况和民族地区语言的特点，各民族地区高师院校建立了具有民族特色的高师数学教育体系，使得课程安排符合民族学生的学习特点．民族院校课程计划有如下特点：培养目标符合国家对教育发展的总体目标的要求；课程内容适应民族地区的经济、文化、科技发展的需求；课程体系的设计符合学科交叉融合的趋势；课程安排符合民族地区双语教学和民族地区学生的学习实际；突出民族文化在教材中的地位．

例如，青海教育学院率先开设了藏汉双语数学高等教育课程，面向青海、甘肃、四川培养专科层次的藏区中小学双语数学师资．青海民族师范高等专科学校、四川省阿坝师范高等专科学校、甘肃省合作民族师范高等专科学校、西北民族大学等院校相继开设了藏汉双语数学专业．各院校双语数学专业在课程设置方面，除开设普通院校数学与应用数学专业课程外，还开设了一些用藏语或藏汉双语讲授的基础课和专业课程，如初等代数复习、初等几何复习、数学分析、高等代数、解析几何、中学数学教材教法等课程．针对藏汉双语班学生的地域环境和文化氛围特点，开设了如藏族天文历算、汉藏科技翻译等特色课程，在数学史课程教学中增加了藏族科技发展史的内容．其中，青海师范大学等学校根据实际情况，编译出版了相关课程的教学用书；也编译出版了《数学分析的原理与实践》、《初等数学》、《常用藏文数学词典》[宁武甲，1999]等教学参考书，为藏汉双语数学高等教育的建设和进一步发展打下了基础.

内蒙古师范大学数学科学学院是内蒙古自治区建立最早的数学学科高等教育的教学科研单位,也是少数民族地区最早成立的师范院校的数学系.建校以来,在蒙汉双语课程教材建设等方面作出了突出贡献.新中国成立以前未曾有过用蒙文翻译编写的现代数学书籍,而如今,高等师范院校的蒙文数学教材从无到有,由少到多,逐步臻于完善,总数已经达到40多种,基础课程教材基本配套,同时编写出版了选修课教材,为数学专业蒙语授课教学改革提供了必要条件.新中国成立以来的蒙文课程教材建设,也为其他民族数学课程教材在翻译或创造新的名词术语等方面积累了丰富的经验.

4.3 数学教师教育

中国少数民族数学教师教育的目标就在于培养一大批扎根民族地区、具有较高素质、能用民族语言和汉语进行课堂教学的数学师资队伍.经过50多年的发展,如今已培养了大批合格的少数民族数学教师,他们支撑了少数民族地区基础教育事业,为少数民族地区教育发展作出了历史性贡献.

少数民族职前数学教师培养机构主要有3类:专为少数民族设置的民族院校的数学系,在普通高等院校设民族部(班)的数学系,少数民族学生通过高考的方式少量地进入普通高等院校的数学系学习.相对民族教育中基础教育阶段的双语教学模式而言,民族高等院校实施双语教学的模式视各民族高校具体情况而定,前两种形式因民族教育的特色鲜明而具有开展双语教学的条件.比如,青海师范大学属于第二种类型,具有开展藏汉双语教学的丰富资源和独特条件.经过长期的实践探索,形成了"预科单独编班,本科分流各系和单独编班相结合,理科专业基础课实施双语教学,教育实习定点集中和定向就业"的培养模式,即以公共必修课的形式为本科1—2年级民族生开设3个层次的藏文教学班(基础藏文、中级藏文、高级藏文),针对文理科的不同特点,1—2年级文、理科民族学生的藏文课为公共必修课,3—4年级文科民族生继续开设藏文课,而理科3—4年级民族生开设科技藏文课.在此基础上,为提高藏汉双语教师的培养水平,对藏文基础好的民族学生以必修课的形式,在部分理科专业设立双语教学班,对部分专业基础课用藏文授课,其他专业课和公共课插班和普通生一起用汉语授课,并实行汉语授课的普通生和藏语授课的民族生统一命题、两种文字答卷的方式,坚持用普通生相一致的培养目标,向汉语听课能力、表达能力差的民族生提供一个由母语向第二语言过渡的机会,有效地提高教学质量,强化双语师资的培养.这种模式的运行取得了极其明显的效果.

少数民族在职数学教师的培训方式丰富多样,有集中培训、远程培训、光盘培训和选派优秀的内地教师对口支援西藏、新疆等.结合民族地区的数学教育改革是培训的一个主要途径.例如,西南大学陈重穆、宋乃庆在开展"GX"初中数学实验期间,为四川省凉山彝族自治州的初中数学教师进行教材培训,取得了良好的效果.又如,由海南琼州大学陈颖树等承担的世界银行贷款"师范教育发展"项目改革课题"海南黎族初中数学教学与师资培养的综合改革实验",对黎族初中数学师资培训与教学改革的实验,取得了显著的效果,其成果获教育部高校国家级优秀教学成果二等奖⑩.再如,由西昌师范高等专科学校数学系、彝文系共同承担的世界银行贷款"师范教育发展"项目改革课题"培养合格彝汉双语数学初中师资途径和方法研究",经过教学实验,对培养初中彝汉双语数学初中师资途径和方法进行了创造性的研究,首创彝汉双语大学数学教学模式,开创彝汉语数学专业,创建了彝汉语大学数学学科,取得了《彝汉双语数学教学模式研究》[胡清林,2001]、《彝汉双语数学师资培养创新研究与实践》[阿牛木支,2007]等成果.

民族地区在职数学教师的双语培训是培训的主要内容.其中,青海省倡导并实践的双语教材、双语教学、双语实习三位一体的立体培训模式是双语培训中较为典型的一个范例.其目标是提高藏族聚居区义务教育质量,推动该地区义务教育的普及与发展.通过使用规范的藏文教材和项目单位严格的双语专业训练,所培训的藏汉双语师资不仅具有稳固的专业知识基础,而且掌握了灵活交替使用双语进行教学的专业技能,成为具有大专学历和真才实学的合格教师.通过规范藏文理科词汇,编译藏文高师理科教材,推行藏汉双语教学,开展藏汉双语教学实践,对双语师资实施有效的培训,培养出通晓藏汉双语的具有大专学历的理科师资.这些教师在藏区深入中小学教学第一线,广泛开展双语教学,有效地带动、促进了当地义务教育进步.

---

⑩ 参看 http://www.crct.edu.cn/jxpj/pgkx/pgkx01a.asp,项目编号 357.

4.4 数学教育研究

对于新中国成立以来少数民族数学教育的发展,许多数学教育研究者从不同的方面开展了研究.这些研究涉及课程教材、课堂教学、学习心理、教师教育、教育技术等诸多领域.其中,少数民族学生的数学思维特点、民族地区数学教学方法以及民族文化对数学教育的影响是备受关注的几个领域,并取得了一定成果.

少数民族学生数学思维能力发展的研究结果[贾晓波,1999;余开龙,吴波,2001]表明,由于文化背景、社会经济、教育发展的不同,各少数民族学生的数学思维也呈现各自不同的特点.儿童的生活经验及数学思维发展是数学教育的基本前提,儿童数学思维的发展是少数民族数学教育研究的一个重要课题.现有的研究尽管在一定程度上揭示了不同文化背景下少数民族儿童数学思维的发展特点,但是研究地域狭窄,研究对象缺乏普遍性,研究内容也缺少时代的关注(如关于创造性数学思维的研究等),对儿童数学思维发展的关注目前还未成为少数民族数学教育研究者自觉行为.

对于民族地区数学教学的方法研究,比较有影响的有民族院校学生课程"分流式"教学法、"问题探究与自主创新"数学教学法、"GX"教学法、"尝试教学法"、适合民族预科的数学课堂教学的"激励引导自学"教学法、针对水族地区的双语数学教学的"过渡模式"等.后者即是根据儿童不同年龄阶段的语言特征分成3个阶段:第一阶段,母语表达—母语理解—汉语翻译;第二阶段,母语表述—汉语翻译—母语理解—汉语教学;第三阶段,汉语表述—母语解释—汉语教学.

在中国西南部缺乏汉语环境的少数民族地区,教育工作者开展了大量的双语教学实验.比如,贵州省三都水族自治县是全国唯一的一个水族自治县,水族人口约占全县总人口的61%,有本民族语言,没有通行的文字,10岁以下的儿童基本不懂汉语.为了提高水族聚居区小学低年级数学教学质量,在贵州师范大学数学教育研究者的指导下,开展了水族数学教学语言科学化实验,其主要内容包括以下3条:

(1) 拟订"水汉双语数学词汇对译表"(小学数学第一册),通过录音,在教师的讨论下确认每个词句的说法,国家音标注音,并在实践中检验,最后形成对译表.

(2) 以水语为教学的主要语言工具.

(3) 教材内容的生活化.

基于民族文化对数学教育的影响的有关研究(例如,[卢秀双,2004])表明:不同的文化背景对教育对象的数学能力发展具有十分重要的影响,家庭教育、教师素质以及学校的设施建设和教学管理等都是影响学生数学能力发展的重要因素;而同一民族或不同少数民族之间也有着跨文化差异,特别是,当受教育者的母语与教学语言不一致或存在语言障碍时,数学教育活动将受到干扰,这种现象在初等教育阶段尤为明显.例如,我国一些少数民族语言的语法结构,特别在语序上与汉语所存在的差异,容易使在汉语教学环境中学习的少数民族学生误解数学的概念、原理及法则.[陈宝国,2003]

文化背景的差异决定了少数民族数学教育发展中的许多问题具有自身的文化特点,能否从特定文化背景去分析和把握少数民族数学教育的发展规律,这是少数民族数学教育研究的价值所在.然而,现实的情况是:理论研究多,实证研究少;独立研究多,合作研究少;现实针对性不够强,研究视角缺乏多样性.因而,注重实证研究,加强不同民族地区数学教育的经验交流,将成为今后一段时期少数民族数学教育研究的重要内容和基本形式.

5. 结语

新中国成立以来,中国少数民族数学教育有了长足的发展.然而,由于历史、地理以及经济文化发展的制约,中国少数民族数学教育中仍有如下方面的理论与实践问题需要进一步深入探索.

(1) 构建符合少数民族儿童思维特点的数学教育课程体系.少数民族儿童由于受民族文化的影响,对数学课程内容的理解存在一定的文化差异.目前,民族地区实施的数学课程体系与汉族地区基本相同,这对民族地区儿童的文化背景关注不够.为了提高少数民族儿童的数学学习能力和水平,需要从少数民族儿童数学学习的实际出发,构建少数民族数学教育课程体系.

(2) 编写民族文字数学教材.国家的课程政策强调课程对不同地区、民族的适应性,在课程设置和教材编写上给地方一定的自主权和一定的课程空间.但是,目前少数民族文字数学课程教材建设尚为薄弱,需要今后更多的实践与研究.

(3) 加强高素质双语数学教师队伍建设. 双语数学教师队伍是影响少数民族双语教学质量提高的关键,由于少数民族文字与汉族文字的语法结构及词语的内涵、外延有很大差异,双语教师必须具备较好的语言理论知识才能有效地实现两种语言之间的转换,因而针对不同语言的特点进而结合教师的特点,编写民族文字培训教材并开展双语教师的培训,是极为重要的一个课题.

(4) 发挥现代远程教育技术在少数民族数学教育中的作用. 远程教育技术能促进少数民族数学教育多方面的发展,包括增加数学教育的机会,改进数学教与学的途径,提高数学教学与学习的效果. 但是现代远程教育技术是整个民族教育系统以及数学教育中一个较为薄弱的环节,如何发挥现代远程教育技术在数学教学、数学学习以及数学教师培训中的作用,有待更多的探索与实践.

参考文献

1. 阿布都. 2008. 民族教育 30 年:在改革中跨越发展. 中国民族教育,(12).
2. 阿力木·阿不力克木. 2004. 充分发掘多元课程资源,努力开发贫困地区和少数民族地区的数学教材. 新疆师范大学学报,(2).
3. 阿牛木支. 2007. 彝汉双语数学师资培养创新研究与实践. 西昌学院学报,(1).
4. 陈宝国. 2003. 双语双文教学促进小学生数学能力发展的研究. 心理发展与教育,(3).
5. 陈颖树,王奋平. 2007. 聚焦琼南民族地区数学新课程改革. 中国民族教育,(9).
6. 哈经雄,滕星. 2001. 民族教育学通论. 北京:教育科学出版社.
7. 胡清林. 2001. 彝族双语数学教学模式研究. 中央民族大学学报(自然科学版),(1).
8. 黄家庆. 1997. 新疆民族学校教育研究. 乌鲁木齐:新疆人民出版社.
9. 嘉仓·梁广交. 2005. 数学双语教学中对藏族学生数学学习思维能力的培养. 阿坝师范高等专科学校学报,(9).
10. 贾晓波. 1999. 对 184 名藏族中学生自我意识发展水平的调查分析. 民族教育研究,(1).
11. 李斗石. 2004. 大力加强双语教学,努力培养双语兼通人才. 中国民族教育,(2).
12. 刘志霄. 1985. 维吾尔族历史. 北京:民族出版社.
13. 卢秀双. 2004. 关于不同地区维吾尔族和汉族中学生提高数学能力的跨文化研究. 民族教育,(5).

14. 木多.2004.民族教育实践与探索.西宁:青海民族出版社.
15. 慕朝京,林少棉.1999.广西少数民族教育50年辉煌成就.中国民族教育,(4).
16. 宁武甲.1999.常用藏文数学词典.北京:中国藏学出版社.
17. 宋晓书,吕传汉.2002.培养水族地区儿童科学素养的跨文化初探.贵州教育学院学报,(4).
18. 索朗.2008.藏族传统数学初探.西藏研究,(8).
19. 吐尔孙·艾尔西丁.1999.《福乐智慧》中有关自然科学的知识.乌鲁木齐:新疆人民出版社.
20. 王红曼.2002.论我国的民族教育政策及其成就.民族教育研究,(1).
21. 王鉴.2003.从传统到现代:中国少数民族教育发展的历程.广西民族研究,(3).
22. 王洋.2007.从语言态度的角度透视新疆少数民族双语教育.民族教育研究,(2).
23. 文才.2002.小学藏文数学课程与教材改革之我见.民族教育研究,(2).
24. 夏吾才让.2005.论藏族历算与周边数学文化的交融.西北民族大学学报(自然科学版),(3).
25. 夏小刚,吕传汉.2006.跨文化视野下中美学生数学思维差异的比较.比较教育研究,(8).
26. 谢启晃.1989.中国民族教育史纲.南宁:广西教育出版社.
27. 余开龙,吴波.2001.浅析西盟佤族学生学习数学的障碍与对策.思茅师范高等专科学校学报,(9).
28. 张定强.1999.藏区社会及其数学教育改革.民族教育研究,(3).
29. 周开瑞,王世芳.2000.羌族数学探源.西南民族学院学报(自然科学版),(4).
30. 周润年.2002.西藏教育五十年.兰州:甘肃教育出版社.236—238.
31. 朱解琳.1990.藏族近现代教育史略.西宁:青海人民出版社.
32. 朱维宗,杨承纶,赵萍,李立新.2000.云南省少数民族初中学生数学能力的跨文化研究报告.数学教育学报,(5).
33. 中华人民共和国国务院新闻办公室.2005.中国的民族区域自治白皮书.参看 http://www.gov.cn/zwgk/2005-05/27/content_1585.htm.

第 9 章

当代中国数学教育的走向

执笔: 孙晓天[①]

摘 要 本章概括了中国数学教育的若干重要特征,表述了中国数学教育的若干成熟经验,指出了中国数学教育这些平凡、朴实、常态的经验所具有的世界性意义.本章提出了中国数学教育面临的诸多问题中最大的是"应试教育"的困扰.在具体界定和分析"应试教育"的含义及其成因的基础上,阐述了中国数学教育为解决这一问题作出的种种具体努力.本章最后从正常成长、"后劲儿"、考试改革以及当前与未来的关系等几个方面,分析了今后中国数学教育的几个努力方向,憧憬了中国数学教育的未来.由于本章仅仅表述了中国数学教育在上述方面相对固化和取得共识的部分,不是全部,因此勾画的只是当代中国数学教育走向的大致轮廓.

关键词 特征,传统,常态,有序,应试,"后劲儿"

1. 当代中国数学教育的基本特征

概括当代中国数学教育的基本特征并不容易,这是因为,中国数学教育体系的科学构建、合理组织及恰当要求方面的机理还有不少需要深入研究的问题,有些我们可能多少还有点懵懵懂懂.另外,每个人对当代中国数学教育基本特征的认识都存在角度和认知方面的差别,寻找令每一

① 中央民族大学数学系,教授,博士生导师.

个人都满意的答案几乎不可能.因此,本节对当代中国数学教育基本特征的概括是基于以下两个方面的考虑:一是基于相对固化和取得共识的部分的概括;二是这样的概括要有助于人们在数学教育领域内分享经验,共享智慧,交流心得,释疑解惑,产生共鸣,寻求对策,有助于中国数学教育的健康发展以及稳步前行.

1.1 中国数学教育讲究继承优良传统

中国人珍重传统,讲究继承优良传统.对于中国数学教育的优良传统,在本书第1章中已有总结,如坚持教师在教学中的主导作用、鼓励学生勤勉地学习、重视基础知识和基本技能的学习和训练等.这些经过世代传承、已坚持久远的传统,是中国数学教育优良传统的标志.上述传统不仅是中国数学教育的优良传统,更是中国教育的优良传统,在不同的学科领域中均有充分体现.除上述传统之外,"从学生出发,以发展为本"也是中国数学教育优良传统的基本体现.

下面仅举几段文字[代钦,2008, pp.9—19],相信能使我们感受到这样传统的具体体现及其在当代的影响.

一是1901—1907年当时中国政府颁布的《小学校各科教授法》中的数学教育目标:

> 儿童入校之始,使知应用之方法.必备实质的陶冶,与形式的陶冶两方面,互相联络,方有心得,授以生活上必须之知识,谓之实质的陶冶.而算术之本质,则为形式的陶冶.教者由浅入深,学者循序渐进,既明且融,变化莫测,而算术之能事尽矣.

二是1923年当时中国政府颁布的《算术科课程纲要》中的教学要求:

> (1) 宜注意从学生生活里使学生发展需要工具的动机.
>
> (2) 计算宜注重练习,以便养成正确而迅速的习惯.
>
> (3) 问题以切合学生生活的为主体;成人的事务,若是学生不能想象的,虽似实用也不适宜.
>
> (4) 方法、原理宜用归纳的建造,不宜用演绎的推展.

三是20世纪40年代出版的《小学算术教学法》的教学注意事项和教

学原则：

注意事项：

(1) 怎样指导儿童处理生活状况里的问题.

(2) 怎样扩张儿童数量的经验.

(3) 怎样利用各科教学算术.

(4) 怎样使儿童在游戏中得到数量经验.

(5) 怎样使算术教学社会化.

教学原则：

(1) 培养儿童计算的观念于日常生活中，实现做、学、教合一.

(2) 设置算学的环境，将校内走廊、运动场、学校校园，标明长阔的尺寸及其面积，各教室中标明长、阔、高及面积与体积等.

(3) 教学新方法，应从实在的需要出发，使数目的计算有相当的依据，切忌选用无意义的问题.

(4) 练习时宜多方变化，能利用儿童的成功的兴趣，使之自动地努力，切忌苛责儿童过失. 即使有错误，应循循善诱地推求其错误的原因，设法消除它.

(5) 心算是算术的基础，笔算、珠算是帮助心算的工具，所以三者应充分地联络，切不可故意割裂，造成事倍功半的现象.

四是1952年著名数学家、数学教育家陈建功提出的三大原则：

(1) 心理性原则：……教材的内容，对于学生宜富于兴趣；枯燥无味的东西，决不能充做教材. ……

(2) 论理性原则：……成人所喜之推理或实用问题，未必为未成年的青年所满足. 吾人应该站在学生的立场；顺应学生的心理发展去教育学生，才能满足他们的真实感.

(3) 实用性原则：……某些教材，虽然具有高度的实用性价值或高度的论理性价值，假使学生不发生任何真实感，就心理的原则而言，这些教材，简直是没有教育的价值. ……

上面几段文字，涵盖了中国数学教育从20世纪初开始的50多年历史,虽然这是一段历经时事变幻和战争磨难的历史,但是似乎未能影响到那条中国数学教育一以贯之的稳定思路——“从学生出发,以发展为本”.无论是以陈省身等为代表的崛起于20世纪30年代的数学泰斗,还是如吴文俊等在20世纪50年代崭露头角并至今仍叱咤数学风云的大师,只要是在中国接受基础教育的,都从这一传统思路中受益.

接下来是2001年《全日制义务教育数学课程标准(实验稿)》[中华人民共和国教育部,2001b]中的理念和要求②.因为大家已经知道,不再赘述.稍作比较,不难发现与上述思路之间的连续性.

稳定的思路和恒久的行为方式方可称为传统,推动中国数学教育健康发展的传统可称为优良传统.“从学生出发,以发展为本”这一传统在近代中国数学教育史上延续的时间最长,与当代中国数学教育的理念之间呼应得最紧密,因此已经成为中国数学教育优良传统中相对固化和取得共识的部分.这一传统与第1章中的“坚持教师在教学中的主导作用”、“鼓励学生勤勉地学习”、“重视基础知识和基本技能的学习和训练”等优良传统一起,成为具有中国特色的数学教育的重要基础.

在实践中,我们已经认识到继承优良传统是中国数学教育不断完善和前进的基本动力.重提“从学生出发,以发展为本”这一优良传统,不仅有助于我们明确优良传统的含义,也有助于我们把握如何继承的问题.可以认为,今天的中国数学教育正是走在正本清源、继承优良传统的道路上.

1.2 中国数学教育讲究常态的经验和做法

中国是发展中国家,而且区域发展也不平衡,所以中国数学教师的教育背景并不理想.特别是经济欠发达地区,许多数学教师通常只能接受12年左右的正规教育(从高中或师范学校毕业).而经济相对发达的地区和大城市,那里的数学教师一般要接受16—19年的学校教育(接受大学或研究生教育).但是中国数学教师的整体水平并未因此受到大的影响,他们不仅在教学方法上各有特色,而且对数学概念的本质大都有较深刻的理解,同时也基本掌握了在课堂上引导学生理解这些概念的有效途径③.

中国数学教师之所以能在相对贫乏的教育背景下取得相对成功的教

② 具体参见第5章.

③ 具体参见第6章.

学成就,除职前接受的专业教育和在职培训等专业教育手段之外,还得益于中国数学教育长期以来形成的一些司空见惯的、再自然不过的常态经验和做法.这些主要有以下几个方面.

1.2.1 重传承

大多数中国数学教师的专业经验来自前辈教师的言传身教,而且这样的"言传身教"有体制和程序上的保障.每当新教师入校,就由学校指派有经验的老教师担当他们的"师傅",通常称为"指导教师".指导教师与新任教师之间的师徒关系,一般要通过"拜师会"的形式来确立.这个形式不仅是新任教师成长的起点,也是学校教学生活中的一件大事.师傅的责任是帮助新任教师具备基本的教学能力,同时引导他们不断提高教学水平,直到成长为一位优秀的教师.通常的运行模式如下:师傅要检查新任教师的教案,要听他们试讲,要听他们上课,并要根据这一过程中出现的问题给予适时和有针对性的指导.新任教师要参与由师傅主持的相关教学研究活动,听师傅以及其他有经验的教师的课,教学过程当中遇到问题要及时向师傅请教,等等.差不多每一位教师教学成就的取得,都受这一模式的影响.而这样的师徒传承,也塑造了不同学校间不同的教育生态,形成风格各异的教学特色.需要提及的是,指导新任教师是每位有成就的前辈教师必须承担的责任,而这份责任通常是没有报酬的.

1.2.2 重备课

中国数学教师的备课主要有两种形式,即独立备课和集体备课.集体备课的范围并不固定,有时是同一门课程的所有任课教师(年级组),有时是不同年级的教师,都会参与到某个年级、某次课的备课过程中来(教研组).

教师的独立备课主要是准备好以下4个方面的内容:

(1) 本次课要实现的数学教育目标.

(2) 为实现这一教学目标设计的大致教学进程.

(3) 初步明确教学过程中可能出现的教学难点和重点.

(4) 与本次课教学内容相关的教学资源的准备.

集体备课的形式、内容与独立备课不同,前者主要形式是交流与分享,是围绕如何开展某一具体教学活动的讨论.在各抒己见的基础上,提出相对一致的目标范围和相对有效的教学策略.集体备课的成果有时由大家分享,有时专为某一位教师的教学集思广益.无论结果是分享还是专属,备课的过程会使每一位参与者受益.伴随着现代社会的发展与进步,学校的数学教学内容也在不断发生变化,新的概念和题材源源不断地进入课堂.对有些内容的教学,几乎所有的教师都缺乏经验.这时的集体备课通常采取模拟课堂的形式,即参与者各有分工,有人主讲,有人听讲,实际模拟课堂教学,在模拟的过程中发现教学中可能出现的问题.人人献计献策,就如何在教学上处理好某一个具体的教学内容,摸索思路,制定策略,从无到有,积累经验,以期达到良好的教学效果.近年来,这样的备课方式,在中国的数学教师中间已经是屡见不鲜.备课是中国数学教师工作的重要组成部分,备课通常会延伸到教师的业余生活中去.中国的数学教师把备课的质量与课堂教学的质量联系在一起考虑,把备课作为衡量自身工作水平的基本标志.正因如此,中国的数学课堂教学能够做到目标明确,注重实效,几乎每一堂课都会让学生有新收获.

1.2.3 重数学专业背景

与世界上许多国家数学教师的组成成分不同,中国的数学教师绝大部分在大学或专科学校期间都是主修数学专业的.主修数学的小学数学教师,占小学数学教师的85%以上.而中学,特别是高中,这一比例接近100%.由于有这样的数学专业教育背景,中国的数学教师对数学的学科体系有较为清晰的把握,对数学概念之间的相互联系有较为深入的理解,对数学发展的来龙去脉都有一个基本的认识.数学的专业素养,使得他们在处理与数学内容有关的教学问题时游刃有余,较少发生概念上和认知上的错误.当然,较强的数学专业取向使得中国的数学教师对数学在其他学科领域中的应用了解不够,在处理不同学科相互交织在一起的问题时比较薄弱.但是由于他们已经具有较为扎实的数学功底,也使得他们具有了足够的了解和解决这类问题的知识和方法基础.一旦他们能够意识到把数学知识的学习和教育目标的实现有机地融合在一起的重要意义时,他们就会通过努力去弥补自己在知识结构和应用实践方面的缺陷.

1.2.4 重教材

与许多国家相比,中国是最为重视教材功能的国家之一.教材是开展教学活动的基本依据,既是教本又是学本,还是教师开展教学研究活动的基本参考资料.但是中国数学教育的重视教材,不同于因循教材.由于中国地域广阔、人口众多,不同地区间经济与社会发展也不平衡,因此就产生了城市与农村、繁华都市与边远山区的学生共用同一本教材的现象.而中国的数学教材往往聚焦于数学知识本身,编写出具有如此广泛适用性的教材对教材编者的挑战很大,客观上也很难达成这样的要求.为了解决这样的现实问题,中国的数学教材普遍采取了如下的编写策略:在编写教材时,为不同地区教师的使用提供了弹性,预留出了供教师发挥的空间.例如,导出同一个数学概念所依据的情景,虽然在教材上是一致的,但是教师可以根据学校所在的地域特点和社会风貌,从有利于学生接受和学习的角度,对情景进行重新设计.这样处理既达成了预设的数学教学目标,也使数学教材更贴近了学生周围的现实世界,通过教师的再创造,不仅拓展了教材的适用性,也能取得应有的教学效果.所以,中国数学教师的重视教材,并不是因循教材、照本宣科,而是重视教材渗透的数学知识内容和数学思想方法,因循教材提供的教学主线,因地制宜地"二度创作",围绕教材提供的思路和方法,编织出有益于学生理解和掌握的、丰富多彩的教学内容来.以这样的视野去重视教材,也使不同地域的数学教育水准不致因经济和环境的影响而产生较大的差异,从而使每一位学生都能学到必需的、有用的、与他们成长有关的数学.

1.2.5 重数学教学研究的体系

中国有世界上最完备的数学教学研究体系和教师培训体系.从国家教育部基础教育课程教材发展中心到省级的教研室、教研中心、教科院,再到市区县级的教研室,一直到学校的教研室、教研组,这一庞大的体系,编织出一张研究和推动数学教学发展的组织网络.在这一框架之下,中国的数学教学研究工作,层层有督导,处处有人抓,各种研究方式和研究内容,均能成系列、可持续地进行,使教学工作顺利运行和教学水平稳步提高有了基本的保障.在这一体系内,属于每一位教师的看上去是孤立的教学研究活动,都能拼接成一个个相互关联的有机整体,共同形成提高教学水平的合力.值得提及的是,处于这个系统各个教学层次上的数学教学研究人员,全都来自教学第一线,且由教学经验积累相当丰富的优秀教师组成.正是由于他们的经验和见识,使得这一庞大的教学研究体系能有效地运行,并发挥了不可替代的作用.

通过上述5个方面的考察不难看出,中国数学教师之所以能在相对贫乏的教育和环境背景下取得相对成功的教学成就,是因为得益于这些经年积累下来的"家常便饭"式的有益经验.它们虽然看上去是那么司空见惯,却是中国数学教育实实在在的、有特色的,并且是具有世界意义的宝贵财富.

1.3 中国的数学教育发展正在走上民主有序之路

世界各国数学教育发展的途径各不相同,而中国正在走上一条民主和有序之路,其影响遍及包括数学教育在内的诸多方面.以《全日制义务教育数学课程标准(实验稿)》[中华人民共和国教育部,2001b]为例,虽然中国的数学课程标准是按照国家《基础教育课程改革纲要(试行)》[中华人民共和国教育部,2001a]制定的,但是与许多周边国家不同的是,中国并不是作为一项政府部门的工作进行的,而是作为一个研究课题开展的[孙晓天,2007, pp. 14—20].课题组由来自大学的教师、教研员和中小学教师组成,没有"官员"牵头.不仅如此,中国的数学课程标准的研制过程走的是一条较为民主、开放、有序的路子.

(1) 事先提出设想,广泛征求意见.1999 年 5 月国家数学课程标准研制工作组提出一个关于标准理念、框架和内容的大致设想,将之在全国 8 家杂志上几乎同时发表,面向数学教育专业领域广泛征求意见.当时的反响比较热烈,经过整理,这些设想除文字上有些调整外,最后基本都落实到了标准中.

(2) 多次召开著名专家、学者座谈会.包括当时的教育部副部长、基教司司长以及多位院士和国内众多有影响的数学家参加的座谈会,就先后召开过 4 次,这在其他国家并不多见.另外,多次对著名学者作个别访谈,拜访咨询未能参加相关讨论会的院士、数学家,等等.无论座谈会还是个别拜访,专家们的态度总体上都是专注的、积极的.全国分江苏、福建、天津、四川 4 个大区召开了座谈会征求意见.座谈会以大学教师、中小学教研员、教师这 3 个方面人士为参加对象.另外,还分别召开过面向企业界和民主党派人士的座谈会.中国这么大,当时经费又不宽裕,全靠与会者的热情支撑,做到这一点非常不易.

(3) 印制《义务教育阶段数学课程标准(征求意见稿)》[国家数学课程标准研制工作组,2000]10 000 份,每份内附征求意见表,面向社会广泛征求具体的编写意见.

此外,面向教师、学者以及杂志、出版社编辑人员的系列工作会议也是一个接着一个.在这样的工作基础上,《全日制义务教育数学课程标准(实验稿)》制定完成,在 2001 年经教育部审定之后颁布.沿着同样的工作思路,在使用 3 年后,于 2003 年开始了第一次修订.当年就对超过 1 000 位参与《全日制义务教育数学课程标准(实验稿)》实施的教师进行了问卷调查,修订工作于 2004 年 6 月完成.2004 年《中共中央国务院关于进一步加强和改进未成年人思想道德建设的若干意见》[中共中央、国务院,2004]颁布后,根据其中关于"要采取坚决措施,改革课程设置、教材和教学方法,切实减轻中小学生的课业负担"的要求,教育部又组织力量对《全日制义务教育数学课程标准(实验稿)》进行了调整.2005 年 5 月至今根据标准使用过程中遇到的问题又本着民主、开放、有序的思路进行了第二次大规模修订.

如此开放、广泛,介入的人又这么多,如何保障工作能顺利开展? 这要有赖于国家数学课程标准研制工作组确立的 3 个工作准则.

(1) 当观点上遇到争论时,从学生的角度出发考虑,以学生发展为重.这就理清了大的工作方向,减少了许多无谓的争论,比较容易达成共识.

(2) 当研制结果与个人的研究价值取向发生矛盾时,以国家利益为重.之所以如此,是因为课程标准要体现国家的意志,要根据《基础教育课程改革纲要(试行)》的要求进行.所以当个人的研究偏好和欣赏角度与国家的要求发生矛盾时,要舍得割爱.

(3) 提倡"讨价还价"式的交流和建设性的"对抗".国家数学课程标准研制工作组有老有少,有"前辈"有"后学",有的理论功底见长,有的实践经验丰富."讨价还价"和"对抗"听起来有火药味,其实是指在一个集体里人人既能据理直言又肯作出必要妥协的重要性,这有助于在老与少、前与后、理论和实践之间取得平衡,能保证在人人都争红了脸的情况下,仍然是一个和谐的集体.

一方面是广泛、开放,一方面靠"准则"约束,这就走出了一条民主有序之路,形成了中国数学课程发展的一个特色.中国数学教育的发展之路肯定是曲折的,一定会充满争议和讨论;但这条民主有序之路,是不会再退回去了.

2. 中国数学教育面临的主要问题

中国数学教育发展在不断取得新进步的同时,也经常会遇到困扰,这些困扰往往会使中国数学教育前进的步伐放缓.与世界各国一样,中国数学教育面临的困扰来自方方面面,但诸多困扰之中,最大莫过于“应试教育”的困扰.

“应试教育”与中国的升学考试制度有关联.中国是世界上最大的发展中国家,优质的教育资源还相对贫乏,国家目前只能满足公民的九年义务教育,初中毕业后,不少青年人还得不到在学校接受进一步教育的机会.因此在升入高中和大学的门口必须经历一场以“筛选”为目标的考试.但困扰我们的不是“应试”本身,而是这类考试中所包含的筛选功能异化出的一种教育现象——“应试教育”.

2.1 “应试教育”的含义

这里的“应试”不是指一般意义上的考试,具体表现为:以考试中曾经出现和可能出现的“题型”为教学对象,在诸多“题型”中以“多步骤、讲技巧、有难度”的题型为重心,围绕“题型”按照“对、快、准”的要求长时间反复操练.其基本特征是考什么就教什么,考什么就学什么,把应试设定为数学教育的唯一目标,一切教学活动都围绕应考展开.这样的“应试教育”就成为一种困扰中国数学教育发展的现象了.

2.2 “应试教育”困扰我们什么

毫无疑问,“应试教育”困扰着中国数学教育目标的实现.

升学只是中国数学教育诸多目标中的一个,对于大多数人来说,能否通过学校教育学到他们在生活中和职场里用得上的数学本领至关重要,这是远比升学更重要的目标.而“应试教育”一般与此无关.另外,就升学而言,“应试教育”加重了学生的学习负担,由此换来的“能力”也令人存疑.在题海中的操练,练出的本领一般比较匠气,缺少创造力.而且“题型”一般离现实较远,几乎鲜有“真正”的问题.对这类题型的过度操练,使很多孩子早早就失去了对数学的兴趣.所以,经过“应试教育”选拔出来的“尖子”通常表现为“后劲儿”不足,提出问题的能力弱,即便以后能进入研究生涯,也多半是跟着人家解题,难以成就大器.以中国近20年来的“高考状元”的命运考量,情况大体如此.

因此,“应试教育”困扰的已不仅仅是中国的数学教育了,更是在困扰着中国未来的国家竞争力.

2.3 “应试教育”何以在中国愈演愈烈

其实,“应试教育”的现象世界各国都不同程度地存在,但是中国面临的挑战更为严峻.之所以如此,以下几个因素及其形成的合力是中国“应试教育”愈演愈烈的主要原因.

(1) 优质教育资源短缺,配置也不尽合理.

(2) 传统的人才观念作祟,国民中寄希望通过应试“望子成龙”的心态根深蒂固.

(3) 伴随着历史形成的传统考试文化,有的人视野极其狭窄,只认闭卷考试成绩,其他考试评价方式大多被轻视甚至忽略.

(4) 关于考试问题的学术研究水平不高,相关的实践研究尤其滞后,除闭卷、笔试、限时之外的其他公平的、可行的筛选手段匮乏,且难于推进.

(5) 就数学教育而言,数学课程的内容与现实联系得还不够紧密,应用尚未在前台站牢,过分追求课程体系的严密性也助长了“题型”的滋生,对学习效率的片面追求则使围绕题型的操练成了数学学习的主旋律.

另外,对中国“双基”自恃过高和孤芳自赏,也或多或少助长了“题型教育”的蔓延;等等.

2.4 中国正在为摆脱“应试教育”的困扰而努力

在认清了困扰我们的主要问题之后,无论是中国政府还是中国的数学教育工作者,都已经比较清楚地意识到了“应试教育”给国家所带来的伤害,都在积极努力摆脱“应试教育”带来的困扰.例如,2004年《中共中央国务院关于进一步加强和改进未成年人思想道德建设的若干意见》和2006年中国政府修订的《中华人民共和国义务教育法》都明确提出了“减负”和培养学生“创新意识和实践能力”的要求.从2001年开始的基础教育数学课程改革,把提升国民的数学素养和学生的健康发展作为数学教育的基本目标,大力改进课程内容,调整课程结构,改进教学方式、学习方式和评价方式,从课程的角度提出了遏制“题型教育”和“考试教育”蔓延的方略,指明了使“应试”回归理性的具体方向.另外,国家大力推进教育的均衡发展,努力缩小优质校与一般校之间的差距;高校不断扩大招生规模,加大自主招生的力度,拓展人才选拔的渠道和模式,摸索新的筛选机制;等等.所有这些都是为摆脱“应试教育”困扰所作的努力.虽然前景仍不甚明朗,但是可以肯定,未来中国的数学教育将越来越贴近一条良性的轨道运行!尽管任重道远,但是我们已经有充分的理由乐观.

3. 中国数学教育的努力方向

如果把当代中国数学教育的走向与一个国家强盛的核心因素联系在一起考虑,那么中国的数学教育就必须在原有基础上不断地丰富发展,而且发展的速度不能慢,前进的步伐要大,对伴随着社会进步而不断产生的教育需求反应要快,要不断激活中国数学教育进一步发展的内在动力.而这一内在动力大体会来自以下几个方面.

3.1 关注孩子的正常成长

通常我们总说让孩子“健康”地成长.而“正常”是健康的前提,“正常”地成长应比“健康”地成长来得更重要.问题是我们对这方面尚未加以足够的关注!现实中的情况往往是这样:孩子一上学、甚至一进幼儿园就被强行抛进了成人构建的成长模式,成人用强劲的爱的意志压抑了他们弱小生命中本应生机勃勃的活力.主导精神成长的本能变成了被动的接收本能,自我构造的工作本能变成了被塑本能,本应是自己的创作者却变成了成人乃至环境的塑造对象.孩子们周围那些充满特别爱心的成人,往往以盲目的爱和强迫性的灌输式教育,压抑、泯没着他们初创生命中的主导本能和自主工作本能,弱化了他们生而具有的生命活力,使他们一点点变成了学习的机器,失去了自然的生命力.中国数学教育领域里的成人,应当清楚地认识到这一点,“这样的‘教育’只会迫使他们陷于平庸,剥夺他们创造美好事物的任何机会”[邓肯,2004, p.184].毫无疑问,每一个父母都知道爱孩子,每一个数学教育工作者都有促使学生成才的强烈愿望,但这种爱和愿望要成为孩子的幸运,就需要数学教育改变角色、改变姿态、改变位置,让自己从居高临下的位置上走下来,使自己进入孩子的世界,成为他们良性发展道路上的伙伴和朋友.而这需要一种平等观念,只有以平等的姿态去面对他们,才能够宽容孩子的胡思乱想和参差不齐,才能替作为教育内容的数学找到支点,才可能使数学课程、数学教学作为一种良性的环境力量去激发他们的主导本能和自主工作本能无拘无束地展开.

中国数学教育的努力方向之一是努力使不正常逐步变为正常.不可否认的是,直到今天,有些成人仍被自己对数学的强劲的爱的意志支配,对繁、难、窄、旧情有独钟,对施以强暴般的教育乐此不疲. 所以还是要重复蒙台梭利(Maria Montessori, 1870—1952)的那句名言:只要儿童不能按照自然的规律发展并且受到心理偏离正规的折磨,人类就将永远是不正常的.

3.2 关注"后劲儿"

这里所说的"后劲儿"是指:某一阶段的数学学习,对学习者接受后续教育或从事职业和参与公民生活的影响. 即无论一个人在或不在数学领域内学习、工作,通过数学学习习得的解决问题策略、思维方式、思想方法及运用工具的能力依然能起重要作用.

中国数学教育"后劲儿"如何? 答案是不乐观. 虽然我们注重早慧,注重"基础",注重训练强度,注重"又对、又快、又准",而且拿国际数学奥林匹克竞赛金牌如探囊取物,但是小学的时候不少人还挺喜欢学数学的,进了初中大部分就开始敬而远之,到了高中则普遍感觉比较痛苦了,长成大人还有几个喜欢数学? 伴随着数学成绩提高的是与数学的情感疏离. 数学对大多数人来说,只在考试中偶露峥嵘,生活里看不到,工作中用不上,一旦不用考了就此再见. 这样的数学"后劲儿"能如何,值得思考!

数学教育是数学的教育,离不开作为科学的数学,学数学就要耐得起寂寞,就要经得起枯燥和抽象的考验. 但数学不是非得要板着面孔学习的学问,学数学也并不意味着注定要和枯燥与寂寞相伴,数学如果与现实生活无关就不会成为重要的国民教育知识内容了. 正因为数学教育是国民教育,所以数学教育关系着国家的竞争力. 试想:如果数学只是一门少数人长袖善舞而多数人不待见并视之为畏途的学问,它与一个强大的国家、与一个昌盛的民族何干?! "后劲儿"乏力的数学教育将如何参与建设一个创新型国家的伟大进程?!

毋庸置疑,数学大有用场. 前提是,作为教育内容的数学要先从学习者出发,站在他们的角度考虑:这个具体的数学内容能不能成为孩子们的食粮? 那个内容适不适合这个年龄段孩子的"胃肠"? 数学除了苦累、汗水、抽象和枯燥之外,喜欢、好奇、有趣其实更重要;数学除了考试能派上用场外,更要在未来的生活和职场上有用;数学除了计算和证明,还离不开直观、经验和实践操作;数学除了沿袭现成的体系结构之外,更应当向一门关于如何提问题、想办法、主动探究的学问发展,成为收获责任、应变、自信、想象和创造的肥沃土壤. 所以,数学有没有"后劲儿"将取决于我们是不是为孩子提供了培育兴趣、应用、应变、自信、求实、责任、想象和创造的环境,取决于我们是不是摆脱了"题型教育"、"应试教育"的束缚,是不是给过孩子足够的空间,让他们能够独立地去想一想、试一试,而不是完全按照教师的理解,或者是书本上的那个模式去照抄照搬.这些都关乎学生"终身学习的愿望和能力"[中华人民共和国教育部,2001a],都是产生"后劲儿"的源泉.按照我们的传统做法,数学学习是否能攒起这样的"后劲儿"值得思考.中国的数学教育应当围绕这些问题有所思考,有所行动.

因此,呼唤"后劲儿"就是呼唤改革,就是中国数学教育工作者对国运如何能昌盛递交的一份答卷.

3.3 关注考试

本章第2节已经提到了现阶段"应试教育"的负面影响,并对如何解决这一问题进行了分析.本节的考试是针对一般的教学环节而言的.

其实,考试只是一个普通的教学环节.对学生来说,考试的目的就是让他们知道自己离目标有多远.与其他教学环节相比,考试带有回顾与总结的特性,所以考试之前通常伴有比较全面的复习,因此显得比其他环节"隆重".其实,就考试的功能和样式而言,无论多么重要的考试,都和日常的作业或课堂练习差不多,只不过规模大、品种全、要求高罢了.虽然是一次最重要的作业,但也只是作业而已.

在理论家眼里,考试可不这么简单,具有导向、诊断、区分、预测等一系列重大功能.千万要弄清楚的是,这些仅是提供给成人、教师的理论,旨在说明就功能而言,考试对教师比对学生重要,考试是教师改进教学并进一步开拓有益于学生发展新空间的基本出发点和依据.可一旦把这些重大功能错用到学生身上,往往就演变成了可怕的"甄别",考试留给学生那梦魇般挥之不去的感觉,或多或少与上述理论的误用有关.

考试考什么?就书面考试而言,考试的内容以学生学过什么为主,并兼有一点拓展性的要求.学过的内容林林总总,考试要着眼于最基本的内容.纯粹的识别和计算是重要和基本的内容,但要下工夫避免"偏"、"难",为追求所谓的区分度,故意挖坑让孩子往里跳的傻事再也不能做了.数学课程内容中包括的诸如空间观念、综合运用、数据处理、情景与数学化等这些内容,都能为学生留出较为宽裕的思考和操作空间,使人人能有用武之地,比较适于做考试的素材.而且包含这些内容的考试,会自然地带有一点拓展性,使考试成为学习过程的延伸,有可能使考试与发现新的目标融为一体.虽然对如何设计这样的考试内容我们还缺少经验,但是这仅是对教师的挑战而已.应对这样的考试,相信我们的学生会游刃有余,会充分展现他们的聪明才智.而仅以"又对、又快、又准"为目标的考试,实际上是偷工减料、躲避责任的考试;能让学生远离这样的考试,足以让人欣慰.

考试可能有激励作用,但这个作用千万不能被夸大.对儿童来说,鼓励容易做到,而激励他们很难.至今也找不到什么有说服力的例证告诉人们该如何把握这个激励的"度".于是,明明把握不好,又硬要"激励",激励也就成了压力的同义语."人无压力轻飘飘"④这句话用在孩子身上,几乎就是使他们经受心理偏离正规的折磨,剥夺他们正常成长的权利.自然的规律是铁的规律,背离这一规律,孩子那些刚刚萌发出的好奇、自信和对数学的向往,就可能在"激励"的作用下不知不觉消耗殆尽.

今天的考试已经成为一大社会现象,家长的期待、行政考评的驱动、社会竞争的加剧等相互交汇在一起,形成一股已远远超出孩子健康成长之所需的强大推力,成了决定考试价值的基本考量.纵使广大教师、家长认同上面提到的那些道理,在现实面前的表现也往往是无奈,这种无奈已经在事实上成了数学课程发展的瓶颈,人们在无可奈何之中开始屈服于这一瓶颈,这就多少有些可怕了!

无论如何不能无奈!

归根结底,考试要有助于孩子的健康成长,作为一种良性的环境力量去为未来强大的中国锻造人才.而这样的考试,时间应该有弹性,要避免偏题怪题之类的陷阱,以查作弊为目的的严阵以待的监考似乎意义不大.考试的结果固然重要,但尽量不要影响到学生的快乐和自尊,不要在他们的心灵投下阴影,要让大家都很阳光,基本都能健康成长.考试应当以孩子长大以后能融入社会、能为社会做有益的事为基本目标.这不仅仅是考试改革的方向,也应该是中国数学教育发展的方向!

3.4 关注"今天"

中国的数学教育已经走向世界,中国数学教育与世界数学教育发展的主流方向之间已经出现越来越多的一致性.可是如果有机会到国外的

---

④ 铁人王进喜语.王进喜(1923—1970),著名的石油工业劳动模范.他留下的"铁人精神",是中国社会主义建设的宝贵精神财富之一.

教室看一看,包括与中国文化背景接近的近邻日本、韩国,就很容易发现,我们还是像两股道儿上跑的车,无论教师、学生、教材、教学、要求,走的都不是一样的道儿,差别很大.虽然方向已然相近,面貌仍大相径庭.

原因肯定是多方面和复杂的,如教育传统的积淀、综合国力的不同等.还有一个重要的区别是:中国的数学教育传统是更关注于孩子的未来,为了美好的未来,中国的孩子今天必须多学、苦学,必须为改变命运而经受近似苦难的磨砺.其他国家,包括西方许多国家,以及前面提到的一些亚洲国家,他们的数学教育是更关注孩子的今天.因为学习是个长期的事,所以今天学会了多少知识似乎不那么重要,但今天是否快乐很重要,学校今天是否为孩子个性的延展提供了空间在他们那里首当其冲.因此,为升学作准备的上学和为生存作积累的上学之间,差异当然是相当大的.

不同国家数学教育传统的形成,都离不开各自的文化背景和历史进程.大相径庭的出发点,都是为了孩子的成长,也都为各自国家的发展提供了源源不断的人才资源.但如果相互有些融合,彼此有些渗透,至少对我们没有坏处.所以,中国的数学教育在把重心置于未来的同时,要适度关注学生的今天,毕竟未来是由一个一个"今天"造就的.在认可世代中国人在学习面前能吃苦耐劳的同时,必须努力克服数学教育上许多填鸭式的、一厢情愿的做法.作为教育内容的数学,其功能在于拓展视野,使人聪明,并在相当程度上顾及学生将来的生存和国家的发展,其终极指向应当包括诚实与责任、自信与探索、科学与创新等这样一些大的价值结构,而培育这样的价值体系,离不开愉悦的学习氛围和充分探索的空间,离不开"今天"是否快乐!

本章对中国数学教育特征的探讨,以及对中国数学教育成熟经验方面的表述,均体现了中国数学教育平凡、朴实、常态的面貌.正因如此,中国的数学教育才能绵延发展、不断壮大,中国的经验才会具有世界性的意义.本章对中国数学教育面临问题的概括,只是选取了"应试教育"这一个侧面,但这并不意味着中国数学教育就没有其他问题,而是试图说明"应试教育"的危害有多大,如果我们能从根本上解决"应试教育"所带来的负面影响,我们就有信心、有能力解决那些尚未提及的大大小小的一切问题.本章对未来中国数学教育走向的分析与思考,以及对中国数学教育远景的展望,不乏理想色彩,在某种程度上与中国数学教育发展的现实相距较远.之所以如此,是因为我们是把中国数学教育的远景和一个强大中国的未来紧密地联系在一起考虑的.我们的出发点应该是:一个强大的中国需要一个什么样的数学教育,一个什么样的数学教育才能与建设一个强大中国的愿望相匹配!所以,本章的有些提法是理想的,但绝不是幻想的,而是可以期许的.

参考文献

1. 代钦.2008.中国数学教育研究50年之回顾与反思.数学通报,(4):9—19.
2. 邓肯,伊莎朵拉.2004.邓肯自传.北京:团结出版社.
3. 国家数学课程标准研制工作组.2000.义务教育阶段国家数学课程标准(征求意见稿).北京:北京师范大学出版社.
4. 刘兼.1995.21世纪中国数学教育展望(第二辑).北京:北京师范大学出版社.
5. 孙晓天.2003.数学课程发展的国际视野.北京:高等教育出版社.
6. 孙晓天.2007.近年来中国数学教育发展述要.数学通报,46(6):14—20.
7. 孙晓天.2008.近年来中国中小学数学教材建设述要.数学教育学报,17(4):6—10.
8. 严士健.1994.面向21世纪的数学教育——数学家谈数学教育.南京:江苏教育出版社.
9. 中共中央、国务院.2004.中共中央国务院关于进一步加强和改进未成年人思想道德建设的若干意见.人民日报,2004年3月23日.参见 http://www.gov.cn/ztzl/61/content_627824.htm.
10. 中华人民共和国教育部.2001a.基础教育课程改革纲要(试行).中国教育报,2001年7月27日.参见 http://www.edu.cn/20010926/3002911.shtml.
11. 中华人民共和国教育部.2001b.全日制义务教育数学课程标准(实验稿).北京:北京师范大学出版社.
12. Sun Xiaotian. 2007. There Is Still a Long Way Ahead, In: *Proceedings for EARCOME-2007, USM, Penang, Malaysia*. 71—77.
13. Sun Xiaotian. 2008. Mathematics Curriculum Standards of China: Its Process, Strategies, Outcomes and Difficulties, In: *Mathematics Curriculum in Pacific Rim Countries*, IAP, Inc, USA. 79—85.

人名索引